PUTONG GAODENG YUANXIAO
TUMU GONGCHENG LEI GUIHUA XILIE JIAOCAI
普通高等院校土木工程类规划系列教材

工程测量学

（第2版）

GONGCHENG CELIANGXUE

主　编　李章树　刘蒙蒙　张齐坤
副主编　张长福　黄敬林　曾全英

西南交通大学出版社
·成都·

内 容 简 介

本书是根据高等学校大土木类专业的实际需要，结合工程测量规范、新技术、新标准编写的。主要内容有：角度测量、距离测量、高程测量、误差的基本知识、控制测量、地形图的测绘和应用、施工测量的基本知识等。

本书可作为高等学校及高等职业技术学院土木工程专业的教材，也可以作为成人中专、技工学校土木专业及施工单位新职工、临时工的培训用书，还可供从事土木工作的相关人员学习参考。

图书在版编目（ＣＩＰ）数据

工程测量学 / 李章树，刘蒙蒙，张齐坤主编. —2版. —成都：西南交通大学出版社，2015.8（2023.2 重印）
普通高等院校土木工程类规划系列教材
ISBN 978-7-5643-4112-1

Ⅰ.①工… Ⅱ.①李… ②刘… ③张… Ⅲ.①工程测量–高等学校–教材 Ⅳ.①TB22

中国版本图书馆 CIP 数据核字（2015）第 180865 号

普通高等院校土木工程类规划系列教材

工程测量学

（第 2 版）

李章树　刘蒙蒙　张齐坤　主编

责 任 编 辑	曾荣兵
封 面 设 计	何东琳设计工作室
出 版 发 行	西南交通大学出版社 （四川省成都市二环路北一段 111 号 西南交通大学创新大厦 21 楼）
发行部电话	028-87600564　028-87600533
邮 政 编 码	610031
网 址	http://www.xnjdcbs.com
印 刷	四川森林印务有限责任公司
成 品 尺 寸	185 mm×260 mm
印 张	19.25
字 数	476 千
版 次	2015 年 8 月第 2 版
印 次	2023 年 2 月第 7 次
书 号	ISBN 978-7-5643-4112-1
定 价	46.00 元

课件咨询电话：028-81435775

第 2 版前言

随着科学技术的迅速发展，测绘技术的发展也是日新月异。为使教学紧密结合实际，也为了满足生产单位对毕业学生知识、能力等的要求，以西华大学土木学院为主组织人员编写了本书。

本书在编写内容和要求上，以全面介绍土木工程测量为主，以现行有关规章、国家标准、行业标准为依据，按照"理论少而精，充分联系实际"的原则，及时将测量技术的发展和测量方法的更新纳入其中，力求体现出科学性、系统性，以便更加符合现代化、管理科学化和培养应用型人才的要求。通过本课程的课堂理论教学，再结合校内实训和现场生产实习，使学生熟悉测量设备，掌握测量的各种基本技能，学会运用规范处理测量工作中的有关问题。

本书由西华大学李章树、刘蒙蒙和天津铁道职业技术学院张齐坤主编，成都纺织高等专科学校张长福和西华大学黄敬林、曾全英副主编，成都纺织高等专科学校张璐参编。具体编写分工如下：第2章由刘蒙蒙编写；第8、第9章由黄敬林编写；第10章由曾全英编写；第12、第13章由成都纺织高等专科学校张长福编写；第14章由成都纺织高等专科学校张璐编写；第3、第4、第7章由天津铁道职业技术学院张齐坤编写；其他由李章树编写。

本书的编写，参考了国内有关教材及规范，并得到了西南石油大学、天津铁道职业技术学院及成都纺织高等专科学校等院校的支持，在此表示感谢。

由于编者水平有限，书中疏漏之处难免，恳请广大读者批评指正。

编　者
2015 年 5 月

第 1 版前言

随着科学技术的迅速发展，测绘技术的发展也是日新月异。为使教学紧密结合实际，也为了满足现场生产单位对高职人才知识和技能的要求，西华大学工程土木建筑学院组织人员编写了本教材。

本书在编写内容和要求上，我们以全面介绍土木测量为主，以现行有关规章、国家标准、行业标准为依据，按照"理论少而精，充分联系实际"的原则，及时将测量技术的发展和测量方法的更新纳入到教材之中，力求体现教材的科学性、系统性，使教材更加符合现代化、管理科学化和培养应用型人才的要求。宗旨为通过本课程的课堂理论教学，再结合校内实训和现场生产实习，使学生熟悉测量设备，掌握测量工种的基本技能，学会运用规范处理测量工作的有关问题。

本书由西华大学李章树、刘蒙蒙主编，编写具体分工如下：第 2 章、第 3、第 4 章由刘蒙蒙编写；第 8、第 9 章由马思捷编写；第 14 章由成都纺织高等专科学校张璐编写；其他由李章树编写。

在本书的编写过程中，参考了国内有关教材及参考书，得到了西南石油大学等有关单位的支持，在此表示感谢。

由于编者水平有限，书中疏漏之处难免，恳请广大读者批评指正。

编 者
2012 年 3 月

目　录

1

第1章　绪　论

本章重点：工程测量的任务；大地水准面；参考椭球面；高斯平面直角坐标系；独立平面直角坐标系；高程坐标系；高差、测量定位元素；地球曲率对高程测量、角度测量、距离测量的影响；测量工作的组织原则。

1.1　工程测量学简介

1.1.1　工程测量学的任务

"工程测量学"是一门结合工程建设，研究测定地面点位的学科。具体讲，它是在工程建设的各个阶段运用测绘学科的理论方法来解决相应问题的学科。工程测量广泛应用于水利、房建、管线、能源、交通等工程的勘测、设计、施工和管理各阶段，是土木从业人员必备的专业技能。

将地面现状用一定的方法表示出来，形成图形资料，作为工程设计用图，称为测定；同样，将设计图上相关的建（构）筑物，通过在实地的定位和放样，就可在施工现场标定出图面建筑物的形状、大小和位置，作为施工的依据，称为测设。所以，工程测量学的任务根据施测对象和建设阶段的不同，可用测定和测设两个方面来加以概括。

（1）测定——使用测量仪器和工具，通过测量和计算，将地物和地貌的位置按一定比例尺、规定符号缩小绘制成地形图。

（2）测设——将地形图上设计的建筑物、构筑物的位置在实地标定出来，作为施工的依据。

1.1.2　测绘学的分类

测绘学在发展过程中形成了大地测量学、摄影测量与遥感学、地图制图学、工程测量学、海洋测绘学等分支学科。

（1）大地测量学。

大地测量学是研究和确定地球形状、大小、重力场、整体与局部运动、地表面点的几何位置以及它们的变化的理论和技术的学科。大地测量学是测绘学各分支学科的理论基础，其基本任务是建立地面控制网、重力网，精确测定控制点的空间三维位置，为地形测图提供控制基础，为各类工程施工提供测量依据，为研究地球形状、大小、重力场及其变化、地壳形变及地震预报提供信息。

（2）摄影测量与遥感学。

先采用摄影方法或电磁波成像的方法，以获得地表形态的信息；再根据摄影测量的理论和方法，将获得的地表形态信息以模拟的或解析的方式进行处理，转变为各种比例尺的地形原图或形成地理数据库。

（3）地图制图学。

地图制图学是研究地图及其编制和应用的学科。地图制图学由理论部分、制图方法和地图应用三部分组成。地图是测绘工作的重要产品形式。计算机制图技术和地图数据库的发展，促使了地理信息系统（GIS）的产生。

（4）工程测量学。

工程测量学是研究在工程建设和自然资源开发各个阶段所进行的各种测量工作的理论和技术的学科。它是测绘学在国民经济建设和国防建设中的直接应用，包括规划设计阶段的测量、施工阶段的测量和运营管理阶段的测量等。其主要内容有：工程控制网的建立、大比例尺地形图测绘、施工放样、设备安装测量、竣工测量、变形监测和维修养护测量等的理论、技术与方法。

（5）海洋测绘学。

海洋测绘学是以海洋水体和海底为对象，研究海洋定位和测定海洋大地水准面与平均海面、海底和海面地形、海洋重力、海洋磁力、海洋环境等自然、社会信息的地理分布，以及编制各种海图的理论和技术的学科。

1.2 地面点位的表示方法

为了确定地球表面点的位置，需要有确定地球表面点位置的基准以及表示地球表面点位置的方法。确定地球表面点位置的基准同地球的形状和大小有关，而表示地球表面点的位置需建立坐标系。

1.2.1 地球形状和大小

地球的自然表面是极不规则的，有高山、丘陵、平原、河流、湖泊和海洋，如世界第一高峰珠穆朗玛峰高达 8 844.43 m，而位于太平洋西部的马里亚纳海沟深达 11 022 m。尽管有这样大的高低起伏，但相对地球庞大的体积来说仍可忽略不计。地球形状是极其复杂的，通过长期的测绘工作和科学调查，了解到地球表面上海洋面积约占 71%，陆地面积约占 29%，因此，测量中把地球看作是由静止的海水面向陆地延伸并围绕整个地球所形成的球体。

地球表面任一点，都同时受到地球自转产生的惯性离心力和整个地球质量产生的引力的作用，这两种力的合力称为重力。引力方向指向地球质心；如果地球自转角速度是常数，惯性离心力的方向垂直于地球自转轴向外，重力方向则是两者合力的方向（见图 1.1）。重力的作用线又称为铅垂线，用细绳悬挂一个垂球，其静止时所指示的方向即为铅垂线方向。

处于静止状态的水面称为水准面。由物理学可知，这个面是一个重力等位面，水准面上处处与重力方向（铅垂线方向）垂直。在地球表面重力的作用空间，通过任何高度的点都有一个水准面，因而水准面有无数个。其中，把一个假想的、与静止的平均海水面重合并向陆地延伸且包围整个地球的特定重力等位面称为大地水准面。

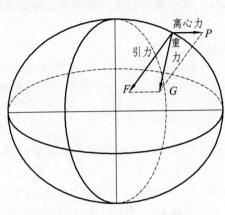

图 1.1　引力、离心力和重力　　　　　图 1.2　旋转椭球体

大地水准面和铅垂线分别是测量外业所依据的基准面和基准线。

1.2.2　参考椭球体

由于地球引力的大小与地球内部的质量有关，而地球内部的质量分布并不均匀，致使地面上各点的铅垂线方向产生不规则的变化，因而大地水准面实际上是一个略有起伏的不规则曲面，无法用数学公式精确表达。经长期测量实践研究表明，地球形状极近似于一个两极稍扁的旋转椭球，即一个椭圆绕其短轴旋转而成的形体。旋转椭球面可以用数学公式准确地表达。因此，在测量工作中用这样一个规则的曲面代替大地水准面作为测量计算的基准面，见图 1.2。

代表地球形状和大小的旋转椭球，称为"地球椭球"。与大地水准面最接近的地球椭球称为总地球椭球；与某个区域如一个国家大地水准面最为密合的椭球称为参考椭球，其椭球面称为参考椭球面。由此可见，参考椭球有许多个，而总地球椭球只有一个。

在几何大地测量中，椭球的形状和大小通常用长半轴 a 和扁率 f 来表示，其关系如下：

$$f = \frac{a-b}{a}$$

表 1.1 所示为与我国大地坐标基准有关的几个地球参考椭球体的参数值。

表 1.1　地球椭球几何参数

椭球名称	年代	长半轴 a /m	扁率 f	附　注
克拉索夫斯基	1940	6 378 245	1 : 298.3	苏联
1975 大地测量参考系统	1975	6 378 140	1 : 298.257	IUGG 第 16 届大会推荐值
1980 大地测量参考系统	1979	6 378 137	1 : 298.257	IUGG 第 17 届大会推荐值
WGS—84	1984	6 378 137	1 : 298.257 223 563	美国国防部制图局（DMA）

注：IUGG —— 国际大地测量与地球物理联合会（International Union of Geodesy and Geophysics）。

由于参考椭球体的扁率很小，当测区面积不大时，在普通测量中可把地球近似地看做圆球体，其半径为

$$R = \frac{1}{3}(a + a + b) \approx 6\,371\ (\text{km})$$

1.2.3　测量坐标系

为了确定地面点的空间位置，需要建立坐标系。一个点在空间的位置，通常需要用三个坐标量来表示。

在一般测量工作中，地面点的空间位置常用平面位置（大地经纬度或高斯平面直角坐标）和高程表示，它们分别从属于大地坐标系（或高斯平面直角坐标系）和指定的高程系统，即用一个二维坐标系（椭球面或平面）和一个一维坐标系（高程）的组合来表示。

由于卫星大地测量的迅速发展，地面点的空间位置也采用三维的空间直角坐标表示。

1. 大地坐标系

地面上一点的空间位置，可用大地坐标（B，L，H）表示。大地坐标系是以参考椭球面作为基准面，以起始子午面和赤道面作为在椭球面上确定某一点投影位置的两个参考面。

图 1.3 中，过地面点 P 的子午面与起始子午面之间的夹角，称为该点的大地经度，用 L 表示。规定从起始子午面起算，向东为正，由 0°至 180°称为东经；向西为负，由 0°至 180°称为西经。过地面点 P 的椭球面法线与赤道面的夹角，称为该点的纬度，用 B 表示。规定从赤道面起算，由赤道面向北为正，从 0°到 90°称为北纬；由赤道面向南为负，由 0°到 90°称为南纬。P 点沿椭球面法线到椭球面的距离 H，称为大地高，从椭球面起算，向外为正，向内为负。

对于 P 点的大地经度、大地纬度，可用天文观测方法测得其天文经度 λ、天文纬度 ϕ，再利用其法线与铅垂线的相对关系（称为垂线偏差）换算为大地经度 L、大地纬度 B。在一般测量工作中，可以不考虑这种换算。

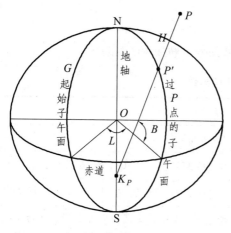

图 1.3　大地坐标系

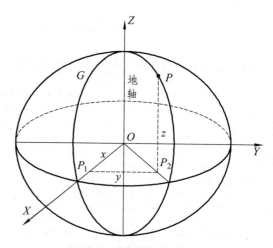

图 1.4　空间直角坐标系

2. 空间直角坐标系

以椭球体中心 O 为原点，起始子午面与赤道面交线为 X 轴，赤道面上与 X 轴正交的方向为 Y 轴，椭球体的旋转轴为 Z 轴，构成右手直角坐标系 $O\text{-}XYZ$。在该坐标系中，P 点的点位用 OP 在这三个坐标轴上的投影（x，y，z）表示，见图1.4。

3. 高斯平面直角坐标系

椭球面是测量计算的基准面，但在它上面进行各种计算并不简单，甚至还可以说是相当复杂和繁琐的；若要在平面图纸上绘制地形图，就需要将椭球面上的图形转绘到平面上。另外，工程实际中采用的椭球面上表示点、线位置的经度、纬度、大地线长度及大地方位角等大地坐标元素，对于工程建设中经常使用的大比例尺测图控制网和工程建设控制网的建立和应用也很不方便。因此，在测量计算和生产实践中，将椭球面上的元素换算到平面上，就可以在平面直角坐标系中采用简单公式很方便地计算出平面坐标。我国现行的大于 1∶50 万比例尺的各种地形图都采用高斯投影。高斯投影是德国测量学家高斯于 1825—1830 年首先提出的。但实际上直到 1912 年，由德国另一位测量学家克吕格推导出实用的坐标投影公式后，这种投影才得到推广，所以该投影又称高斯-克吕格投影。

如图 1.5 所示，设想用一个椭圆柱面横套在地球椭球体外面，使它与椭球上某一子午线（该子午线称为中央子午线）相切，椭圆柱的中心轴通过椭球体中心，然后用一定的投影方法将中央子午线两侧各一定经差范围内的地区投影到椭圆柱面上，再将此柱面展开，即得到该投影面。故高斯投影又称为横轴椭圆柱投影。

在高斯投影面上，中央子午线和赤道的投影都是直线。以中央子午线和赤道的交点 O 作为坐标原点，以中央子午线的投影线作为纵坐标轴 X，规定 X 轴向北为正；以赤道的投影为横坐标轴 Y，Y 轴向东为正，这样便形成了高斯平面直角坐标系，见图1.6。

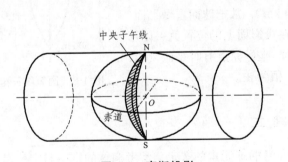

图 1.5　高斯投影

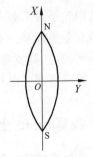

图 1.6　高斯平面直角坐标系

高斯投影中，除中央子午线外，各点均存在长度变形，且距中央子午线越远，长度变形越大。为了控制长度变形，将地球椭球面按一定的经度差分成若干范围不大的带，称为投影带。带宽一般分为经差 6°、3°，分别称为 6°带、3°带，见图1.7。

6°带：从 0°子午线起，每隔经差 6°自西向东分带，依次编号 1，2，3，…，60，每带中间的子午线称为轴子午线或中央子午线，各带相邻子午线叫分界子午线。我国领土跨 11 个6°投影带，即第 13～23 带。带号 N 与相应的中央子午线经度 L_0 的关系为

$$L_0 = 6N - 3$$

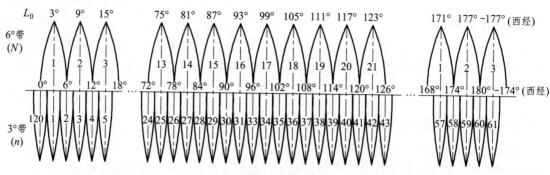

图 1.7 6°带与 3°带

3°带：以 6°带的中央子午线和分界子午线为其中央子午线。即自东经 1.5°子午线起，每隔经差 3°自西向东分带，依次编号 1,2,3,…,120。我国领土跨 22 个 3°投影带，即第 24～45 带。带号 n 与相应的中央子午线经度 l_0 的关系为

$$l_0 = 3n$$

我国位于北半球，在高斯平面直角坐标系内，X 坐标均为正值，而 Y 坐标值有正有负；为避免 Y 坐标出现负值，规定将 X 坐标轴向西平移 500 km，即所有点的 Y 坐标值均加上 500 km（见图 1.8）。此外，为便于区别某点位于哪一个投影带内，还应在横坐标值前冠以投影带带号。这种坐标称为国家统一坐标。

例如：P 点的坐标 $X_P = 3\,275\,611.188$ m，$Y_P = -376\,543.211$ m，若该点位于第 19 带内，则 P 点的国家统一坐标表示为：$x_P = 3\,275\,611.188$ m，$y_P = 19\,123\,456.789$ m。

4. 独立平面直角坐标系

当测区范围较小时（如半径小于 10 km），常把球面看做平面，建立独立平面直角坐标系，这样地面点在投影面上的位置就可以用平面直角坐标来确定。建立独立坐标系时，坐标原点有时是假设的，假设的原点位置应使测区内各点的 x、y 值为正。

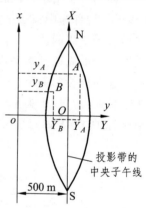

图 1.8 国家统一坐标

1.2.4 我国大地坐标系的建立

国家大地坐标系的建立包括：地球参考椭球元素的选定、参考椭球的定向与定位以及大地基准数据的确定。确定参考椭球面与大地水准面的相关位置，使参考椭球面在一个国家或地区范围内与大地水准面最佳拟合，称为参考椭球定位。我国于 20 世纪 50 年代和 80 年代分别建立了"1954 年北京坐标系"和"1980 西安坐标系"，随着社会的进步，国民经济建设、国防建设以及社会发展、科学研究等对国家大地坐标系提出了新的要求，迫切需要采用原点位于地球质量中心的坐标系统（以下简称"地心坐标系"）作为国家大地坐标系。我国自 2008 年 7 月 1 日起启用"2000 国家大地坐标系"。

1954 年我国完成了北京天文原点的测定，采用了克拉索夫斯基椭球体参数（见表 1.1），并与"苏联 1942 年坐标系"进行了联测，建立了"1954 年北京坐标系"。"1954 年北京坐

6

标系"属参心坐标系，可认为是"苏联 1942 年坐标系"的延伸，大地原点位于苏联的普尔科沃。

我国在 1972—1982 年期间进行天文大地网平差时，建立了新的大地基准，相应的大地坐标系称为"1980 年国家大地坐标系"。其大地原点地处我国中部，位于陕西省西安市以北 60 km 处的泾阳县永乐镇，简称"西安原点"。椭球参数（既含几何参数又含物理参数）采用 1975 年国际大地测量与地球物理联合会第 16 届大会的推荐值，见表 1.1。

"2000 国家坐标系"是一种地心坐标系，坐标原点在地球质心（包括海洋和大气的整个地球质量的中心），Z 轴指向 BIH1984.0 所定义的协议地极方向，X 轴指向 BIH1984.0 所定义的零子午面与协议地极赤道的交点，Y 轴按右手坐标系确定。椭球参数有：长半轴 $a = 6\,378\,137$ m、扁率 $f = 1/298.257\,222\,101$、地球自转角速度 $\omega = 7.292\,115 \times 10^{-5}$ rad/s、地心引力常数 $GM = 3.986\,004\,418 \times 10^{14}$ m³/s²。

1.2.5 高 程

地面点到高度起算面的垂直距离称为高程，其中高度起算面又称高程基准面。选用不同的面作高程基准面，可得到不同的高程系统；在一般测量工作中以大地水准面作为高程基准面。某点沿铅垂线方向到大地水准面的距离，称为该点的绝对高程或海拔，简称高程，用 H 表示。

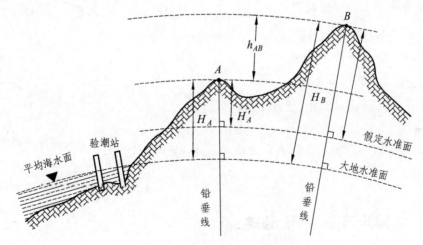

图 1.9 地面点的高程与高差

为了建立全国统一的高程系统，必须确定一个高程基准面。通常采用平均海水面代替大地水准面作为高程基准面，平均海水面的确定是通过验潮站长期验潮来求定的。由青岛验潮站验潮结果推算的黄海平均海面作为我国高程起算的基准面。我国曾采用青岛验潮站 1950—1956 年期间的验潮结果推算得到的黄海平均海面（称为"1956 年黄海平均高程面"），建立了"1956 年黄海高程系"。我国自 1959 年开始，全国统一采用"1956 年黄海高程系"。后来又利用该站 1952—1979 年期间的验潮结果计算确定了新的黄海平均海面，称为"1985 国家高程基准"。我国自 1988 年 1 月 1 日起开始采用"1985 国家高程基准"作为高程起算的统一基准。

如图 1.9 所示，A 点的高程用 H_A 表示，B 点高程用 H_B 表示。两点高程之差称为高差，常用 h 表示。

A、B 两点高差的表示式为

$$h_{AB} = H_B - H_A$$

1.3　地球曲率对测量工作的影响

实际测量工作中，在一定的测量精度要求和测区面积不大的情况下，往往以水平面直接代替水准面，因此应当了解地球曲率对水平距离、水平角、高差的影响。在分析过程中，将大地水准面近似看成圆球，取半径 $R = 6\ 371$ km。

1.3.1　水准面曲率对水平距离的影响

在图 1.10 中，AB 为水准面上的一段圆弧，长度为 S，所对应圆心角为 θ，地球半径为 R。自 A 点作切线 AC，长为 t。如果将切于 A 点的水平面代替水准面，即以切线段 AC 代替圆弧 AB，则在距离上将产生误差：

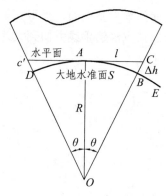

图 1.10　用水平面代替水准面

其中

$$\Delta S = AC - \widehat{AB} = t - s$$

$$AC = t = R \tan\theta$$

$$\widehat{AB} = S = R \cdot \theta$$

则

$$\Delta S = R\left(\frac{1}{3}\theta^3 + \frac{2}{15}\theta^5 + \cdots\right)$$

θ 角值一般很小，故略去五次方以上各项，并以 $\theta = \dfrac{S}{R}$ 代入，则得

$$\Delta S = \frac{1}{3}\frac{S^3}{R^2} \quad \text{或} \quad \frac{\Delta S}{S} = \frac{1}{3}\frac{S^2}{R^2} \tag{1-1}$$

当 $S = 10$ km 时，$\dfrac{\Delta S}{S} = \dfrac{1}{1\ 217\ 700}$，小于目前精密距离测量的容许误差。因此可得出结论：在半径为 10 km 的范围内进行距离测量时，用水平面代替水准面所产生的距离误差可以忽略不计。

1.3.2　水准面曲率对水平角的影响

由球面三角学知道，同一个空间多边形在球面上投影的各内角之和，较其在平面上投影的各内角之和大一个球面角超 ε，它的大小与图形面积成正比。其公式为

$$\varepsilon = \rho \frac{P}{R^2} \tag{1-2}$$

式中　P——球面多边形面积，km^2；

　　　R——地球半径，km；

　　　ρ——1 弧度所对应的角秒值，$\rho = 180 \times 60 \times 60'' / \pi \approx 206\ 265''$。

例如：$P = 100\ km^2$ 时，$\varepsilon = 0.51''$。

上式计算表明，对于面积在 100 km^2 内的多边形，地球曲率对水平角的影响只有在最精密的测量中才考虑，一般测量工作是不必考虑的。

1.3.3　水准面曲率对高差的影响

图 1.9 中，BC 为水平面代替水准面产生的高差误差。令 $BC = \Delta h$，则

$$(R + \Delta h)^2 = R^2 + t^2$$

即

$$\Delta h = \frac{t^2}{2R + \Delta h}$$

式中可用 S 代替 t，Δh 与 $2R$ 相比可略去不计，故上式可写成：

$$\Delta h = \frac{S^2}{2R} \tag{1-3}$$

式（1-3）表明，Δh 的大小与距离的平方成正比。当 $S = 1\ km$ 时，$\Delta h = 8\ cm$，因此，地球曲率对高差的影响，即使在很小的距离内也必须加以考虑。

综上所述，在面积为 100 km^2 的范围内，不论是进行水平距离还是水平角测量，都可以不考虑地球曲率的影响；在精度要求较低的情况下，这个范围还可以相应扩大。但地球曲率对高差的影响是不能忽视的。

1.4　测量工作的原则

1.4.1　测量的基本工作

工程测量工作的主要任务之一是测绘地形图。为了保证地形图的精度，应先在测区内选择若干具有控制意义的点作为控制点（如图 1.11 中的点 A、B、C、D、E、F），以较高的精度确定这些控制点的平面位置和高程，然后以这些控制点为基础，测定其周围的地物、地貌点的平面位置和高程，并绘制成地形图，如图 1.11 所示。

施工放样是工程测量施工阶段的主要任务。为了保证施工放样精度，应先建立控制点，再以控制点为基础根据设计图提供的数据，通过测量方法将建（构）筑物的特征点标定到实地上，作为施工的依据。

测绘地形图和施工放样都是以控制点为基础，确定点的位置。确定点位所需要进行的工

作，就是测量的基本工作。一般来说，确定点位的三个要素是角度、距离和高差，因此，角度测量、距离测量、高差测量就是测量的三项基本工作。

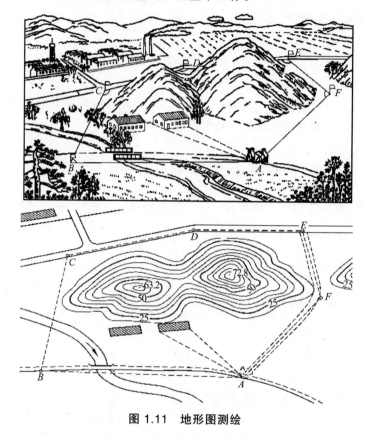

图 1.11　地形图测绘

1.4.2　测量的基本原则

从以上测绘地形图和施工放样的工作程序来看，需要先进行控制测量，这就是"由整体到局部，由高级到低级，先控制后碎部"的测量工作原则。遵循这一测量工作原则，可以减少测量误差的累积，保证测图和放样的精度。对于整个区域，也可在整体控制下逐一安排所要进行的各种测量工作。

在工程测量中出现了任何测量差错都会造成不良的后果，有的甚至能造成工程巨大的损失，所以保证测量质量是测量工作者的首要职责。在此，测量工作的另一个原则是"前一步测量工作未经校核不能进行下一步工作"，测量成果必须进行严格检核，保证测量成果的正确性。

习　题

1. 测定和测设的区别是什么？
2. 什么是大地水准面？它在测量工作中的作用是什么？
3. 高差的定义是什么？

本章复习重难点
试题及答案

4. 高斯平面直角坐标系是怎样建立的?

5. 用水平面代替水准面,分别对角度测量、距离测量、高程测量有什么影响?

6. 简述测量工作的原则及其作用。

手机自测
巩固基础

第 2 章 高程测量

本章重点：水准测量的原理；望远镜成像的原理；水准器的作用；水准仪的技术操作与检验；水准测量的施测程序；测站检核、成果检核、高差闭合差的分配；测量误差的削弱；三、四等水准测量方法。

2.1 概 述

高程是确定地面点位置的一个基本要素，所以高程测量是基本测量工作之一。高程测量根据所使用的仪器和测量方法的不同，可以分为水准测量、三角高程测量和气压高程测量等。

水准测量指利用水平视线来测量两点间的高差。由于水准测量的精度较高，所以是高程测量中最主要的方法。

三角高程测量是测量两点间的水平距离或斜距和竖直角（即倾斜角），然后利用三角函数公式计算出两点间的高差。三角高程测量一般精度较低，只在适当的条件下才被采用。

另外，还有利用大气压力的变化测量高差的气压高程测量、利用液体的物理性质测量高差的液体静力高程测量以及利用摄影测量的测高等方法，但这些方法较少采用。

为了建立一个全国统一的高程系统，必须确定一个统一的高程基准面，通常采用大地水准面即平均海水面作为高程基准面。新中国成立后，我国采用青岛验潮站 1950—1956 年观测结果求得的黄海平均海水面作为高程基准面，并建立了一个与验潮站相联系的水准原点。根据这个基准面得出的高程称为"1956 黄海高程系"，水准原点高程为 72.289 m。从 1988 年起，国家采用青岛验潮站 1952—1979 年的观测资料计算得出的平均海水面作为新的高程基准面，称为"1985 国家高程基准"，青岛水准原点的高程变为 72.260 m。

高程测量也是按照"从整体到局部"的原则来进行。就是先在测区内设立一些高程控制点，并精确测出它们的高程；然后根据这些高程控制点测量附近其他点的高程。这些高程控制点被称为水准点 BM（Bench Mark），水准点分为永久性水准点和临时性水准点。其中，永久性水准点一般用混凝土或石料制成标石，顶部嵌有金属或瓷质的标志（见图 2.1）。标石应埋在冰冻线以下 50 cm 左右的坚硬土基中，埋设地点应选在地质稳定、便于使用和保存的地方；也可以把金属标志嵌在墙上的"墙脚水准点"上。临时性水准点则可用更简便的方法来设置，

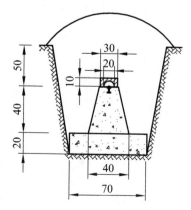

图 2.1 水准点（单位：cm）

如用刻凿在岩石上的或用红油漆标记在建筑物上的简易标志。

2.2　水准测量的原理

水准测量利用水平视线来求得两点的高差。如图 2.2 中，为了求出 A、B 两点的高差 h_{AB}，先在两个点上分别竖立带有分划的标尺 —— 水准尺，再在两点之间安置可提供水平视线的仪器 —— 水准仪。当视线水平时，在 A、B 两个点的标尺上分别读得后视读数 a 和前视读数 b，则 A、B 两点的高差等于两个标尺读数之差，即

$$h_{AB} = a - b \tag{2.1}$$

如果 A 为已知高程的点，B 为待求高程的点，则 B 点的高程为

$$H_B = H_A + h_{AB} \tag{2.2}$$

读数 a 是在已知高程点上的水准尺读数，称为"后视读数"；b 是在待求高程点上的水准尺读数，称为"前视读数"。高差必须是后视读数减去前视读数。利用高差计算高程的方法，称为高差法。高差 h_{AB} 可能为正，也可能为负，正值表示待求点 B 高于已知点 A，负值表示待求点 B 低于已知点 A。此外，高差的正负号还与测量进行的方向有关，如图 2.2 中测量由 A 向 B 进行，高差用 h_{AB} 表示，其值为正；反之由 B 向 A 进行，则高差用 h_{BA} 表示，其值为负。所以说明高差时必须标明高差的正负号，同时要说明测量进行的方向。

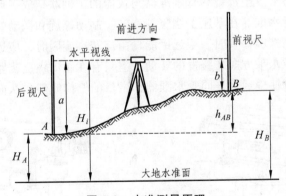

图 2.2　水准测量原理

令 $H_A + a = H_i$，H_i 称为仪器视线高程，简称视线高，此时有

$$H_B = H_i - b \tag{2.3}$$

利用视线高计算高程的方法，称为视线高法。此方法用于在一个测站上需要观测多个前视读数时，较为方便。

由此可见，水准测量的基本原理是利用水准仪提供的一条水平视线，借助前后两把水准尺测得两点的高差，进而由已知点的高程推算未知点的高程。

2.3 水准测量的仪器和工具

水准测量中使用的仪器是水准仪，另外配合使用的工具还有水准尺和尺垫。

2.3.1 水准仪的基本构造

水准仪是进行水准测量的主要仪器，它可以提供水准测量所必需的水平视线。目前通用的水准仪从构造上可分为：利用水准管来获得水平视线的"微倾式水准仪"；利用补偿器来获得水平视线的"自动安平水准仪"。此外，还有一种新型水准仪 —— 电子水准仪，它配合条纹编码尺，利用数字化图像处理的方法，可自动显示高程和距离，使水准测量实现自动化。

我国的水准仪系列标准分为 DS_{05}、DS_1、DS_3 和 DS_{10} 四个等级。其中，"D"、"S"分别是"大地"、"水准仪"的汉语拼音的首字母；下标数字表示仪器每千米水准测量的精度，以 mm 计。一般，DS_{05} 和 DS_1 用于精密水准测量，DS_3 用于普通水准测量，DS_{10} 则用于简易水准测量。本节主要介绍 DS_3 级微倾式水准仪的基本构造。

它由三个主要部分组成：

望远镜：可以提供视线，并可读出远处水准尺上的读数。

水准器：用于指示仪器或视线是否处于水平位置。

基座：用于置平仪器，主要支承仪器的上部重量并能使仪器的上部在水平方向转动。

水准仪各部分的名称见图 2.3。基座上有 3 个脚螺旋，调节脚螺旋可使圆水准器的气泡移至中央，仪器粗略整平。望远镜和管水准器与仪器的竖轴联结成一体，竖轴插入基座的轴套内，可使望远镜和管水准器在基座上绕竖轴旋转。制动螺旋和微动螺旋用以控制望远镜在水平方向的转动。制动螺旋松开时，望远镜能自由旋转；旋紧时，望远镜则固定不动。旋转微动螺旋可使望远镜在水平方向作缓慢的转动，但只有在制动螺旋旋紧时，微动螺旋才能起作用。旋转微倾螺旋可使望远镜连同管水准器作微量的俯仰倾斜，从而使视线精确整平。

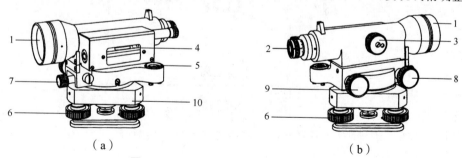

（a）　　　　　　　　　　　　　　（b）

图 2.3　DS_3 级微倾式水准仪基本构造

1—物镜；2—目镜；3—物镜调焦螺旋；4—管水准器；5—圆水准器；6—脚螺旋；
7—制动螺旋；8—微动螺旋；9—微倾螺旋；10—基座

1. 望远镜

望远镜具有成像和扩大视角的功能，其作用是看清不同远近距离的目标和提供照准目标的视线。望远镜由物镜、调焦透镜、十字丝分划板、目镜等组成。物镜、调焦透镜、目镜为复合透镜组，分别安装在镜筒的前、中、后三个部位，三者与光轴组成一个等效光学系统。转动调焦螺旋，调焦透镜沿光轴前后移动，从而改变等效焦距，以看清远近不同的目标。物镜的作用是使物体在物镜的另一侧构成一个倒立的实像；目镜的作用是使这一实像在同一侧形成一个放大的虚像（见图 2.4）。为了使物像清晰并消除单透镜的一些缺陷，物镜和目镜都用两种不同材料的透镜组合而成，见图 2.5。

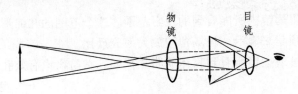

图 2.4　望远镜成像原理

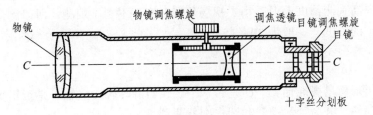

图 2.5　望远镜构造

　　测量仪器上的望远镜还必须有一个十字丝分划板，它是刻在平板玻璃片上的一组十字丝，被安装在望远镜筒内靠近目镜的一端。它中间一条横丝称为中横丝或中丝；上、下对称平行中丝的短线称为上丝和下丝，统称为视距丝，用来测量距离；竖向的线称为竖丝或纵丝。水准仪上的十字丝如图 2.6 所示，水准测量中用中间的横丝或楔形丝读取水准尺上的读数。十字丝交点和物镜光心的连线称为视准轴，用 $C—C$ 表示，为望远镜照准线。视准轴是水准仪的主要轴线之一。

　　为了能准确地照准目标或读数，望远镜内必须同时能看到清晰的物像和十字丝，为此必须使物像落在十字丝分划板平面上。为了使与仪器成不同距离的目标能成像于十字丝分划板平面上，望远镜内还必须安装一个调焦透镜，见图 2.5。观测不同距离处的目标时，可旋转调焦螺旋改变调焦透镜的位置，

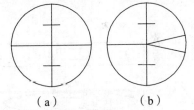

（a）　　　　　（b）

图 2.6　十字丝类型

从而在望远镜内清晰地看到十字丝和所要观测的目标。现代水准仪在调焦透镜后装有一个正像棱镜（如阿贝棱镜、施莱特棱镜等），通过棱镜反射，看到的目标影像为正像，故这类望远镜称为正像望远镜。

　　望远镜的性能由以下几个方面来衡量：

　　（1）放大率。指通过望远镜所看到物像的视角 β 与肉眼直接看物体的视角 α 之比，它近似地等于物镜焦距与目镜焦距之比，或等于物镜的有效孔径 D 与目镜的有效孔径 d 之比。即放大率为

$$v = \frac{\beta}{\alpha} = \frac{f_{物}}{f_{目}} = \frac{D}{d} \tag{2.4}$$

（2）分辨率。指望远镜能分辨出两个相邻物点的能力，用光线通过物镜后的最小视角来表示。当小于这最小视角时，在望远镜内就不能分辨出两个物点。分辨率可用下式表示：

$$\varphi = \frac{140}{D}('')$$

（2.5）

式中，D 为物镜的有效孔径，以 mm 计。

（3）视场角。指望远镜内所能看到的视野范围。这个范围的几何形状是一个圆锥体，所以视场角用圆锥体的顶角来表示。视场角与放大率成反比。

（4）亮度。指通过望远镜所看到物体的明亮程度。它与物镜有效孔径的平方成正比，与放大率的平方成反比。

由上述可以看出，望远镜的各项性能是相互制约的。例如：增大放大率的同时也就增强了分辨率，可提高观测精度，但减小了视场角和亮度，不利于观测。所以测量仪器上望远镜的放大率有一定的限度，一般为 20 ~ 45 倍。

2. 水准器

水准器是用来衡量视准轴 $C—C$ 是否水平、仪器旋转轴（竖轴）是否铅垂的装置，是置平仪器的重要部件，分为管水准器和圆水准器两种。

（1）管水准器。又称水准管，是一个封闭的玻璃管，管的内壁在纵向磨成圆弧形，其半径可为 0.2 ~ 100 m。管内盛酒精或乙醚或两者混合的液体，并留有一气泡，见图 2.7。管面上刻有间隔为 2 mm 的分划线，分划的中点称水准管的零点。过零点与管内壁在纵向相切的直线称水准管轴。当气泡的中心点与零点重合时，称气泡居中，气泡居中时水准管轴位于水平位置。

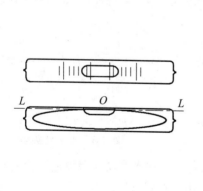

图 2.7　水准管

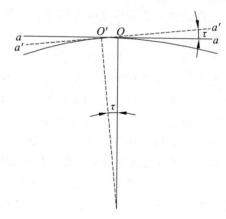

图 2.8　水准管分划

水准管上一格（2 mm）所对应的圆心角称为水准管的分划值。由其几何关系可以看出，分划值也是气泡移动一格水准管轴所变动的角值，见图 2.8。水准仪上水准管的分划值为 10″ ~ 20″，水准管的分划值越小，视线置平的精度越高。但水准管的置平精度还与水准管的研磨质量、液体的性质和气泡的长度有关。在这些因素的综合影响下，气泡移动 0.1 格时水准管轴所变动的角值称水准管的灵敏度。能够被气泡的移动反映出水准管轴变动的角值越小，水准管的灵敏度就越高。

　　为了提高气泡居中的精度，在水准管的上面安装一套棱镜组（见图 2.9），使两端各有半个气泡的像被反射到一起，当气泡居中时，两端气泡的像就能符合。故这种水准器称为符合水准器，是微倾式水准仪上普遍采用的水准器。

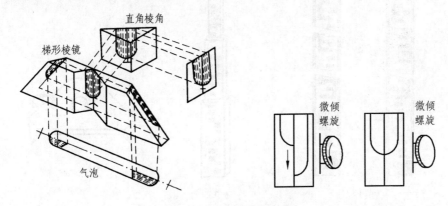

图 2.9　水准管符合棱镜

　　（2）圆水准器是一个封闭的圆形玻璃容器，顶盖的内表面为一球面，半径可为 0.12～0.86 m，容器内装有乙醚类液体，留有一小圆气泡，见图 2.10。容器顶盖中央刻有一小圈，小圈的中心是圆水准器的零点。通过零点的球面法线是圆水准器的轴，当圆水准器的气泡居中时，圆水准器的轴位于铅垂位置。圆水准器的分划值是顶盖球面上 2 mm 弧长所对应的圆心角值，水准仪上圆水准器的角值为 8′～10′。

3. 基　座

　　基座呈三角形，主要由轴座、脚螺旋和连接板组成。仪器上部结构通过竖轴插入轴座中，由轴座支承通过三个脚螺旋与连接板连接。整个仪器用中心连接螺固定在三脚架上，作用是支撑仪器的上部结构。脚螺旋用于调节圆水准器，使气泡居中。底板通过连接螺旋与下部三脚架连接。

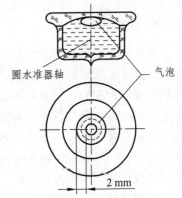

图 2.10　圆水准器

2.3.2　水准尺和尺垫

　　水准尺用优质木材或铝合金制成，又称标尺，分为直尺和塔尺两种（见图 2.11），长度有 3 m 和 5 m 两种。直尺一般用不易变形的干燥优质木材制成；塔尺一般用玻璃钢、铝合金或优质木材制成。

　　塔尺携带方便，但接合处容易产生误差，相对来说直尺比较坚固可靠。水准尺尺面绘有 1 cm 或 5 mm 黑白相间的分格，m 和 dm 处标注有数字（为了便于倒像望远镜读数，标注的数字常倒写）。双面水准尺是一面为黑白相间，称为黑面，另一面为红白相间的红面，每两根为一对。一对双面尺的黑面尺底都以零开始，而红面的尺底从常数 K 开始，称为零点常数，分别为 4.687 m 和 4.787 m 配合使用。这样有利于检核读数，供红、黑面高差检核之用。

　　尺垫是用于转点上的一种工具，用钢板或铸铁制成（见图 2.12），呈三角形，下方有三个尖脚，上方中央有一突出半球体。使用时将三个尖脚踩入土中，把水准尺立在突出的圆顶上。尺垫放置于转点上，可使转点稳固、防止水准尺下沉。

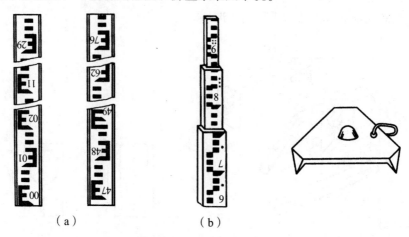

（a）　　　　　　　　（b）

图2.11　水准尺（直尺与塔尺）　　　　　图2.12　尺垫

2.3.3　微倾式水准仪的使用

使用水准仪时，应做到迅速、准确地在水准尺上读取读数。在适当位置安置水准仪，整平视线后读取水准尺上的读数。微倾式水准仪的操作应按下列步骤和方法进行：

1. 安置水准仪

旋松脚架腿上的三个伸缩固定螺旋，抽出活动腿至适当高度（大致与肩平齐），拧紧固定螺旋；张开架腿使脚尖呈等边三角形，摆动一架腿（圆周运动）使架头大致水平，固定脚架；然后将仪器用中心连接螺旋固定在脚架上，并使基座连接板三边与架头三边对齐。在斜坡上安置仪器时，可调节位于上坡的那条架腿的长短来安置脚架。首先打开三脚架，根据观测者的身高调节架腿长度，架头大致水平并牢固稳妥（在山坡上架设时应使三脚架的两条架腿在坡下位置，一条架腿在坡上位置）；然后打开仪器箱，取出水准仪并用连接螺旋连接到三脚架上。从仪器箱中取出水准仪时，必须握住仪器的坚固部位，在确认将其牢固地连接在三脚架上后方可松手。

2. 仪器的粗略整平

仪器的粗略整平，是指旋转脚螺旋使圆水准器的气泡居中。先同时旋转任意两个脚螺旋使气泡移到通过圆水准器零点并垂直于这两个脚螺旋连线的方向上，如图2.13中气泡自 a 移到 b，如此可使仪器在这两个脚螺旋连线的方向处于水平位置；然后单独旋转第三个脚螺旋使气泡居中。如此就使得原两个脚螺旋连线的垂线方向也处于水平位置，从而使整个仪器置平。如仍有偏差，可按上述步骤反复进行操作，直至仪器转至任一方向气泡均居中为止。操作时必须记住以下三条技术要领：

（1）先旋转两个脚螺旋，然后旋转第三个脚螺旋。

（2）旋转两个脚螺旋时必须同时相对或相反地转动。

（3）气泡移动的方向始终和左手大拇指移动的方向一致，因此称此规律为左手定则。

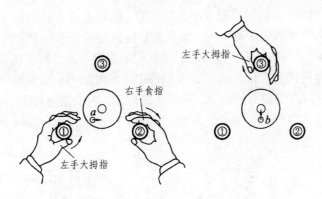

图 2.13　圆水准气泡调节

3. 照准目标

首先利用望远镜上的瞄准器从外部瞄准目标，水平制动望远镜；然后进行目镜和物镜调焦，使十字丝和尺像清晰，并落在十字丝平面上；最后用微动螺旋使十字丝竖丝照准水准尺。为了便于读数，也可使尺像稍偏离竖丝一些。当照准不同距离处的水准尺时，需重新调节调焦螺旋才能使尺像清晰，但十字丝可不必再调。

照准目标后，若读数时发现当眼睛上下移动，尺像与十字丝有相对移动的现象，即读数有改变，这种现象称为视差。其原因是水准尺的影像与十字丝影像不共面，两者的影像不能同时看清[见图 2.14（a）、（b）]。存在视差时不可能得出准确的读数，因此必须消除视差。消除视差的方法是反复、仔细地进行目镜、物镜对光，直到不再出现尺像和十字丝有相对移动为止，即尺像与十字丝分划板在同一平面上[见图 2.14（c）]。视差对瞄准、读数均有影响，务必加以消除。

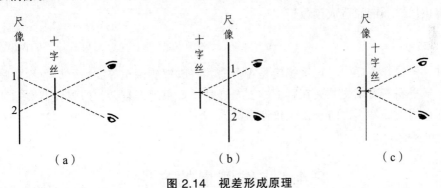

（a）　　　　　　　　　　（b）　　　　　　　　　　（c）

图 2.14　视差形成原理

4. 精确整平

为了得到精确的水平视线，在每次读数前还必须调节微倾螺旋使水准管气泡符合，视线精确整平。由于旋转微倾螺旋时，往往会改变望远镜与竖轴的关系，当望远镜由一个方向转变到另一个方向时，水准管气泡一般不再符合。所以望远镜每次变动方向后，也就是在每次读数前，都需要调节微倾螺旋重新使气泡符合。

5. 读　数

利用望远镜十字丝的中横丝读取水准尺的读数。从尺上可直接读出 m、dm 和 cm 位，并估读出 mm 位，每个读数必须保留 4 位。如果某一位数是零，也必须读出并记录，不可省略，如 1.402 m、0.037 m、1.500 m 等。读数时，水准尺的影像无论是倒字还是正字，一律按照从小数往大数在望远镜内读数，读足 4 位，不要漏 0，见图 2.15。读数前应先认清水准尺的分划特点，特别应注意与注字相对应的 dm 分划线的位置。为了保证得出正确的水平视线读数，在读数前后都应该检查气泡是否符合。另外，精平后应马上读数，速度要快，以降低气泡移动引起的读数误差。

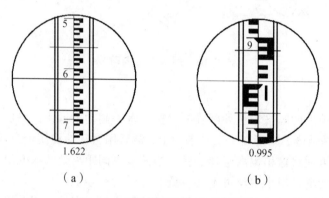

图 2.15　望远镜视场与水准尺读数

6. 扶　尺

水准尺左右倾斜容易在望远镜中发现，可及时纠正。但当水准尺前后倾斜时，观测员难以发现，导致读数偏大。所以扶尺员应站在尺后，双手握住把手，两臂紧贴身躯，借助尺上水准器将尺铅直立在测点上。使用尺垫时，应事先将尺垫踏紧，将尺立在半球顶端。使用塔尺时，要防止尺段下滑而造成读数错误。

7. 迁　站

迁站时，先检查仪器中心连接螺旋是否可靠，将脚螺旋调至等高，然后收拢架腿，一手扶着基座，一手斜抱着架腿并夹在腋下，安全迁站。如果地形复杂，应将仪器装箱迁站。严禁将仪器扛在肩上迁站，以防止发生仪器事故。

2.4　水准测量的方法

2.4.1　水准路线的形式

在水准点间进行水准测量所经过的路线，称为水准路线。根据测区已知高程水准点分布情况和实际需要，拟定水准路线。水准路线有以下几种形式：

1. 闭合水准路线

指水准测量时，从一已知水准点出发，经过一系列高程待测点的测量，最后闭合到起始点上的水准路线。这种形式的水准路线称为闭合水准路线，可以使测量成果得到检核，见图 2.16（a）。

2. 附合水准路线

指水准测量时，从一已知水准点出发，经过一系列高程待测点的测量，结束于另一水准点的水准路线。这种形式的水准路线称为附合水准路线，可使测量成果得到可靠检核，见图 2.16（b）。

3. 支水准路线

又称水准支线，是由一已知水准点出发，最后既不附合也不闭合到已知水准点上的一种水准路线。这种形式的水准路线由于不能对测量成果自行检核，因此必须进行往测和返测或用两组仪器进行并测，由此进行检核，见图 2.16（c）。

4. 水准网

当几条附合水准路线或闭合水准路线连接在一起时，就形成了水准网，见图 2.16（d）。水准网可使检核成果的条件增多而提高成果的精度，多用于面积较大的测区。

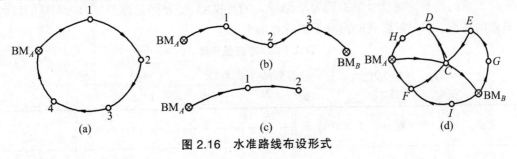

图 2.16　水准路线布设形式

2.4.2　水准测量的施测方法

当待求高程的点与已知水准点相距较远或者高差较大时，采用分段测量。施测方法如图 2.17 所示，图中 A 为已知高程点，B 为待求高程点。

图 2.17 中安置仪器的点 1,2,… 称为测站。除已知点和未知点外,立标尺的点 $TP_1, TP_2, \cdots$ 称为转点。它们在前一测站先作为待求高程的点，然后在下一测站再作为已知高程的点，因此转点起传递高程的作用。

先在已知高程的起始点 A 上竖立水准尺，在测量前进方向上选择合适的地点作为第一个转点 TP_1，放上尺垫并踏紧，然后竖立水准尺。在这两点中间的合适位置 1 安置水准仪，要求水准尺与水准仪之间水平距离不大于 100 m。仪器粗略整平后，先照准起始点 A 上水准尺的黑面，调节微倾螺旋使气泡符合后，读取 A 点的后视读数；然后采取同样的方法照准 TP_1 上水准尺的黑面，气泡符合后读取 TP_1 点的前视读数。把读数记入手簿，并计算出这两点间的高差。此后，转点 TP_1 处的水准尺保持不动，仅把黑面转向前进方向；分别将 A 点的水准尺和 1 点的水准仪迁至转点 TP_2 和测站 2 处，水准尺黑面朝向测站。采用同样的步骤和方法读取后视读数和前视读数，并计算出高差，直到观测至待求高程点 B。

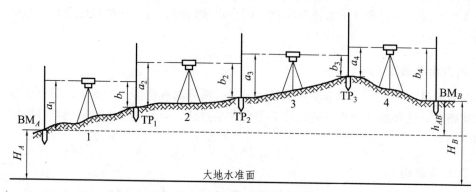

图 2.17 水准测量外业实施

观测所得的每一读数应立即记入手簿，水准测量手簿格式见表 2.1。填写时应注意把各个读数正确地填写在相应的行和栏内，采用对角线方式记录。例如：仪器在测站 1 时，起点 A 上所得水准尺读数 2.073 应记入该点的后视读数栏内，照准转点 TP_1 所得读数 1.526 应记入 TP_1 点的前视读数栏内；后视读数减前视读数得 A、TP_1 两点的高差 + 0.547 记入高差栏内。之后各测站观测所得均按同样方法记录和计算，各测站所得的高差代数和 $\sum h$ 就是从起点 A 到终点 B 总的高差。终点 B 的高程等于起点 A 的高程加 A、B 间的高差，因为测量的目的是求 B 点的高程，所以各转点的高程不需计算求出。

表 2.1 水准测量手簿

日期____2010.3.20____ 仪器型号____DS_3____ 观测____李 一____

天气____多云____ 地 点____校 内____ 记录____刘 二____

测点	后视读数/m	前视读数/m	高 差/m +	高 差/m −	高 程/m	备 注
A	2.073				50.118	已知高程
TP_1	1.624	1.526	0.547			
TP_2	1.678	1.407	0.217			
TP_3	1.595	1.392	0.286			
TP_4	0.921	1.402	0.193			
B		1.503		0.582	50.779	未知点高程
$\sum$	7.891	7.230	1.243	0.582		
计算检核	$\sum a - \sum b = +0.661$		$\sum h = +0.661$		$H_B - H_A = +0.661$	

1. 计算检核

在每一测段结束后，必须进行计算检核。检查后视读数之和减去前视读数之和 $\left(\sum a - \sum b\right)$ 是否等于各站高差之和 $\left(\sum h\right)$，并等于 $H_B - H_A$；如不相等，则表示计算错误，应查明原因并予以纠正。但应注意这种检核只能检查计算工作有无错误，而不能检查出测量过程中所产生的错误，如读错、记错等。检查测量过程中是否有错误，采用测站检核和水准路线成果检核的方法。

2. 测站检核

为防止在一个测站上发生错误而导致整条水准路线结果的错误，提高测量效率，可在每个测站上对观测结果进行检核，不合格者，不得迁站。等级水准测量尤其如此，方法如下：

（1）变动仪器高法。在每个测站上测得两转点间的高差后，改变一下水准仪的高度（改变量一般应大于 10 cm），再次测量这两点间的高差。对于普通水准测量，当两次所得高差之差小于 6 mm 时可认为合格，否则应重测。符合精度要求时，取其平均值作为该测站的高差成果。

（2）双面尺法。仪器高度不变，利用双面水准尺分别由黑面和红面读数得出的高差扣除一对水准尺的常数差后，两次高差之差小于 5 mm 时可认为合格；否则检查原因，进行重测。符合精度要求时，取其平均值作为该测站的高差成果。

3. 水准路线的成果检核

根据工程需要不同的地形和已知水准点的分布情况，测量中应选择最优的水准路线。

（1）附合水准路线。对于附合水准路线，将两个已知水准点间实测高差与已知高差进行比较，其差值称为高差闭合差 f_h，即

$$f_h = \sum h_{测} - (H_{终} - H_{起}) \tag{2.6}$$

高差闭合差的大小在一定程度上反映了测量成果的精度。

（2）闭合水准路线。因为测量开始和结束于同一个点，所以理论上全线各测站高差之和应等于零。如果高差之和不等于零，则其差值 $\sum h_{测}$ 就是闭合水准路线的高差闭合差，即

$$f_h = \sum h_{测} \tag{2.7}$$

（3）支水准路线。为了便于检核，这种水准路线必须在起点和终点间进行往返测。理论上，往返测所得高差的绝对值应相等，但符号相反，或者是往返测高差的代数和应等于零。如果往返测高差的代数和不等于零，其值即为水准支线的高差闭合差，即

$$f_h = \sum h_{往} + \sum h_{返} \tag{2.8}$$

有时也可以用两组并测来代替一组的往返测以加快工作进度。两组所得高差应相等，若不等，其差值即为水准支线的高差闭合差，即

$$f_h = \sum h_1 - \sum h_2 \tag{2.9}$$

闭合差的大小反映了测量成果的精度。在各种不同性质的水准测量中，都规定了高差闭合差的限值，即容许高差闭合差，用 F_h 表示。当 $f_h < F_h$ 时，表示观测精度满足要求，否则应对外业资料进行检查，甚至返工重测。

2.4.3　观测成果处理

外业观测结束后，必须对外业观测手簿进行全面、细致地检查，确认无误后方可进行内业计算。

1. 计算水准路线的高差闭合差 f_h 和允许高差闭合差 F_h

根据具体的水准路线进行 f_h 的计算。一般水准测量的容许高差闭合差为

$$\left.\begin{array}{l}
平地\ F_h = \pm 40\sqrt{L}\,(\text{mm}) \\
山地\ F_h = \pm 12\sqrt{n}\,(\text{mm})
\end{array}\right\}$$

式中　L ——附合水准路线或闭合水准路线的长度，支水准路线中 L 为测段的长，均以 km 为单位；

　　　n ——测站数。

2. 闭合差的分配与高程计算

当 $f_h < F_h$ 时，可把 f_h 分配到各测段的实测高差上。高程测量误差的大小随水准路线的长度或测站数的增加而增加，所以分配的原则是把 f_h 以相反的符号根据各测段路线的长度或测站数成正比分配到各测段的高差上。故各测段高差的改正数为

$$v_i = \frac{l_i}{\sum l}(-f_h)$$

或

$$v_i = \frac{n_i}{\sum n}(-f_h) \tag{2.10}$$

式中　l_i，n_i ——各测段路线长度和测站数；

　　　$\sum l$，$\sum n$ ——总水准路线长度和总测站数。

如果 $\sum v_i = -f_h$，则表示 f_h 分配正确，这也是计算中的一个检核条件。若改正数的总和不等于高差闭合差的反数，则表明计算有误，应重新计算；因凑整引起的微小不符值，可将其分配在路线最长或测站数最多的测段上。实测高差加上相应的 v_i 即可得各测段改正后的高差。在计算中，尾数取舍问题按照"四舍六入，逢五时视前一位数字是奇数就收，是偶数就舍弃"的原则处理。进而各终点高程就等于各测段起点高程加上两点间高差。

【例 2.1】　表 2.2 所示为一附合水准路线的 f_h 检核和分配以及高程计算的实例。在 A、B 水准点之间进行附合水准测量，各测段的实测高差及测段路线长度如图 2.18 所示。

表 2.2　附合水准路线测量成果计算

点号	距离/km	高差/m	改正数/mm	改正后高差/m	高程/m
BM$_A$					56.543
1	0.60	+ 1.331	− 2	+ 1.329	57.872
2	2.00	+ 1.813	− 8	+ 1.805	59.677
3	1.60	− 1.424	− 6	− 1.430	58.247
BM$_B$	2.05	+ 1.340	− 9	+ 1.331	59.578
$\sum$	6.25	+ 3.060	− 25	+ 3.035	
$f_h = \sum h_{测} - (H_B - H_A) = +25$ mm					
$F_{h容} = \pm 40$ mm$\sqrt{L} = \pm 100$ mm　　因 $f_h < F_h$，故符合精度要求					

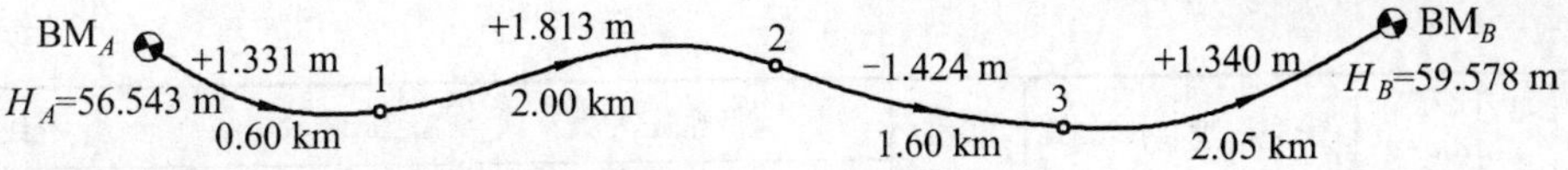

图 2.18　附合水准路线计算简图

附合水准路线上共设置了 3 个水准点，各水准点间的距离和实测高差均列于表中。表中高差的改正数是按式（2.8）计算的。由起点 BM_A 的高程累计加上各测段改正后的高差，就得出相应各点的高程。最后计算出终点 BM_B 的高程应与该点的已知高程完全符合。

式（2.9）一般只适用于闭合和附合水准路线。对于支水准路线，是不需计算高差改正数的，计算时将 f_h 按相反的符号平均分配在往测和返测所得的高差值上即可，高差的符号以往测为准。

【例 2.2】　在 A、B 两点间进行往返水准测量，往测方向由 A 到 B。已知 $H_A = 19.431 \, \text{m}$，$\sum h_往 = +1.327 \, \text{m}$，$\sum h_返 = -1.335 \, \text{m}$，$A$、$B$ 间安置了 4 个测站，求改正后的 B 点高程。

解　实际高差闭合差为

$$f_h = \sum h_往 + \sum h_返 = +1.327 - 1.335 = -0.008 \, (\text{m})$$

容许高差闭合差为

$$F_h = \pm 12\sqrt{4} = \pm 24 \, (\text{mm})$$

$f_h < F_h$，故精度符合要求。

改正后往测高差为

$$\sum h'_往 = \sum h_往 + \frac{-f_h}{2} = +1.331 \, (\text{m})$$

改正后返测高差为

$$\sum h'_返 = \sum h_返 + \frac{-f_h}{2} = -1.331 \, (\text{m})$$

故 B 点高程 $H_B = H_A + \sum h'_往 = 19.431 + 1.331 = 20.762 \, \text{m}$。

2.5　三、四等水准测量

三、四等水准测量常用于小地区测绘地形图和作为施工测量的高程基本控制，常用 DS_3 级水准仪和成对双面水准尺进行。水准测量的各项技术要求见表 2.3 和表 2.4。

表 2.3　水准测量的主要技术要求

等级	每千米高差中误差 / mm	路线长度 / km	水准仪型号	水准尺	观测次数		往返较差、附合或环线闭合差	
					与已知点联测	附合或环线	平地 / mm	山地 / mm
二等	2	—	DS_1	因瓦	往返各一次	往返各一次	$4\sqrt{L}$	—

续表

等级	每千米高差中误差/mm	路线长度/km	水准仪型号	水准尺	观测次数		往返较差、附合或环线闭合差	
					与已知点联测	附合或环线	平地/mm	山地/mm
三等	6	≤50	DS$_1$	因瓦	往返各一次	往一次	12$\sqrt{L}$	4$\sqrt{n}$
			DS$_3$	双面		往返各一次		
四等	10	≤16	DS$_3$	双面	往返各一次	往一次	20$\sqrt{L}$	6$\sqrt{n}$
五等	15	—	DS$_3$	单面	往返各一次	往一次	30$\sqrt{L}$	—

注：① 节点之间或节点与高级点之间，其线路的长度不应大于表中规定的0.7倍。
② L 为往返测段，附合或环线的水准路线长度（km）；n 为测站数。

表 2.4　水准观测的主要技术要求

等级	水准仪的型号	视线长度/m	前后视较差/m	前后视累积差/m	视线离地面最低高度/m	基本分划、辅助分划或黑面、红面读数较差/mm	基本分划、辅助分划或黑面、红面所测高差较差/mm
二等	DS$_1$	50	1	3	0.5	0.5	0.7
三等	DS$_1$	100	3	6	0.3	1.0	1.5
	DS$_3$	75				2.0	3.0
四等	DS$_3$	100	5	10	0.2	3.0	5.0
五等	DS$_3$	100	大致相等	—	—	—	—

注：① 二等水准路线长度小于20 m时，其视线高度应不低于0.3 m。
② 三、四等水准测量中采用变动仪器高度观测单面水准尺时，所测两次高差较差，应与黑面、红面所测高差之差的要求相同。

2.5.1　观测方法

1. 三等水准测量

视线长度不超过75 m。安置水准仪，粗平。
观测顺序应为后—前—前—后，即
（1）后视水准尺的黑面，读下丝、上丝和中丝读数。
（2）前视水准尺的黑面，读下丝、上丝和中丝读数。
（3）前视水准尺的红面，读中丝读数。
（4）后视水准尺的红面，读中丝读数。

2. 四等水准测量

视线长度不超过100 m。每一测站按下列顺序进行观测：
（1）后视水准尺的黑面，读下丝、上丝和中丝读数（1）、（2）、（3）。
（2）后视水准尺的红面，读中丝读数（4）。
（3）前视水准尺的黑面，读下丝、上丝和中丝读数（5）、（6）、（7）。
（4）前视水准尺的红面，读中丝读数（8）。

以上的观测顺序为后—后—前—前，在后视和前视读数时，均先读黑面再读红面，读黑面时读三丝读数，读红面时只读中丝读数。括号内的数字为读数顺序。记录和计算格式见表 2.5，括号内的数字表示观测和计算的顺序，同时也说明了有关数字在表格内应填写的位置。

表 2.5　三、四等水准测量记录

测站编号	测点编号	后尺 下丝 上丝	前尺 下丝 上丝	方向及尺号	水准尺读数 / m 黑面	水准尺读数 / m 红面	$K+$ 黑 $-$ 红 / mm	平均高差 / m	备注
		后视距	前视距						
		视距差 d	$\sum d$						
		（1）	（5）	后	（3）	（4）	（13）		
		（2）	（6）	前	（7）	（8）	（14）	（18）	
		（9）	（10）	后－前	（15）	（16）	（17）		
		（11）	（12）						
1	BM$_1$ │ TP$_1$	1.891	0.758	后 7	1.708	6.395	0	+1.1340	
		1.525	0.390	前 8	0.574	5.361	0		
		36.6	36.8	后－前	+1.134	+1.034	0		
		−0.2	−0.2						
2	TP$_1$ │ TP$_2$	2.746	0.867	后 8	2.530	7.319	−2	+1.8850	$K_7=4.687$ $K_8=4.787$
		2.313	0.425	前 7	0.646	5.333	0		
		43.3	44.2	后－前	+1.884	+1.986	−2		
		−0.9	−1.1						
3	TP$_2$ │ TP$_3$	2.043	0.849	后 7	1.773	6.459	+1	+1.1880	
		1.502	0.318	前 8	0.584	5.372	−1		
		54.1	53.1	后－前	+1.189	+1.087	+2		
		+1.0	−0.1						
4	TP$_3$ │ BM$_2$	1.167	1.677	后 8	0.911	5.696	+2	−0.5055	
		0.655	1.155	前 7	1.416	6.102	+1		
		51.2	52.2	后－前	−0.505	−0.406	+1		
		−1.0	−1.1						

检核

$\sum(9)=185.2$　　$\dfrac{1}{2}[\sum(15)+\sum(16)]=3.7015$　　总高差 $=\sum(18)=+3.7015$

$-\sum(10)=186.3$

　　　　-1.1　　　　$\sum[(3)+(4)]=32.791$

终站（12）$=-1.1$　　$-\sum[(7)+(8)]=25.388$

总视距 $=\sum(9)+\sum(10)$　　　　$+7.403\times\dfrac{1}{2}=+3.0715$

$=371.5$

2.5.2 计算与检核（见表 2.5）

1. 测站上的计算与检核

（1）视距计算：

后视距 （9）=[（1）–（2）]×100

前视距 （10）=[（5）–（6）]×100

前、后视距在表内均以 m 为单位，即|下丝–上丝|×100。同一水准尺上、下丝读数差值称为尺间隔。

前后视距差（11）=（9）–（10）。对于四等水准测量，前后视距差不得超过 5 m；对于三等水准测量，不得超过 3 m。

前后视距累积差（12）=本站的（11）+上站的（12）。对四等水准测量，前后视距累积差不得超过 10 m；对于三等水准测量，不得超过 6 m。

以上计算的（9）、（10）、（11）、（12）均不得超过对应技术指标。

（2）同一水准尺红、黑面读数差的检核。同一水准尺红、黑面读数差为

$$（13）=（3）+K–（4）$$
$$（14）=（7）+K–（8）$$

其中，K 为水准尺红、黑面常数差，一对水准尺的常数差 K 分别为 4.687 和 4.787。对于四等水准测量，红、黑面读数差不得超过 3 mm；对于三等水准测量，不得超过 2 mm。

（3）高差的计算与检核。按黑面读数和红面读数所得的高差分别为

$$（15）=（3）–（7）$$
$$（16）=（4）–（8）$$

黑面和红面所得高差之差（17）可按下式计算，并可用（13）–（14）来检查。式中 ±100 为两水准尺常数 K 之差。

$$（17）=（15）–（16）±100=（13）–（14）$$

对于四等水准测量，黑、红面高差之差不得超过 5 mm；对于三等水准测量，不得超过 3 mm。

（4）计算平均高差：

$$(18)=\frac{1}{2}[(15)+(16)±100]$$

2. 总的计算与检核

在手簿每页末或每一测段完成后，应作下列检核。

（1）视距的计算与检核：

$$末站的(12)=\sum(9)-\sum(10)$$
$$总视距=\sum(9)+\sum(10)$$

（2）高差的计算与检核：

28

当测站数为偶数时：

$$总高差 = \sum(18) = \frac{1}{2}[(15) + (16)] = \frac{1}{2}\{\sum[(3) + (4)] - \sum[(7) + (8)]\}$$

当测站数为奇数时：

$$总高差 = \sum(18) = \frac{1}{2}[\sum(15) + \sum(16) \pm 100]$$

2.5.3　观测成果的处理

三、四等水准测量观测成果的计算方法与 2.4 节介绍的普通水准测量成果的处理方法相同，水准路线高差闭合差的容许值见表 2.2。

2.6　微倾式水准仪的检验和校正

只有水准仪处于理想状态，才能提供一条水平视线。仪器经过长途运输或反复使用后，受到震动或碰撞，仪器的轴线之间的几何关系会发生变化。因此，为了保证测量工作能得出正确的成果，工作前必须对所使用的仪器进行检验和校正。

2.6.1　微倾式水准仪的主要轴线及应满足的几何条件

如图 2.19 所示，水准仪主要轴线之间应满足以下几何条件：

（1）圆水准器轴应平行于仪器的竖轴。

（2）十字丝的横丝应垂直于仪器的竖轴。

（3）水准管轴应平行于视准轴。

当圆水准气泡居中时，表示仪器粗平，即圆水准器轴处于铅垂，若满足关系，则竖轴也铅垂；横丝垂直于竖轴，则中丝处于水平位置，便于读数；水准管气泡居中，表示管水准器轴水平。如果满足第三个几何条件，则才能保证视线水平，因为这是仪器应满足的主要几何条件。

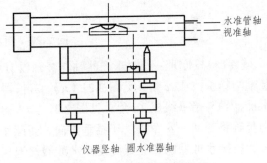

图 2.19　水准仪的主要轴线

2.6.2　水准仪的检验与校正

水准仪的检验与校正应按下列顺序进行，以保证前面检验的项目不受后面检验项目的影响。

1. 圆水准器的检验和校正

（1）目的：使圆水准器轴平行于仪器竖轴，圆水准器气泡居中时，竖轴便位于铅垂位置。

（2）检验方法：安置仪器后，旋转脚螺旋使圆水准器气泡居中，粗略整平仪器，然后将仪器上部在水平方向上绕仪器竖轴旋转180°。若气泡仍居中，则表示圆水准器轴已平行于竖轴；若气泡偏离零点，则需进行校正。

（3）校正方法：调节脚螺旋使气泡向中央方向移动偏离量的一半，然后拨圆水准器的校正螺旋使气泡居中。由于一次拨动不易使圆水准器校正得很完善，所以需重复上述的检验和校正，使仪器上部旋转到任何位置气泡都能居中为止。

圆水准器校正装置的构造常见的有两种：一种构造是在圆水准器盒底装置3个校正螺旋［见图2.20（a）］，盒底中央有一球面突出物顶着圆水准器的底板，3个校正螺旋则旋入底板拉住圆水准器。当旋紧校正螺旋时，可使水准器相应端降低，旋松时则可使该端上升。另一种构造，在盒底可见到4个螺旋［见图2.20（b）］，中间一个较大的螺旋用于连接圆水准器和盒底，另外3个为校正螺旋，它们顶住圆水准器底板。当旋紧某一校正螺旋时，水准器相应端升高，旋松时则该端下降，其移动方向与第一种相反。校正时，无论是哪一种构造，当需要旋紧某个校正螺旋时，必须先旋松另外两个螺旋；校正完毕，必须使三个校正螺旋都处于旋紧状态。

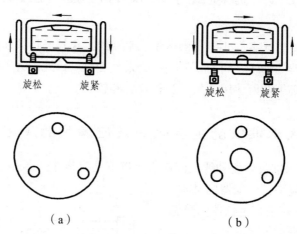

图2.20　圆水准气泡调节

（4）检校原理：若圆水准器轴与竖轴没有平行，构成一α角，当圆水准器的气泡居中时，竖轴与铅垂线成α角，见图2.21（a）。若仪器上部绕竖轴旋转180°，因竖轴位置不变，故圆水准器轴与铅垂线成2α角，见图2.21（b）。当调节脚螺旋使气泡向零点移回偏离量的一半，则竖轴将变动一α角而处于铅垂方向，而圆水准器轴与竖轴仍保持α角，见图2.21（c）。此时，拨圆水准器的校正螺旋使圆水准器气泡居中，则圆水准器轴也处于铅垂方向，从而使其平行于竖轴，见图2.21（d）。

当圆水准器的误差过大，即α角过大时，气泡的移动不能反映出α角的变化。当圆水准器气泡居中后，仪器上部平转180°，若气泡移至水准器边缘，再按照使气泡向中央移动的方向旋转脚螺旋1~2周，若未见气泡移动，这就属于α角偏大的情况，此时不能按上述正常的情况用改正气泡偏离量一半的方法来进行校正。此时，首先应以每次相等的量转动脚螺旋，使气泡居中，并记住转动的次数；然后将脚螺旋按相反方向转动原来次数的一半，此时可使竖轴接近铅垂位置。拨圆水准器的校正螺旋使气泡居中，则可使α角迅速减小，之后即可按正常的检验和校正方法进行校正。

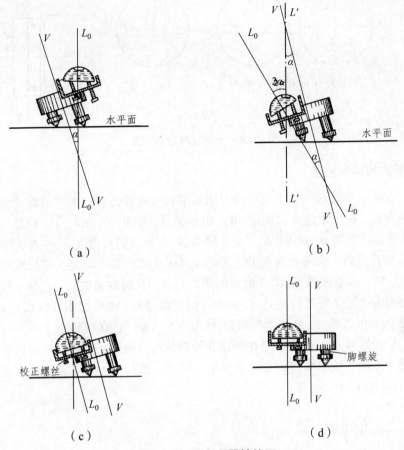

（a）　　　　　　（b）

（c）　　　　　　（d）

图 2.21　圆水准器轴校正

2. 十字丝横丝的检验和校正

（1）目的：使十字丝的横丝垂直于竖轴，这样，当仪器粗略整平后横丝基本水平，用横丝上任意位置所得的读数均相同。

（2）检验方法：先用横丝的一端照准一固定的目标或在水准尺上读一读数，然后用微动螺旋转动望远镜，用横丝的另一端观测同一目标或读数。如果目标仍在横丝上或水准尺上，读数不变[见图 2.22（a）]，说明横丝已与竖轴垂直；若目标偏离了横丝或水准尺，读数有变化[见图 2.22（b）]，则说明横丝与竖轴没有垂直，应予校正。

（3）校正方法：打开十字丝分划板的护罩，可见到 3 个或 4 个分划板的固定螺丝[见图 2.22（c）]。松开这些固定螺丝，转动十字丝分划板座，反复试验使横丝的两端都能与目标重合或使横丝两端所得水准尺读数相同，则校正完成。最后，旋紧所有固定螺丝。

（4）检校原理：若横丝垂直于竖轴，横丝的一端照准目标后，当望远镜绕竖轴旋转时，横丝在垂直于竖轴的平面内移动，所以目标始终与横丝重合。若横丝不垂直于竖轴，望远镜旋转时，横丝上各点不在同一平面内移动，因此目标与横丝的一端重合后，在其他位置的目标将偏离横丝。

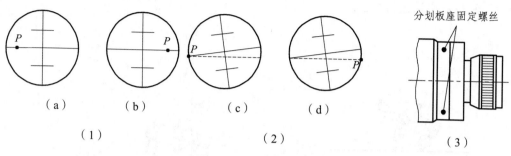

图 2.22　十字丝检验与校正

3. 水准管的检验和校正

（1）目的：使水准管轴平行于视准轴，当水准管气泡符合时，视准轴就处于水平位置。

（2）检验方法：在平坦地面选相距 40～60 m 的 A、B 两点，在两点分别打入木桩或设置尺垫。水准仪首先置于离 A、B 等距的 I 点，测得 A、B 两点的高差 $h_1 = a_1 - b_1$，见图 2.23（a）。必要时改变仪器高再测，当所得各高差之差小于 3 mm 时取其平均值。若视准轴与水准管轴不平行而构成 i 角，由于仪器至 A、B 两点的距离相等，且视准轴倾斜，在前、后视读数所产生的误差 δ 也相等，所以所得的 h_1 是 A、B 两点的正确高差。然后把水准仪移到 AB 延长方向上靠近 B 的 II 点，再次测 A、B 两点的高差[见图 2.23（b）]，必须仍把 A 作为后视点，故得高差 $h_{II} = a_2 - b_2$。如果 $h_1 = h_{II}$，说明在测站 II 所得的高差也是正确的，这也说明在测站 II 观测时视准轴是水平的，故水准管轴与视准轴是平行的，即 $i = 0$。如果 $h_1 \neq h_{II}$，则说明存在 i 角的误差，由图 2.23（b）可知：

$$i = \frac{\Delta}{S} \cdot \rho \qquad (2.11)$$

而
$$\Delta = a_2 - b_2 - h_1 = h_{II} - h_I \qquad (2.12)$$

式中　Δ——仪器分别在 II、I 点所测的高差之差；

　　　S——A、B 两点间的距离。

对于普通水准测量，要求 i 角不大于 20″，否则应进行校正。

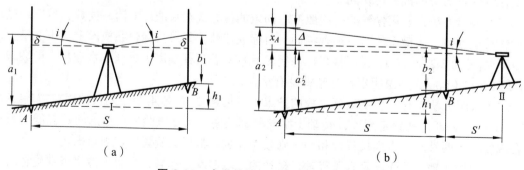

图 2.23　水准管轴平行于视准轴的检验

（3）校正方法：当仪器存在 i 角时，在远点 A 的水准尺读数 a_2 将产生误差 x_A，由图 2.22（b）可知：

$$x_A = \Delta \frac{S + S'}{S} \qquad (2.13)$$

式中　S'——测站 Ⅱ 至 B 点的距离。

　　计算时应注意 Δ 的正负号，正号表示视线向上倾斜，与图上所示一致；负号表示视线向下倾斜。

　　为了使水准管轴和视准轴平行，用微倾螺旋使远点 A 的读数从 a_2 改变到 a_2'，$a_2' = a_2 - x_A$。此时视准轴由倾斜位置改变到水平位置，但水准管也因随之变动而气泡不再符合。用校正针拨动水准管一端的校正螺旋使气泡符合，则水准管轴也处于水平位置从而使水准管轴平行于视准轴。水准管的校正螺旋如图 2.24 所示，校正时先松动左、右两校正螺旋，然后拨上、下两校正螺旋使气泡符合。拨动上、下校正螺旋时，应先旋松一个再拧紧另一个，逐渐改正，校正完毕时，所有校正螺旋都应适度旋紧。

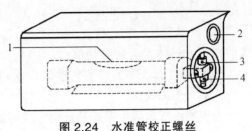

图 2.24　水准管校正螺丝

1—气泡；2—气泡观察镜；3—上校正螺丝；
4—下校正螺丝

　　以上检验、校正也需要重复进行，直到 i 角小于 20″为止。

2.7　水准测量的误差及其消减方法

　　测量过程中，由于仪器、人、环境等各种因素的影响，测量成果都带有误差。为了保证测量成果的精度，需要分析研究产生误差的原因，并采取措施消除和减小误差的影响。水准测量误差按其来源可分为三类：仪器误差、观测误差和外界条件的影响。

1. 仪器误差

　　（1）视准轴与水准管轴不平行引起的误差。仪器虽经过校正，但仍会有残余误差，如微小的 i 角误差。在测量中如能保持前视和后视的距离相等，并限制视线长，这种误差就能消除。当因一些原因某一测站的前视（或后视）距离较大时，那么就在下一测站上使后视（或前视）距离大些，使误差得到补偿。

　　（2）调焦引起的误差。调焦时，调焦透镜光心移动的轨迹和望远镜光轴不重合，则改变调焦就会引起视准轴的改变，从而使视准轴与水准管轴的关系发生改变。如果在测量中保持前视后视距离相等，就可在前视和后视读数过程中不改变调焦，避免出现因调焦而引起的误差。

　　（3）水准尺的误差。水准尺的误差包括尺长误差、分划不精确、尺底磨损、零点差、尺身弯曲，都会给读数造成误差，所以使用前应对水准尺进行检验。水准尺的主要误差是每米真长的误差，具有累积性质，高差越大则误差越大。对于误差过大的，应在成果中加入尺长改正。

2. 观测误差

（1）水准管气泡居中误差。视线水平是以气泡居中或符合为根据的，但气泡的居中或符合都是凭肉眼来判断，不能做到绝对精确。气泡居中的精度，也就是水准管的灵敏度，主要决定于水准管的分划值。一般认为水准管居中的误差约为 0.1 分划值，它对水准尺读数产生的误差为

$$m = \frac{0.1\tau''}{\rho} \cdot s \qquad (2.14)$$

式中　τ''——水准管的分划值；

ρ——1 弧度所对应的角秒值，$\rho = 180 \times 60 \times 60'' \pi \approx 206\ 265''$；

s——视线长。

为了减小气泡居中误差的影响，应限制视线长，观测时应使气泡严格居中或符合。

（2）估读水准尺分划的误差。水准尺上的 mm 数都是估读的，估读的误差取决于视场中十字丝和 cm 分划的宽度，所以估读误差与望远镜的放大率及视线的长度有关。通常在望远镜中十字丝的宽度为 cm 分划宽度的 1/10 时，能准确估读出 mm 数。所以在各种等级的水准测量中，对望远镜的放大率和视线长的限制都有一定的要求。此外，在观测中还应注意消除视差，并避免在成像不清晰时进行观测。

（3）水准尺倾斜的误差。水准尺没有扶直，无论向哪一侧倾斜都会造成读数偏大。这种误差随尺的倾斜角和读数的增大而增大。例如：尺有 3° 的倾斜，读数为 1.5 m 时，可产生 2 mm 的误差。为使尺能扶直，水准尺上最好装有水准器。没有水准器时，可采用摇尺法，即读数时把尺的上端在视线方向前后来回缓慢摆动，当视线水平时，观测到的最小读数就是尺扶直时的读数，见图 2.25。这种误差在前、后视读数中均可产生，所以在计算高差时可以抵消一部分。

3. 外界环境的影响

（1）仪器下沉和水准尺下沉的误差。

① 仪器下沉的误差。在读取后视读数和前视读数之间若仪器下沉了 Δ，由于前视读数减少了 Δ 从而使高差增大 Δ，见图 2.26。在松软的土地上，每一测站都可能产生这种误差。当采用双面尺或两次仪器高时，第二次观测时可先读前视点 B，然后读后视点 A，则可使所得高差偏小，两次高差的平均值可消除一部分仪器下沉的误差。采用往测、返测时，同理也可消除部分误差。

② 水准尺下沉的误差。在仪器从一个测站迁到下一个测站的过程中，若转点下沉了 Δ，则使下一测站的后视读数偏大，使高差也增大 Δ（见图 2.27）。在同样的情况下返测，可使高差的绝对值减小。所以取往、返测的平均高差，可以减弱水准尺下沉的影响。

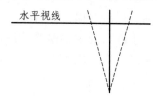

图 2.25　水准尺倾斜误差

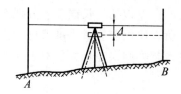

图 2.26　仪器下沉

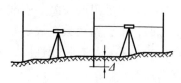

图 2.27　水准尺下沉

当然，在进行水准测量时，必须选择坚实的地点安置仪器和转点，避免仪器和尺的下沉。

（2）地球曲率和大气折光的误差。

① 地球曲率引起的误差。理论上水准测量应根据水准面来求出两点的高差（见图 2.28），但视准轴是一直线，因此使读数中含有由地球曲率引起的误差：

$$p = \frac{s^2}{2R}$$

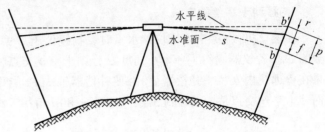

图 2.28　地球曲率与大气折光的影响

式中　s——视线长；

　　　R——地球的半径。

② 大气折光引起的误差。水平视线经过密度不同的空气层被折射，一般情况下形成一向下弯曲的曲线，它与理论水平线所得读数之差，就是由大气折光引起的误差 r（见图 2.28）。实验得出：大气折光误差比地球曲率误差要小，是地球曲率误差的 K 倍。一般情况下，系数 K 的大小在某个范围之内，一般可以取值 1/7。其计算式如下：

$$r = K\frac{S^2}{2R} = \frac{S^2}{14R}$$

所以，水平视线在水准尺上的实际读数为 b'，它与按水准面得出的读数 b 之差，就是地球曲率和大气折光总的影响值：

$$f = p - r = 0.43\frac{S^2}{R} \tag{2.15}$$

当前视、后视距离相等时，这种误差在计算高差时可自行消除。但是接近地面的大气层折光变化十分复杂，在同一测站的前视和后视距离上就可能不同，所以即使保持前视、后视距离相等，大气折光误差也不能完全消除。由于 f 值与距离的平方成正比，所以限制视线的长可以使这种误差大为减小；此外使视线离地面尽可能高于 0.3 m，也可减弱折光变化的影响。

（3）气候的影响。除了上述各种误差来源外，气候的影响也给水准测量带来误差，如风吹、日晒、温度的变化和地面水分的蒸发等。所以，观测时应注意气候带来的影响。为了防止日光曝晒，晴天观测时应给仪器撑伞保护。无风的阴天是最理想的观测天气。

2.8　自动安平水准仪

自动安平水准仪是一种不用水准管而能自动获得水平视线的水准仪。它在调节脚螺旋使圆水准器气泡居中后，经过 1~2 s 即可直接读取水平视线读数。当仪器有微小的倾斜变化时，补偿器能随时调整，始终给出正确的水平视线读数。因此，它具有观测速度快、精度高的优点，被广泛地用于各种等级的水准测量。

2.8.1 自动安平原理

自动安平水准仪自 20 世纪 50 年代初问世以来发展很快，现在各国生产的各种构造、不同型号的自动安平水准仪有数十种之多，但其基本原理可归纳为下列两类：

1. 移动十字丝的方法

在图 2.29（a）中，当仪器水平时，物镜位于 O 点，十字丝交点位于 z_0 点，水平视线读数为 a_0。若仪器倾斜了一个小角度 α，则十字丝交点将从 z_0 点移到 z 点，读数将变为 a。如果在望远镜内安装一补偿器 P，并使补偿器轴线 Pz 能相对于原视线反方向摆动一角度 β，从而使十字丝交点从 z 点移到 z_0 点。由于 α 和 β 角都很小，故得

$$zz_0 = \beta \cdot s = f \cdot \alpha$$

则
$$\frac{\beta}{\alpha} = \frac{f}{s} = v \qquad (2.16)$$

式中　f ——物镜的等效焦距；

　　　s ——补偿器到十字丝的距离；

　　　v ——补偿器的放大系数。

由图 2.29（a）和式（2.14）可以看出：只要保持 v 为常数，就能使水平光线经补偿器后始终通过十字丝的交点，获得水平视线读数，从而起到自动安平的作用。

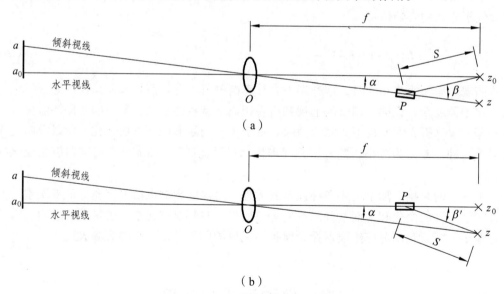

图 2.29　视线自动安平的原理

2. 移动像点的方法

按照同样的设想，如果当望远镜倾斜 α 角时，水平光线通过补偿器后，能相对于水平线按相同方向摆动一 β' 角，从而使水平方向上的像点从 z_0 点移到 z 点。由图 2.29（b）可得

$$\frac{\beta'}{\alpha} = \frac{f}{s} v' \qquad (2.17)$$

所以只要保持 v' 为常数，水平方向上的像点就能通过十字丝交点，同样起到自动安平的作用。

2.8.2　补偿器原理

自动安平水准仪的核心部分是补偿器。补偿器的原理如图 2.30 所示，O 代表物镜，b 代表三棱镜的反射面，c 为固定的反射镜。当望远镜水平时，棱镜片的反射面位于 $b_1 b_1'$ 反射镜位于 $c_1 c_1'$，水平光线经 $O b_1 c_1$ 到达十字丝交点 z_0（图 2.30 中细线）。当望远镜倾斜角度 α 时，三棱镜反射面移到 $b_2 b_2'$（假定补偿器尚未起作用），反射镜移到 $c_2 c_2'$，十字丝交点由 z_0 移到 z，十字丝读数将是 a 而不是水平视线读数 a_0（图 2.30 中虚线）。当补偿器起作用时，摆臂将逆时针旋转角度 α，三棱镜反射面则由 $b_2 b_2'$ 移至 $b_3 b_3'$，显然 $b_3 b_3'$ 平行于 $b_1 b_1'$，而反射镜仍在 $c_2 c_2'$。由于反射面 $c_2 c_2'$ 相对于原来位置变动了角度 α，所以水平光线经 $c_2 c_2'$ 反射后将变动角度 2α，即 $\beta' = 2\alpha$。因此只要把补偿器安装在 $f/2$ 处，就可使水平光线最终通过十字丝交点 z，即经 $O b_3 c_3$ 而到达 z（图 2.30 中粗线），从而在十字丝交点处可以读到水平视线在尺上的读数 a_0 达到自动安平的目的。上面介绍的是轴承式补偿器原理，目前在自动安平水准仪上所采用的补偿器还有吊丝式、簧片式和液体式等几种。

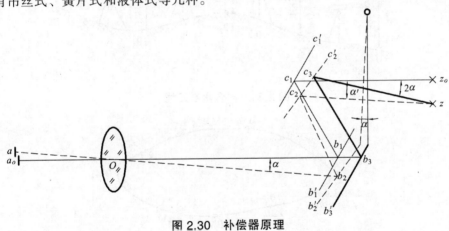

图 2.30　补偿器原理

2.8.3　自动安平水准仪的使用

自动安平水准仪的使用方法较微倾式水准仪简便。其操作步骤为：首先用脚螺旋使圆水准器气泡居中，完成仪器的粗略整平；然后用望远镜照准水准尺，即可用十字丝横丝读取水准尺读数，所得的就是水平视线读数。

由于补偿器工作精度一般为 $15'$，即能起到补偿作用的范围，所以使用自动安平水准仪时，要防止补偿器贴靠周围的部件，未处于自由悬挂状态。有的仪器在目镜旁有一按钮，它可以直接触动补偿器。读数前可轻按此按钮，以检查补偿器是否处于正常工作状态，也可以消除补偿器有轻微的贴靠现象。如果每次触动按钮后，水准尺读数变动后又能恢复原有读数，则表示工作正常。如果仪器上没有这种检查按钮，则在圆水准器气泡居中后，一边观测水准尺读数，一边转动某个脚螺旋，使圆水准器气泡沿与视准轴平行的方向有少量移动，但不能超出圆水准中央的黑圆圈，若读数不变则表示补偿器工作正常。由于要确保补偿器处于工作范围内，使用自动安平水准仪时注意圆水准器的气泡必须保持居中。

习　题

1. 什么是高程基准面、水准点、水准原点？它们在高程测量中的作用是什么？

2. 分别说明微倾式水准仪和自动安平水准仪的构造特点。

3. 什么叫后视点、后视读数？什么叫前视点、前视读数？高差的正负号是怎样确定的？什么叫转点？转点的作用是什么？

4. 什么是视差？产生视差的原因是什么？怎样消除视差？

5. 在水准仪上，当水准管气泡符合时，什么处于水平位置？

6. 水准路线的形式有哪几种？怎样计算它们的高差闭合差？

7. 按图 2.31 所示数据，填写水准测量手簿进行计算与检核，并求出 B 点的高程。

8. 图 2.32 所示为一闭合水准路线图，根据水准测量观测成果，试计算各水准点的高程。

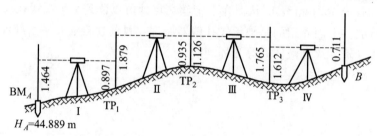

图 2.31　附合水准路线

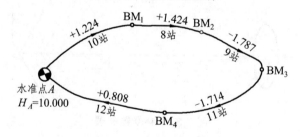

图 2.32　闭合水准路线

9. 已知水准点 5 的高程为 531.272 m，隧道内各点高程的读数如图 2.33 所示（测洞顶时，水准尺倒置），试求点 1、2、3、4 的高程。

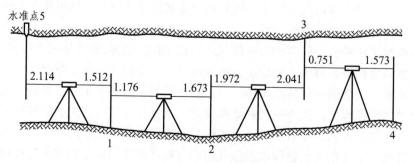

图 2.33　隧道水准测量

10. 在图 2.23 中当水准仪在点 1 时，用两次仪器高法测得 $a_1' = 1.723$，$b_1' = 1.425$，$a_1'' = 1.645$，$b_1'' = 1.349$；仪器移到点 2 后得 $a_2 = 1.562$，$b_2 = 1.247$。已知 $S = 50$ m，$S' = 5$ m，该仪器的 i 角是多少？校正时视线应照准 A 点的读数 a_2' 是多少？

11. 表 2.6 所列为四等水准测量记录，试完成计算与检核工作。

表 2.6　四等水准测量记录

测站编号	测点编号	后尺	下丝	前尺	下丝	方向及尺号	水准尺读数/m		$K+$黑$-$红 /mm	平均高差 /m	备注
			上丝		上丝		黑面	红面			
		后视距		前视距							
		视距差 d		$\sum d$							
		（1）		（5）		后	（3）	（4）	（13）		
		（2）		（6）		前	（7）	（8）	（14）		
		（9）		（10）		后－前	（15）	（16）	（17）	（18）	
		（11）		（12）							
1	BM$_A$ — TP$_1$	1.571		0.739		后 105	1.384	6.171			
		1.197		0.363		前 106	0.551	5.239			
						后－前					
2	TP$_1$ — TP$_2$	2.121		2.196		后 106	1.934	6.621			$K_{105} = 4.787$ $K_{106} = 4.687$
		1.747		1.821		前 105	2.008	6.796			
						后－前					
3	TP$_2$ — TP$_3$	1.914		2.055		后 105	1.726	6.513			
		1.539		1.678		前 106	1.866	6.554			
						后－前					
4	TP$_3$ — TP$_4$	1.965		2.141		后 106	1.832	6.519			
		1.700		1.874		前 105	2.007	6.793			
						后－前					

手机自测
巩固基础

第 3 章　角度测量

本章重点：角度测量原理；光学经纬仪的构造；经纬仪的操作方法；测回法和方向观测法测量水平角；竖直角观测方法；经纬仪的检验方法；水平角测量误差分析；电子经纬仪的测角原理。

角度测量包括水平角测量和竖直角测量，是测量的基本工作之一。水平角测量主要用于确定测点的平面位置，竖直角测量用于测定高差或者将倾斜距离转化为水平距离。

3.1　角度测量原理

3.1.1　水平角测量原理

水平角是指从地面一点出发的两方向线（即空间两条相交直线）在水平面上的投影所夹的角度。如图 3.1 所示，设有从 O 点出发的 OA、OB 两条方向线，分别过 OA、OB 的两个铅垂面与水平面 H 的交线 $O'A'$ 和 $O'B'$ 所夹的 $\angle A'O'B'$，即为 OA、OB 间的水平角 β。

为了测定水平角，在 O 点水平放置一个顺时针 0°～360° 刻划的度盘，且度盘的刻划中心与 O 点重合，借助盘上一个既能作水平又能作竖直面内俯仰运动的照准设备，使之照准目标，作竖直面与水平圆盘的交线，截取读数 a、b，则两投影方向 OA、OB 在度盘上的读数之差即为 OA 与 OB 间的水平角值，即 $\beta = b - a$。若求得的水平角为负，其结果加上 360°，因为水平角的取值范围为 0°～360°，没有负值。

实际上，水平度盘并不一定要放在过 O 的水平面内，而是可以放在任意水平面内，但其刻划中心必须与过 O 的铅垂线重合。因为只有这样，才可根据两方向的读数之差求出其水平角值。

3.1.2　竖直角测量原理

竖直角 α 是指在同一竖直面内，某一方向线与其在同一铅垂面内的水平线所夹的角度。由于竖直角是由倾斜方向与在同一铅垂面内的水平线构成的，而倾斜方向可以向上或向下，所以竖直角有正负之分。视线向上倾斜时，称为仰角，规定为正角，用"＋"号表示；而向下倾斜时，称为俯角，规定为负角，用"－"号表示。如图 3.2 所示，观测视线 OA、OB 的竖直角分别为正、负，同时可以得出竖直角 α 的范围为 0°～±90°。

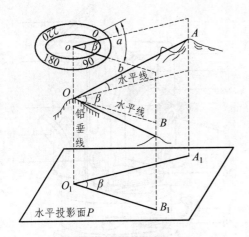

图 3.1　水平角测量原理

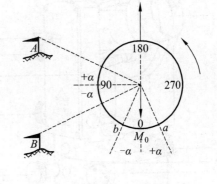

图 3.2　竖直角测量原理

为了测定观测视线 OA 或 OB 的竖直角 α，可在过 OA 或 OB 的竖直面内（或平行于该面）安置一个随照准设备同轴旋转一个角度且带有刻度的度盘，度盘刻划中心与 O 点重合，瞄准目标点，则 OA 或 OB 与过 O 点的水平线在竖直度盘上的读数之差即为 OA 或 OB 的竖直角值。

设在同一铅垂面内的水平视线的竖盘读数为 M_0，称为始读数，为一预定值，一般为 0° 或 180°。读数 a、b、M_0 三者在度盘上分布的位置如图 3.2 所示。

在同一竖直面内，一点至目标方向与天顶方向（铅垂线方向）的夹角 Z，称为天顶距，取值为 0°～180°。它与竖直角 α 的关系如下：

$$Z = 90° - \alpha \tag{3.1}$$

3.2　光学经纬仪

经纬仪是主要用来测量角度的仪器，根据读数设备的不同，可分为光学经纬仪和电子经纬仪。

根据测角精度不同，我国的经纬仪系列分为 DJ_{07}、DJ_1、DJ_2、DJ_6、DJ_{10} 等几个等级。其中，D 和 J 分别是"大地测量"和"经纬仪"两词汉语拼音的第一个字母，脚标的数字表示该经纬仪一测回方向观测中误差不超过的秒数，即表示该仪器能达到的精度指标。

经纬仪中目前最常用的是 DJ_6 和 DJ_2 级光学经纬仪。图 3.3 所示为 DJ_6 级光学经纬仪的外貌。本节主要讲述 DJ_6 级光学经纬仪。

各种类型的光学经纬仪，其外形及仪器零部件的形状、位置不尽相同，但基本构造都是一致的，一般都包括照准部、水平度盘和基座三大部分，如图 3.4 所示。

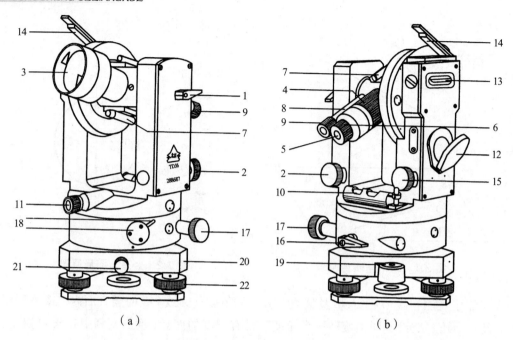

图 3.3 DJ₆级光学经纬仪

1—望远镜制动螺旋；2—望远镜微动螺旋；3—物镜；4—物镜调焦螺旋；5—目镜；6—目镜调焦螺旋；
7—光学瞄准器；8—度盘读数显微镜；9—度盘读数显微镜调焦螺旋；10—照准部管水准器；
11—光学对中器；12—度盘照明反光镜；13—竖盘指标管水准器；14—竖盘指标管
水准器观察反射镜；15—竖盘指标管水准器微动螺旋；16—水平方向制动螺旋；
17—水平方向微动螺旋；18—水平度盘位置变换螺旋与保护卡；
19—基座圆水准器；20—基座；21—轴套固定螺旋；22—脚螺旋

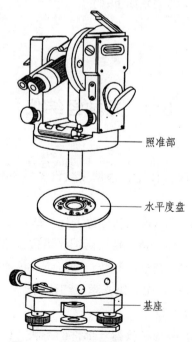

图 3.4 光学经纬仪的一般构造

DJ_6 级光学经纬仪是一种中等精度的测角仪器，其基本构造如下：

1. 照准部

照准部是指位于水平度盘以上，能绕其旋转轴旋转部分的总称。照准部包括望远镜、竖盘装置、读数显微镜、水准管、光学对中器、照准部制动与微动螺旋、望远镜制动与微动螺旋、横轴及其支架等部分。照准部旋转所绕的几何中心线称为经纬仪的竖轴。照准部制动和微动螺旋控制照准部的水平转动。

经纬仪的望远镜与水准仪的望远镜大致相同，它与旋转轴固定在一起，安装在照准部的支架上，并能绕旋转轴旋转，旋转轴的几何中心线称为横轴。望远镜制动螺旋和微动螺旋用于控制望远镜的上下转动。

竖盘装置用于测量竖直角，其主要部件包括竖直度盘（简称竖盘）、竖盘指标、竖盘水准管和水准管微动螺旋（有的仪器已采用竖盘补偿器进行替代）。

读数显微镜用于读取水平度盘和竖盘的读数。仪器外部的光线经反光镜反射进入仪器后，通过一系列透镜和棱镜，分别把水平度盘和竖盘的影像映射到读数窗内，然后通过读数显微镜可得到度盘影像的读数。

光学对中器用于使水平度盘中心（也称仪器中心）位于测站点的铅垂线上，称为对中。对中器由目镜、物镜、分划板和直角棱镜组成。当水平度盘处于水平位置时，如果对中器分划板的刻划圈中心与测点标点相重合，则说明仪器中心已位于测站点的铅垂线上。

照准部水准管用于使水平度盘处于精确水平位置，它的分划值一般为 30″/2 mm。照准部旋转至任何位置时水准管气泡均居中，则说明水平度盘已处于水平状态。

2. 水平度盘

水平度盘是一个刻有分划线的光学玻璃圆盘，用于量测水平角。水平度盘按顺时针方向注有数字。水平度盘与照准部是分离的，观测角度时，其位置相对固定，不随照准部一起转动。若需改变水平度盘的位置，可通过照准部上的水平度盘位置变换手轮或复测扳手将度盘变换到所需要的位置，主要用于水平度盘的配盘。

3. 基　座

经纬仪基座的构成、作用与水准仪的基座基本相同，主要由轴座、脚螺旋、连接板组成。另外还有一个轴座固定螺旋，用来将照准部与基座固连在一起。因此，操作仪器时，切勿松动此螺旋，以免仪器上部与基座分离而坠落摔坏。

4. 读数设备

打开照准部上的反光镜并调整其位置，必要时调节读数显微镜目镜的调焦螺旋，使读数窗内的影像明亮、清晰，即可读数。读数时，分位和秒位必须齐全。

不同精度、不同厂家的产品其基本结构是相似的，但由于采用的读数设备不同，读数方法差异也很大。现介绍几种常见的读数方法：分微尺法、单平板玻璃测微器法和对径符合法。

（1）分微尺法。

分微尺法也称带尺显微镜法。由于这种方法操作简单、读数方便、不含隙动差，大部分

DJ$_6$级经纬仪都采用这种测微器，如国产的 TDJ$_6$、Leica T16 等。

这种测微器是一个固定不动的分划尺，它有 60 个分划，度盘分划经过光路系统放大后，其 1°的间隔与分微尺的长度相等。即相当于把 1°又细分为 60 格，每格代表 1′，从读数显微镜中看到的影像如图 3.5 所示。图中，H 代表水平度盘，V 代表竖直度盘。度盘分划注字向右增加，而分微尺注字则向左增加。分微尺的零分划线即为读数的指标线，度盘分划线则作为读取分微尺读数的指标线。从分微尺上可直接读到 1′，还可以估读到 0.1′。图 3.5 中的水平度盘读数为 115°17′18″。

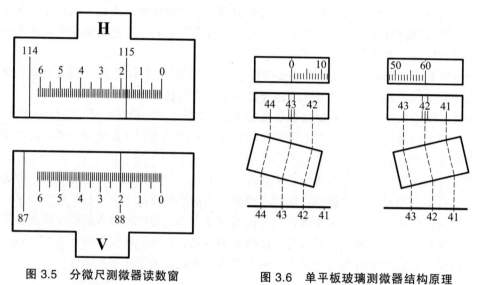

图 3.5　分微尺测微器读数窗　　　　图 3.6　单平板玻璃测微器结构原理

（2）单平板玻璃测微器法。

这种测微方法也运用于 DJ$_6$级经纬仪测量。由于采用这种方法操作不便，且有隙动差，现已较少采用，但旧仪器中还可见到，如 Wild T$_1$ 和部分国产 DJ$_6$级经纬仪的读数装置即属此类。

它的结构原理如图 3.6 所示。度盘影像在传递到读数显微镜的过程中，要通过一块平板玻璃，故称单平板玻璃测微器。在仪器支架的侧面有一个测微手轮，与平板玻璃及一个刻有分划的测微尺相连，转动测微手轮时，平板玻璃产生转动。由于平板玻璃的折射作用，度盘分划的影像在读数显微镜的视场内产生移动，测微分划尺也产生位移。测微尺上刻有 160 个分划，如果度盘影像移动一格，则测微尺刚好移动 60 个分划，因而通过它可读出不到 1°的微小读数。

在读数显微镜读数窗内，所看到的影像如图 3.7 所示。图中，下面的读数窗为水平度盘的影像，中间为竖直度盘的影像，上面则为测微尺的影像。水平及竖直度盘不足 1°的微小读数，利用测微尺的影像读取。读数时需转动测微手轮，使度盘刻划线的影像移动到读数窗中间双指标线的中央，并根据这指标线读出度盘的读数。这时测微尺读数窗内中间单指标线所对的读数即为不足 1°的微小读数。将两者相加即为完整的读数，如图 3.7（b）中的水平度盘读数为 42°45.6′。

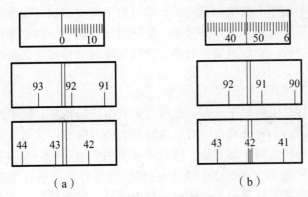

（a）　　　　　　　　　　　（b）

图 3.7　单平板玻璃测微器读数窗

3.3　光学经纬仪的安置和使用

经纬仪的使用，大致可以分为经纬仪安置、照准和读数三个步骤，主要包括仪器的对中、整平、照准、读数等项目。它是测角技术中的一项基本功训练，也是进一步加深对测角原理、仪器构造、使用方法等诸方面的综合性认识，从而达到正确使用仪器，掌握操作要领，提高观测质量的目的。

3.3.1　经纬仪的对中和整平

在测量角度以前，要先将经纬仪安置在设置有地面标志的测站上。所谓测站，即所测角度的顶点。安置工作包括对中、整平两项内容。对中是指使经纬仪中心与测站点位于同一铅垂线上；整平则是调节仪器，使水平度盘处于水平位置，竖轴铅垂。

安置仪器可按粗略对中整平和精确对中整平两步进行。对中分为光学对中器对中和垂球对中两种。因为光学对中器的精度较高，且不受风力影响，应尽量采用，其成像原理见图 3.8。工程上已经很少使用垂球对中，这里也不再赘述，确有需要的，请参阅同类测量书籍。

经纬仪上有两个水准器：一个是圆水准器，用来粗略整平仪器；另一个是水准管，用来精确整平仪器。

1. 粗略对中整平

先将三脚架升到适当高度，旋紧架腿的固定螺旋，并将三个架腿分别安置在以测站为中心的等边三角形的角顶上。架头平面大致水平，且中心与地面点大致在同一铅垂线上。从仪器箱中取出仪器，调节三脚架头上的连接螺旋将仪器与三脚架固连在一起。

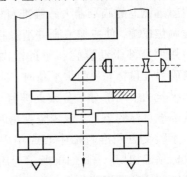

图 3.8　光学对中器成像原理

双手轻轻提起任意两个架腿，以第三条腿为圆心左右旋转三脚架，观察光学对中器，当光学对中器分划板的刻划中心与地面点对准，即可放下踩实。这时仪器架头可能倾斜很大，则根据圆水准气泡偏移方向，伸缩相关架腿，使气泡基本居中。伸缩架腿时，应先稍微旋松伸缩螺旋，待气泡居中后，立即旋紧。另外，伸缩架腿时不得挪动架腿在地面上的位置。

2. 精确对中整平

一般按先精平、后对中的顺序进行，也可以先对中、后精平。精平用水准管气泡居中来衡量。如图 3.9（a）所示，先使它与一对脚螺旋连线的方向平行，然后运用左手定则，双手以相同速度相对方向旋转这两个脚螺旋，使管水准器的气泡居中；再将照准部平转 90°，用另外一个脚螺旋使气泡居中，见图 3.9（b）。这样反复进行，直至管水准器在任一方向上气泡都居中为止。待仪器精确整平后，仍要检查对中情况。因为只有在仪器整平的条件下，光学对中器的视线才居于铅垂位置，对中才是正确的；如果有偏移，则需要对中。纠正时，先旋松连接螺旋，双手扶住仪器基座，在架头平面上轻轻移动仪器，使仪器精确对中，然后旋紧连接螺旋。重复上述操作，直至水准气泡居中，对中器对中为止。

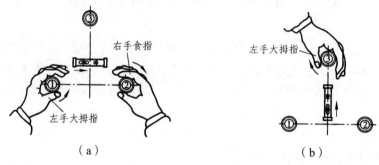

（a）　　　　　　　　　　　　（b）

图 3.9　经纬仪精平

3.3.2　照准目标

瞄准目标前，松开照准部制动螺旋和望远镜制动螺旋，观察望远镜十字丝是否清晰；若不清晰，可将望远镜对向明亮的背景，调整目镜调焦螺旋，使十字丝清晰。然后转动照准部，用望远镜上的瞄准器大致瞄准目标，旋紧照准部制动螺旋和望远镜制动螺旋；接着调节望远镜调焦螺旋，使成像清晰并消除视差；之后用照准部微动螺旋和望远镜微动螺旋精确照准目标。观测水平角时，应用十字丝纵丝的中间部分平分或夹准目标，并尽量瞄准目标的下部；观测竖直角时，则用十字丝交点照准目标中心或用中横丝与目标顶部相切。图 3.10 所示为用十字丝瞄准测钎和标杆成像。

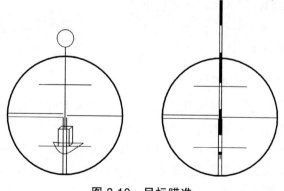

图 3.10　目标瞄准

3.3.3　读　数

张开反光镜至 45°左右，将镜面调向来光方向，使读数窗上照度均匀，亮度恰当。调节读数显微目镜，使视场影像清晰。读数时，首先区分度盘的测微类型，判断度盘及其分微尺、测微尺的格值；然后根据前面介绍的读数方法读数。读数前和读数中，度盘和望远镜位置均不能动，否则读数一律无效，必须返工重测。

3.4　水平角测量

一般根据观测的精度和观测目标的多少而选择水平角测量的方法。常用的方法有测回法和方向观测法，前者用于单角测量，后者用于多角测量。为了减少仪器误差的影响，角度观测时，无论使用何种观测方法，都要求用正镜（又称盘左）和倒镜（盘右）分别进行观测。

3.4.1　测回法

当所测的角度只有两个方向时，通常使用测回法观测。如图 3.11 所示，欲测 OA、OB 两方向之间的水平角 $\angle AOB$，则在角顶 O 点安置仪器，在 A、B 处设立观测标志，A 为起始目标。经过对中、整平仪器以后，即可按下述步骤观测：

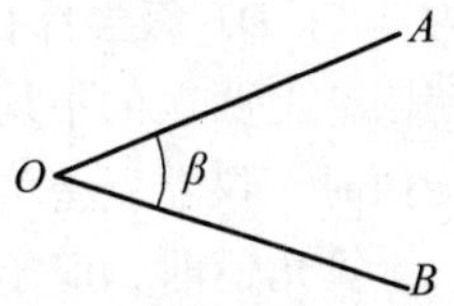

图 3.11　测回法测水平角

（1）经纬仪置于盘左位置（竖盘在望远镜视线方向的左侧时称盘左位置或正镜位置），照准左方起始目标 A 点，配置水平度盘读数稍大于 0°，读取该方向上的读数 $a_左$，记入观测手簿，见表 3.1。

（2）松开照准部及望远镜的制动螺旋，顺时针方向转动照准部，照准右方目标 B 点，读取该方向上的水平度盘读数 $b_左$，记录并计算盘左所得角值 $\beta_左 = b_左 - a_左$。

以上称为上半测回观测。

（3）松开照准部制动螺旋和望远镜制动螺旋，将望远镜纵转 180°，改为盘右位置（竖盘在望远镜右侧，或称为倒镜位置）。重新照准右方目标 B 点，并读取水平度盘读数 $b_右$；然后沿逆时针方向转动照准部，照准左方目标 A 点，读取水平度盘读数 $a_右$，则盘右所得角值为

$$\beta_右 = b_右 - a_右$$

两个半测回角值之差不超过规定限值时，取盘左、盘右所得角值的平均值 $\beta = \dfrac{\beta_左 + \beta_右}{2}$，即为一测回的角值。根据测角精度的要求，可以测多个测回而取其平均值，作为最后成果。观测结果应及时记入手簿并计算，看是否满足精度要求。手簿的格式和计算如表 3.1 所示。

表 3.1 测回法观测手簿

日期___4.15___   仪器型号_____   观测___李二___
天气___晴___   仪器编号_____   记录___张三___

测站	测回数	目标	盘位	水平度盘读数 /(° ′ ″)	水平角值 /(° ′ ″)	一测回角值 /(° ′ ″)	平均角值 /(° ′ ″)	备注
O	1	A	左	0 02 18	48 33 06	48 33 15	48 33 03	
		B		48 35 24				
		B	右	228 35 54	48 33 24			
		A		180 02 30				
	2	A	左	90 05 06	48 32 48	48 32 51		
		B		138 37 54				
		B	右	318 38 18	48 32 54			
		A		270 05 24				

值得注意的是，为了提高测角精度，需进行 n 个测回观测时，一个测回只能在盘左观测起始目标时才能设置度盘读数。第一测回的读数一般配置略大于 0°处，其他各测回的起始读数，每测回依次递增 $180°/n$（n 为测回数），其目的是减少度盘分划误差的影响。另外，上、下两个半测回所得角值之差，应满足有关测量规范规定的限差：对于 DJ_6 级经纬仪，限差一般为 $40″$；DJ_2 级经纬仪则为 $20″$。如果超限，则必须重测。如果重测的两半测回角值之差仍然超限，但两次的平均角值十分接近，则说明这是由仪器误差造成的。取盘左、盘右角值的平均值时，仪器误差可以得到抵消，所以各测回所得的平均角值是正确的。

计算角值时，应始终以右目标读数减去左目标读数，如果右目标读数小于左目标读数，则应先加 360°后再减。测得的角度是∠AOB 还是∠BOA，与照准部的转动方向无关，与先测哪个方向也无关，而是取决于用哪个方向的读数减去哪个方向的读数。

在下半测回时，仍要顺时针转动照准部，以便消减度盘带动误差的影响。

3.4.2 方向观测法（全圆测回法）

方向观测法又称为全圆测回法，适用于一个测站上有两个以上观测方向的观测。它的直接观测结果是各个方向相对于起始方向的水平角值，也称为方向值。相邻方向的方向值之差，就是它的水平角值。与测回法不同的是，在每半个测回依次观测各方向后，还要再次观测起始方向。每观测一个目标，均记录其度盘读数，在半测回中两次瞄准起始方向的读数差，称为半测回归零差。其值不得超过限差规定（见表 3.2）；否则，各半测回要重新测。

如图 3.12 所示，设在 O 点有 OA、OB、OC、OD 四个方向，其观测步骤如下：

（1）在 O 点安置仪器，对中、整平。

（2）选择一个距离适中且影像清晰的方向作为起始方向，设为 OA。

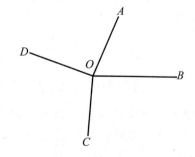

图 3.12 方向观测法测水平角

（3）盘左照准 A 点，并安置水平度盘读数，使其稍大于 $0°$，用测微器读取两次读数。

（4）以顺时针方向依次照准 B、C、D 等点，最后再照准 A，称为归零。在每次照准时，都用测微器读取两次读数。

以上称为上半测回。

（5）倒转望远镜改为盘右，以逆时针方向依次照准 A、D、C、B、A，每次照准时，也用测微器读取两次读数。这称为下半测回，上下两个半测回构成一个测回。

（6）如需观测多个测回，为了消减度盘刻度不均的误差，每个测回都要改变度盘的位置，即在照准起始方向时，改变度盘的安置读数。为使读数在圆周及测微器上均匀分布，用 DJ$_2$ 级仪器作精密测角时，各测回起始方向的安置读数按下式计算：

$$R = \frac{180°}{n}(i-1) + 10'(i-1) + \frac{600''}{n}\left(i - \frac{1}{2}\right) \tag{3.2}$$

式中　n——总测回数；

　　　i——该测回序数。

表 3.2　方向观测法的限差

仪器型号	光学测微器两次重合读数之差	半测回归零差	各测回 $2c$ 值互差	同一方向各测回值互差
DJ$_2$	3″	8″	13″	9″
DJ$_6$		18″		24″

每次读数后，应及时记入手簿。手簿的格式如表 3.3 所示。

表 3.3　方向法观测手簿

日期　6.6　　　　　　仪器型号　　　　　　　观测　钟　三

天气　阴　　　　　　仪器编号　　　　　　　记录　张　四

测站	测点	水平度盘读数 盘 左 ° ′ ″	水平度盘读数 盘 右 ° ′ ″	2c ″	$\frac{左+右}{2}$ ° ′ ″	归零后的方向值 ° ′ ″	各测回归零方向值平均值 ° ′ ″	角值 ° ′ ″
1	2	3	4	5	6	7	8	9
	A	0　02　00	180　02　18	−18	(0　02　15) 0　02　09	0　00　00	0　00　00	
	B	54　37　12	234　37　42	−30	54　37　27	54　35　12	54　35　10	54　35　10
	C	167　40　18	347　40　42	−24	167　40　30	167　38　15	167　38　11	113　03　01
	D	230　15　06	50　14　54	12	230　15　00	230　12　45	230　12　36	62　34　25
	A	0　02　18	180　02　24	−6	0　02　21			129　47　24
O		$\Delta_左 = +18''$	$\Delta_右 = -6''$					
	A	90　00　00	270　00　18	−18	(90　00　14) 90　00　09	0　00　00		
	B	144　35　24	324　35　18	6	144　35　21	54　35　07		
	C	257　38　18	77　38　24	−6	257　38　21	167　38　07		
	D	320　12　30	140　12　54	−24	320　12　42	230　12　28		
	A	90　00　12	270　00　24	−12	90　00　18			
		$\Delta_左 = +12''$	$\Delta_右 = -6''$					

表中，第 5 栏的 $2c$ 为同一方向上盘左盘右读数之差，即 2 倍的照准差。它是由视线不垂直于横轴的误差引起的，因为盘左、盘右照准同一目标时的读数理论上相差 180°，所以 $2c = L - (R \pm 180°)$。第 6 栏是同一方向盘左、盘右读数的平均值，在取平均值时，也是盘右读数加上或者减去 180° 后再与盘左读数平均，以盘左读数为准。起始方向读数取两次观测结果的平均值作为起始方向值。第 7 栏为归零后的方向值，即从各个方向的盘左盘右平均值中减去起始方向 A 点的平均值，将 A 点方向化为 0°00′00″，即得各个方向的方向值。第 8 栏为各测回归零方向值平均值，即将第 8 栏各测回中同一方向的归零后的方向值取平均值，同一方向值各测回互差应在限差值范围内。第 9 栏为观测角值，即将第 8 栏相邻两方向值之差。

为避免错误及保证测角的精度，对各项操作都规定了限差，如表 3.3 所示。

3.5 竖直角测量

3.5.1 竖盘装置

竖盘装置包括竖盘、读数指标、指标水准管及其微动螺旋。竖盘安置于望远镜旋转轴（横轴）的一端，其刻划中心与横轴的旋转中心重合，所以在望远镜作竖直方向的旋转时，度盘也随之转动。经纬仪的读数指标与指标水准管连接在一起，由指标水准管的微动螺旋控制。当调节指标水准管的微动螺旋时，指标水准管的气泡移动，读数指标随之移动。当指标水准管的气泡居中时，读数指标线移动到正确位置，即铅垂位置。另外还有一个固定的竖盘指标，以指示竖盘转动在不同位置时的读数。

竖直度盘的刻划是在全圆周上刻为 0° ~ 360°，但注字的方式有顺时针和逆时针两种。如图 3.13 所示，通常在望远镜方向上注以 0° 及 180°；当视线水平时，指标所指的读数为 90° 或 270°。竖盘读数也是通过一系列光学组件传至读数显微镜内读取。

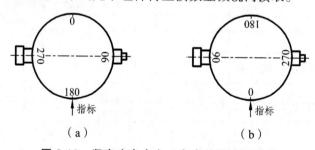

（a）　　　　　　　　　　　（b）

图 3.13 竖直度盘盘左、盘右位置注记形式

对竖盘指标的要求，是始终能够读出与竖盘刻划中心在同一铅垂线上的竖盘读数。为了满足这个要求，其构造形式应为：一是借助于与指标固连的水准器的指示，使其处于正确位置，早期的仪器都属此类；一是借助于自动补偿器，使其在仪器整平后，自动处于正确位置。自动补偿一般为 ±2′，自动补偿精度为 3″ ~ 5″。

1. 指标带水准器的构造

这种构造如图 3.14 所示。指标装在一个支架上，支架套在横轴的一端，因而可以绕横轴旋转。在支架上方安装一个水准器，下方安装一个微动螺旋。旋转微动螺旋，指标可绕横轴作微小转动，同时水准器的气泡也发生移动。当气泡居中时，指标即处于正确位置。

2. 指标带补偿器的构造

补偿器的构造有两类形式，但都是借助重力作用，以达到自动补偿而读出正确读数的目的：一类是液体补偿器，利用液面在重力作用下自动水平，以达到补偿的目的；另一类是利用吊丝悬挂补偿元件，在重力作用下稳定于某个位置，以达到补偿的目的。现对液体补偿器的补偿原理加以说明。

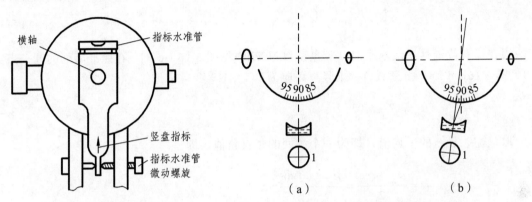

图 3.14　竖直度盘构造　　　　图 3.15　液体补偿器补偿原理

液体补偿器的构造原理如图 3.15 所示。补偿原件是一个盛有透明液体的容器，如果仪器的竖轴位于铅垂位置，则容器内的液体表面水平，容器底也是水平的，液体相当于一块平面平行的玻璃板。指标 I 位于过竖盘刻划中心的铅垂线上，如图 3.19（a）所示，当视线水平时，则指标成像于竖盘的 90°处；如果仪器有少许倾斜，如图 3.19（b）所示，则指标 I 偏离过竖盘刻划中心的铅垂线，液体容器的底部也发生倾斜，但液体表面仍处于水平位置，所以这时液体实际形成了一个光楔。如果视线是水平的，指标 I 的成像通过光楔发生折射，仍然成像于度盘的 90°处，这就达到了自动补偿的目的。

3.5.2　竖直角的观测

竖直角是指在同一铅垂面内，倾斜视线与水平视线所夹的角度。由于水平视线的读数是固定的，所以只要读出倾斜视线的竖盘读数，即可求算出竖直角值。但为了消除仪器误差的影响，同样需要用盘左、盘右观测。其具体观测步骤如下：

（1）在测站上安置仪器，对中，整平。

（2）以盘左照准目标，如果是指标带水准器的仪器，必须调节指标微动螺旋使水准器气泡居中，然后读取竖盘读数 L 并记录；如果用指标带补偿器的仪器，在照准目标后打开补偿器开关，即可直接读取竖盘读数。这称为上半测回。

（3）将望远镜倒转，以盘右用同样方法照准同一目标，使指标水准器气泡居中后，读取并记录下竖盘读数 R。这称为下半测回。

3.5.3 竖直角的计算

竖直角的计算方法与观测的竖盘刻划注记方式有关。现以顺时针增加注记，且在盘左视线水平时的竖盘读数为90°的竖盘为例，说明竖直角的计算方法。其他方式的刻划，可以根据同样的方法推导其计算公式。

如图3.20所示，当在盘左位置且视线水平时，竖盘的读数为90°[见图3.16（a）]，如照准高处一点 A[见图3.16（b）]，则视线向上倾斜，得读数 L。按前述的规定，竖直角应为正值，所以盘左时的竖直角应为

$$\alpha_{左} = 90° - L \tag{3.3}$$

当在盘右位置且视线水平时，竖盘读数为270°[见图3.16（c）]，在照准高处的同一点 A 时[见图3.16（d）]，得读数 R。则竖直角应为

$$\alpha_{右} = R - 270° \tag{3.4}$$

取盘左、盘右的平均值，即为一个测回的竖直角值，即

$$\alpha = \frac{\alpha_{左} + \alpha_{右}}{2} = \frac{R - L - 180°}{2} \tag{3.5}$$

如果测多个测回，则取各个测回的平均值作为最后成果。

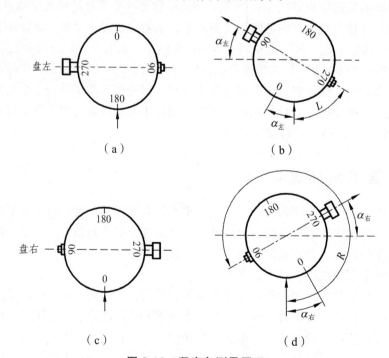

（a）   （b）

（c）   （d）

图 3.16 竖直角测量原理

观测结果应及时记入手簿，手簿的格式如表3.4所示。

表 3.4　竖直角观测手簿

日期_____　　　　　仪器型号_____　　　　观测_____

天气____多云____　　　　仪器编号_____　　　　记录_____

测站	测点	盘位	竖盘度数			半测回角值			一测回角值			竖盘指标差	备注
			°	′	″	°	′	″	°	′	″	″	
O	A	左	80	05	24	+9	54	36	+9	54	27	−9	
		右	279	54	18	+9	54	18					

3.5.4　竖盘指标差

如果指标不位于过竖盘刻划中心的铅垂线上，如图 3.17 所示，视线水平时的读数不是 90° 或 270°，而相差 x，这样用一个盘位测得的竖直角值含有误差 x，这个误差称为竖盘指标差。为求得正确的 α 角值，需加入指标差改正，即

$$\alpha = \alpha_左 + x \tag{3.6}$$

$$\alpha = \alpha_右 - x \tag{3.7}$$

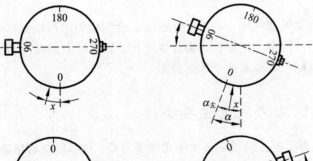

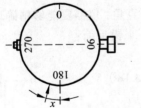
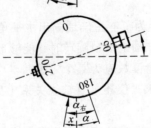

图 3.17　竖盘指标差

可得

$$\alpha = \frac{\alpha_右 + \alpha_左}{2} \tag{3.8}$$

$$x = \frac{\alpha_右 - \alpha_左}{2} \tag{3.9}$$

由（3.7）式可以看出，取盘左、盘右结果的平均值时，指标差 x 的影响已自然消除。将式（3.3）、（3.4）代入式（3.9），可得

$$x = \frac{R + L - 360°}{2}$$ （3.10）

即用盘左、盘右照准同一目标的读数，可按式（3.10）直接求算指标差 x。如果 x 为正值，说明视线水平时的读数大于 90° 或 270°；如果为负值，则情况相反。或者认为 x 偏向注记增加的方向为正值，偏向注记减少的方向为负值。特别说明的是，式（3.10）同样适应于逆时针注记。

以上各公式是按顺时针方向注字的竖盘推导的，同理也可推导出逆时针方向注字竖盘的计算公式。

在竖直角测量中，常常用指标差来检验观测的质量，即在观测的不同测回中或不同的目标时，指标差的较差应不超过规定的限值。例如：用 DJ_6 级经纬仪做一般工作时，指标差的较差要求不超过 25″。此外，在单独用盘左或盘右观测竖直角时，按式（3.6）或式（3.7）加入指标差 x，仍可得出正确的角度值。

在上述观测中，每次读数前必须调节竖盘指标水准管的微动螺旋使指标水准管的气泡居中；操作较繁琐。为此，有的仪器采用了竖盘指标自动归零装置，取代了竖盘指标水准管及其微动螺旋。基本原理与自动安平水准仪补偿原理相同，使仪器在一定倾斜范围内能读到水准气泡居中时的读数。因此，仪器整平后即可瞄准、读数，从而提高了竖直角的观测速度。

3.6 经纬仪的检验和校正

经纬仪与其他测绘仪器一样，必须定期送法定检测机关进行检测，以评定仪器的性能和状态。同时，在使用过程中，仪器状态会发生变化，因而仪器的使用者应经常利用室外方法进行检验和校正，以使仪器经常处于理想状态。

3.6.1 经纬仪应满足的主要条件

由测角原理知：为了能正确地测出水平角和竖直角，仪器要能够精确地安置在测站点上，同时竖轴铅垂；视准轴绕横轴旋转时，能够形成一个铅垂面；当视线水平时，竖盘读数应为某个定值。

为满足上述要求，仪器主要轴线关系（见图 3.18）应具备下述几何条件：

（1）照准部的水准管轴应垂直于仪器竖轴。满足此条件，精平仪器后，竖轴才能精确地处于铅垂位置。

（2）圆水准器轴应平行于竖轴。满足此条件，粗平仪器后，仪器竖轴才能粗略地位于铅垂位置。

（3）十字丝竖丝应垂直于横轴。满足此条件，则当横轴水平时，竖丝位于铅垂位置，这样可以利用竖丝的任意部位照准目标进行观测。

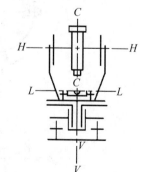

图 3.18 仪器主要轴线关系

（4）视准轴应垂直于横轴。满足此条件，则在望远镜绕横轴旋转时，可形成一个垂直于横轴的平面。

（5）横轴应垂直于竖轴。满足此条件，当仪器整平后，则横轴水平。因此视准轴绕横轴旋转时可形成一个铅垂面。

（6）光学对中器的光轴应与竖轴重合。满足此条件，则利用光学对中器对中后，竖轴才位于过地面点的铅垂线上。

（7）视线水平时竖盘读数应为某个定值。不满足此条件，则有指标差存在，会给竖直角计算带来误差。

3.6.2　经纬仪的检验和校正

经纬仪检验的目的，就是检查上述的各种关系是否满足。如果不能满足，且偏差超过允许的范围时，则需要进行校正。检验和校正应按一定的顺序进行，确定这些顺序的原则如下：

（1）如果某一项不校正好，会影响其他项目的检验时，则这一项先做。

（2）如果不同项目需校正同一部位，则会互相影响，在这种情况下，应将重要项目放在后面检验，以保证其状态不被破坏。

（3）有的项目与其他条件无关，则先、后进行均可。

现分别说明各项检验与校正的具体方法。

1. 照准部的水准管轴垂直竖轴的检验与校正

（1）检验。先将仪器粗略整平，使水准管平行于一对相邻的脚螺旋，并调节这一对脚螺旋使水准管气泡居中，这时水准管轴 LL' 居于水平位置。如果两者不相互垂直[见图 3.19（a）]，则竖轴 VV' 不在铅垂位置。然后将照准部平转 180°，由于是绕竖轴旋转的，竖轴位置不动，则水准管轴偏移水平位置，气泡也不再居中，如图 3.19（b）所示。如果两者的垂直偏差为 α，则平转后水准管轴与水平位置的偏移量为 2α。

（2）校正。校正时用脚螺旋使气泡退回原偏移量的一半，则竖轴便处于铅垂位置，如图 3.19（c）所示。再用校正装置升高或降低水准管的一端，使气泡居中，则条件满足，如图 3.19（d）所示。水准管校正装置的构造如图 3.20 所示。如果要使水准管的右端降低，则先顺时针转动下边的螺旋，再顺时针转动上边的螺旋；反之，则先逆时针转动上边的螺旋，再逆时针转动下边的螺旋。校正好后，应以相反的方向转动上、下两个螺旋，将水准管紧固。

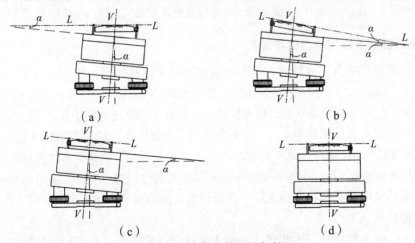

（a）　　　　　　　　　　　　　（b）

（c）　　　　　　　　　　　　　（d）

图 3.19　竖轴误差的检验与校正

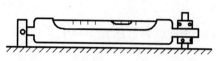
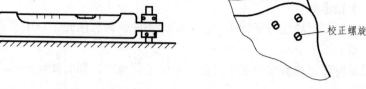

图 3.20　水准管校正装置构造　　　　图 3.21　圆水准器校正螺丝

2. 圆水准器轴平行竖轴的检验与校正

（1）检验。利用已校正好的照准部水准管将仪器整平，这时竖轴处于铅垂位置，如果圆水准器的理想关系满足，则气泡应该居中；否则需要校正。

（2）校正。在圆水准器盒的底部有 3 个校正螺丝，如图 3.21 所示，根据气泡偏移的方向，将其旋进或旋出，直至气泡居中则条件满足。校正好后，应将 3 个螺丝旋紧，使其紧固。

3. 十字丝竖丝垂直横轴的检验与校正

（1）检验。以十字丝竖丝的一端照准一个小而清晰的目标点，再用望远镜的微动螺旋使目标点移动到竖丝的另一端，如图 3.22 所示。如果目标点到另一端时仍位于竖丝上，则满足理想关系；否则，需要校正。

（2）校正。校正的部位为十字丝分划板，位于望远镜的目镜端。将护罩打开后，可看到 4 个固定分划板的螺旋，如图 3.22 所示。稍微拧松这 4 个螺旋，则可转动分划板。待转动至满足理想关系后，旋紧固定螺旋，并将护罩罩好。

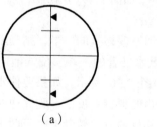
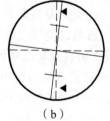

（a）　　　　　　　　　　（b）

图 3.22　十字丝检验与校正

4. 视准轴垂直于横轴的检验与校正

望远镜视准轴不垂直于横轴时，其偏差值称为视准误差，用 c 表示。

（1）检验。如图 3.23 所示，在平坦地区，选择相距约 100 m 的 A、B 两点，在 A、B 的中点 O 安置经纬仪，在 B 端与仪器同高的位置横放一支带有毫米分划的尺，在 A 端设置标志。仪器整平后，盘左瞄准 A 点，倒转望远镜，在毫米分划尺上读数 B_1，旋转照准部以盘右位置再次瞄准 A 点，倒转望远镜，在毫米分划尺上读数 B_2，若 B_1、B_2 重合，则表示条件成立，否则应校正。

由于 DJ_2 级经纬仪（DJ_6 级经纬仪的检验可以参考其他同类参考书）采用的是对径符合读数法，所以可以采用盘左和盘右瞄准同一目标读数，然后得出 $2c = L - (R \pm 180°)$ 值。如果 c 值超限，则需要校正。

（2）校正。由于视准轴是由物镜光心和十字丝交点构成的，所以校正的部位仍为十字丝分划板。在图 3.24 中，校正分划板左、右两个校正螺旋，则可使视线左右摆动。旋转校正螺旋时，可先松一个，再紧另一个。待校正至正确位置后，应将两个螺旋旋紧，以防松动。

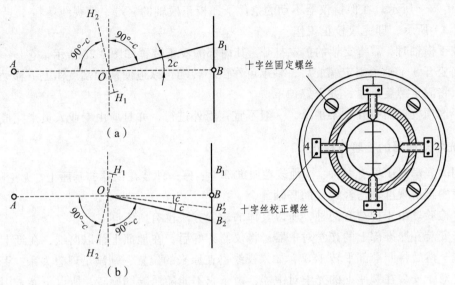

图 3.23　视准轴检校原理　　　　图 3.24　十字丝分划板构造

5. 横轴垂直于竖轴的检验与校正

横轴不垂直于竖轴时，其偏差值称为横轴误差。竖轴处于铅垂时，如果横轴不与竖轴相互垂直，则横轴倾斜；如果视准轴已垂直于横轴，这时绕横轴旋转时划出的是一个倾斜面。

（1）检验。在距一堵高墙约 30 m 处安置仪器。当仪器整平以后，在望远镜倾斜 30° 左右的高处，以盘左照准一清晰的目标点 A，然后将望远镜放平，在视线上标出墙上的一点 B，如图 3.25（a）所示；再将望远镜改为盘右，仍然照准 A 点，并放平视线，在墙上标出一点 C，如图 3.25（b）所示。如果仪器关系满足，则 B、C 两点重合；否则，说明这一关系不满足，需要校正。

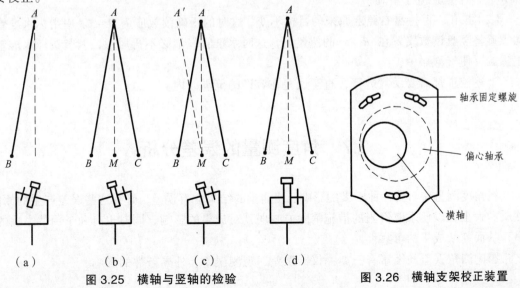

图 3.25　横轴与竖轴的检验　　　　图 3.26　横轴支架校正装置

（2）校正。由于盘左、盘右倾斜的方向相反而大小相等，所以取 B、C 的中点 M，则 A、M 在同一铅垂面内。之后照准 M 点，将望远镜抬高，则视线必然偏离 A 点而落在 A' 点处，如图 3.29（c）所示。在保持仪器不动的条件下，校正横轴的一端，使视线落在 A 点上，如图 3.29（d）所示，即完成校正工作。

在校正横轴时，需将支架的护罩打开。其内部的校正装置如图 3.26 所示，它是一个偏心轴承，当松开 3 个轴承固定螺旋后，轴承可作微小转动，以迫使横轴端点作上下移动。待校正好后，将固定螺旋旋紧，并上好护罩。

由于这项校正需打开支架护罩，一般不宜在野外进行，并且应由专业人员来完成。

6. 光学对中器的检验与校正

常用的光学对中器有两种：一种装在照准部上；另一种装在仪器的基座上。无论哪一种，都要求对中器的视准轴与经纬仪的竖轴重合。

（1）检验。由于构造有两种，所以具体的检验方法也有所不同。

对于安装在照准部上的光学对中器，将仪器架好后，在地面上铺以白纸，在纸上标出视线的位置，然后将照准部平转 180°，如果视线仍在原来的位置，则满足理想关系；否则，需要校正。对于安装在基座上的光学对中器，由于它不能随照准部旋转，所以不能采用上述的方法。此时，可将仪器平置于稳固的桌子上，使基座伸出桌面。在离仪器 1.3 m 左右的地面上铺以白纸，在纸上标出视线的位置，然后在仪器不动的条件下将基座旋转 180°；如果视线偏离原来的位置，则需校正。

（2）校正。由于检验时所得前、后两点之差是由 2 倍误差造成的，因而在标出两点的中间位置后，校正有关的螺旋，使视线落在中间点上即可。对于中器分划板的校正，与望远镜分划板的校正方法相同。

7. 竖盘指标差的检验与校正

（1）检验。检验竖盘指标差的方法，是用盘左、盘右照准同一目标，并在读得其读数 L 和 R 后，计算其指标差值。

（2）校正。保持盘右照准原来的目标不变，这时的正确读数应为 $R-x$。用指标水准管微动螺旋将竖盘读数安置在 $R-x$ 的位置上，这时水准管气泡必不再居中，调节指标水准管校正螺旋，使气泡居中。

上述校正都需要反复进行，直至误差在容许的范围以内。

3.7 角度测量的误差分析

在角度测量中，受各种因素的影响，使测量的结果含有误差。研究这些误差产生的原因、性质和大小，以便采取恰当的措施消除或减弱其对成果的影响；同时也有助于预估影响的大小，从而判断成果的可靠性。

影响测角误差的因素有三类：仪器误差、观测误差、外界条件的影响。

3.7.1　仪器误差

仪器虽经过检验及校正，但总会有残余的误差存在。仪器误差的影响，一般都是系统性的，可以在工作中通过一定的方法予以消除或减小。

主要的仪器误差有：水准管轴不垂直于竖轴、视准轴不垂直横轴、横轴不垂直竖轴、照准部偏心、光学对中器视准轴不与竖轴重合以及竖盘指标差等。

1. 水准管轴不垂直竖轴

这项误差影响仪器的精确整平，即竖轴不能严格铅垂，横轴也不水平。安置好仪器后，它的倾斜方向是固定不变的，不能用盘左、盘右消除。如果存在这一误差，可在整平时于一个方向上使气泡居中后，再将照准部平转 180°，这时气泡必然偏离中心；然后用脚螺旋使气泡移回偏离值的一半，则竖轴即可铅垂。这项操作要在互相垂直的两个方向上进行，直至照准部旋转至任何位置时，气泡虽不居中但偏移量不变为止。

2. 视准轴不垂直横轴

如图 3.27 所示，如果视线与横轴垂直时的照准方向为 AO，当两者不垂直而存在一个误差角 c 时，则照准点为 O_1。如要照准 O，则照准部需旋转 c' 角。这个 c' 角就是由于这项误差在一个方向上对水平度盘读数的影响。由于 c' 是 c 在水平面上的投影，从图 3.27 可知

$$c' = \frac{BB_1}{AB} \cdot \rho \tag{3.11}$$

而 $\quad AB = AO\cos\alpha$ ， $BB_1 = OO_1$

所以 $\quad c' = \frac{OO_1}{AO\cos\alpha} \cdot \rho = \frac{c}{\cos\alpha} = c \cdot \sec\alpha \tag{3.12}$

由于一个角度是由两个方向构成的，则它对角度的影响为

$$\Delta c = c_2' - c_1' = c(\sec\alpha_2 - \sec\alpha_1) \tag{3.13}$$

式中　α_2, α_1 —— 两个方向的竖直角。

由式（3.13）可知，在一个方向上的影响和误差角 c 与竖直角 α 的正割的大小成正比；对一个角度而言，则和误差角 c 与两方向竖直角正割之差的大小成正比，如两方向的竖直角相同，则影响为零。

因为在用盘左、盘右观测同一点时，其影响的大小相同而符号相反，所以在取盘左、盘右的平均值时，可自然抵消。

3. 横轴不垂直竖轴

横轴不垂直竖轴，则仪器整平后竖轴居于铅垂位置，横轴必发生倾斜。视线绕横轴旋转所形成的不是铅垂面，而是一个倾斜平面，如图 3.28 所示。过目标点 O 作一垂直于视线方向的铅垂面，O' 点位于铅垂线上。如果存在这项误差，则仪器照准 O 点，将视线放平后，照准的不是 O' 点而是 O_1 点。如果照准 O' 点，则需将照准部转动角度 ε。这就是在一个方向上，由于横轴不垂直竖轴，而对水平度盘读数的影响，倾斜直线 OO_1 与铅垂线之间的夹角 i 与横轴

的倾角相同，由图 3.32 可知

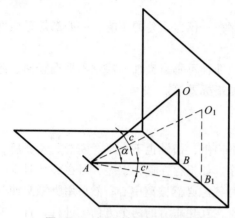

图 3.27 视准轴不垂直于横轴

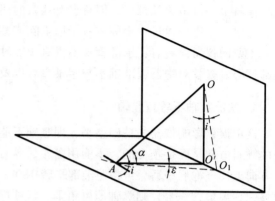

图 3.28 横轴不垂直于竖轴

$$\varepsilon = \frac{O'O_1}{AO'} \cdot \rho \qquad (3.14)$$

因

$$O'O_1 = \frac{i}{\rho} \cdot OO'$$

故

$$\varepsilon = i \cdot \frac{OO'}{AO'} = i \cdot \tan \alpha \qquad (3.15)$$

式中　i —— 横轴的倾角；

　　　α —— 视线的竖直角。

横轴不垂直竖轴对角度的影响为

$$\Delta\varepsilon = \varepsilon_2 - \varepsilon_1 = i(\tan\alpha_2 - \tan\alpha_1) \qquad (3.16)$$

由式（3.16）可见，横轴不垂直竖轴在一个方向上对水平度盘读数的影响，与横轴的倾角及目标点竖直角的正切成正比；对角度的影响，则与横轴的倾角及两个目标点的竖直角正切之差成正比。当两方向的竖直角相等时，其影响为零。

由于对同一目标观测时，盘左、盘右的影响大小相同而符号相反，所以取平均值可以得到抵消。

4. 照准部偏心

所谓照准部偏心，即照准部的旋转中心与水平盘的刻划中心不重合。

如图 3.29 所示，设度盘的刻划中心为 O，而照准部的旋转中心为 O_1。当仪器的照准方向为 A 时，其度盘的正确读数应为 a。但由于偏心的存在，实际的读数为 a_1。则 $a_1 - a$ 即为这项误差的影响。

照准部偏心影响的大小及符号随偏心方向与照准方向的关系而变化。如果照准方向与偏心方向一致，其影响为零；两者互相垂直时，影响最大。在

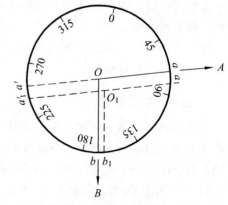

图 3.29 照准部偏心

图 3.29 中，照准方向为 A 时，读数偏大；照准方向为 B 时，读数偏小。

当用盘左、盘右观测同一方向时，因取对径读数，二者影响值的大小相等而符号相反，取读的数平均值即可抵消偏差。

5. 光学对中器视准轴不与竖轴重合

这项误差影响测站偏心，将在后面的章节详细说明。如果对中器附在基座上，在观测到一半测回数时，可将基座平转 180° 再进行对中，以减少其影响。

6. 竖盘指标差

这项误差影响竖直角的观测精度。如果工作前预先测出，在用半测回法测角的计算中予以考虑，或者用盘左、盘右观测取其平均值，均可抵消。

3.7.2 观测误差

造成观测误差的原因有：一是工作时不够细心；二是受人为因素的影响及仪器性能的限制。观测误差主要有测站偏心、目标偏心、照准误差及读数误差。对于竖直角观测，还有指标水准器的调平误差。

1. 测站偏心

测站偏心的大小，取决于仪器对中装置的状况及操作的仔细程度。它对测角精度的影响如图 3.30 所示。设 O 点为地面标志点，O_1 点为仪器中心，则实际测得的角为 β' 而非应测得的 β，两者相差为

$$\Delta\beta = \beta - \beta' = \delta_1 + \delta_2 \qquad (3.17)$$

从图 3.30 中可以看出，观测方向与偏心方向越接近 90°，边长越短，偏心距 e 越大，则对测角的影响越大。所以在测角精度要求一定时，边越短，则对中精度要求越高。

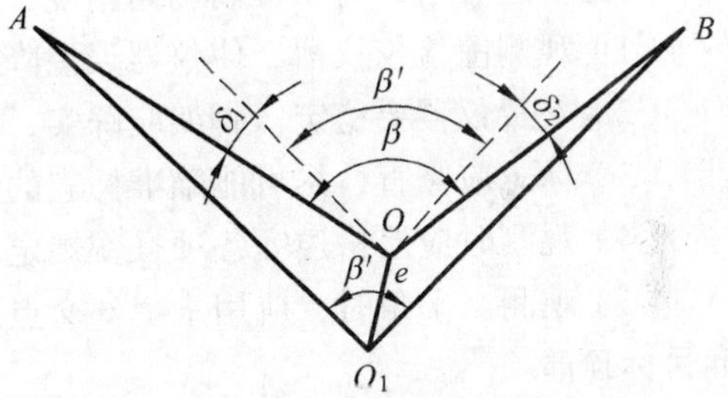

图 3.30　测站偏心

2. 目标偏心

测角时，通常都要在地面点上设置观测标志，如花杆、垂球等。造成目标偏心的原因，可能是标志与地面点对得不准；或者标志没有铅垂，照准标志的上部时造成视线偏移。

与测站偏心类似，偏心距越大，边长越短，则目标偏心对测角的影响越大。所以在短边上测角时，应尽可能用垂球作为观测标志。

3. 照准误差

照准误差的大小，取决于人眼的分辨能力、望远镜的放大率、目标的形状及大小和操作的仔细程度。

人眼的分辨能力一般为 $60''$，设望远镜的放大率为 v，则照准时的分辨能力为 $60''/v$。我国统一设计的 DJ_6 及 DJ_2 级光学经纬仪放大率为 28 倍，所以照准时的分辨力为 $2.14''$。照准

时应仔细操作，对于粗的目标宜用双丝照准，细的目标则用单丝照准。

4. 读数误差

对于分微尺读法，主要是估读最小分划的误差；对于对径符合读法，主要是对径符合的误差所带来的影响，所以在读数时宜特别注意。DJ_6 级仪器的读数误差最大为 ±12″，DJ_2 级仪器为 ±(2″~3″)。

5. 竖盘指标水准器的整平误差

在读取竖盘读数以前，须先将指标水准器整平或者将补偿器打开。DJ_6 级仪器的指标水准器分划值一般为 30″，DJ_2 级仪器一般为 20″。这项误差是影响竖直角读数的主要因素，所以操作时应分外注意。

3.7.3　外界条件的影响

外界条件的影响因素十分复杂，如天气的变化、植被的不同、地面土质松紧的差异、地形的起伏以及周围建筑物的状况等，都会影响测角的精度。有风会使仪器不稳；地面土松软可使仪器下沉；强烈阳光照射会使水准管变形；视线靠近反光物体，则有折光影响。这些在测角时，应注意尽量予以避免。

3.7.4　角度测量的注意事项

通过上述分析，为了提高测角精度，观测时必须注意以下几点：

（1）观测前检校仪器，使仪器误差降低到最低程度。

（2）安置仪器要稳定，脚架应踩实，仔细对中和整平，一测回内不得重新对中、整平。

（3）标志应竖直，尽可能瞄准标志的底部。

（4）观测时应严格遵守各项操作规定和限差要求，尽量采用盘左、盘右进行观测。

（5）观测水平角时，应用十字丝交点对准目标底部；观测竖直角时，应用十字丝交点对准目标顶部。

（6）对一个水平角进行 n 个测回的观测，则各测回间应按 180°/n 来配置水平度盘的初始位置。

（7）读数应准确、果断。

（8）选择有利的观测时间进行观测。

3.8　电子经纬仪

光学经纬仪是利用光学的放大和折射原理，依靠人工来进行度盘读数的；而电子经纬仪则是利用光电转换原理和微处理器自动对度盘进行读数并显示于读数屏幕,使观测操作简单,避免产生读数误差。电子经纬仪能自动记录、储存测量数据和完成某些计算，还可以通过数据通讯接口直接将数据输入计算机。

3.8.1　电子经纬仪构造

电子经纬仪是集光、机、电为一体的新型测角仪器，与光学经纬仪相比，电子经纬仪将光学度盘换为光电扫描度盘，将人工光学测微读数代之以自动记录和显示读数，使测角操作简单化，且可避免读数误差的产生。电子经纬仪的自动记录、储存、计算功能，以及数据通信功能，进一步提高了测量作业的自动化程度。电子经纬仪采用了光电扫描测角系统，其类型主要有编码测角系统、光栅盘测角系统及动态（光栅盘）测角系统等三种。

电子经纬仪和光学经纬仪最大的不同就是读数系统：光学经纬仪直接从度盘分划读数；而电子经纬仪从度盘上取得电信号，将电信号转换成角度自动显示在显示器上或记录在电子手簿中，因此它比光学经纬仪多了电子显示器、少了读数显微镜管。

电子经纬仪的基本构造及性能基本相同，图3.31所示为苏州生产的 DT302C 型电子经纬仪。不同厂家生产的电子经纬仪在功能上都大同小异。一般在开始作业前，要对仪器进行如下设置：

（1）角度测量单位。仪器通常有几种不同的角度计量单位：360°、400gon、640 mil。

（2）竖直角零方向的位置。可选择天顶为零方向或水平为零方向，分别测得天顶距和竖直角。

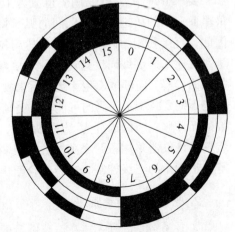

图 3.31　苏州 DT302C 型电子经纬仪

（3）竖盘指标自动补偿。可以选择自动补偿或不补偿。

（4）测量次数。可以选择单次测量，也可以选择连续测量。

3.8.2　电子经纬仪测角原理

电子经纬仪机械部分的基本构造与光学经纬仪相似，测角方法也类同。它们最重要的不同点在于读数系统，电子经纬仪是利用光电转换原理将通过度盘的光信号转变为电信号，再将电信号转变为角度值，并可以将结果存储在微处理器内，根据需要进行显示和换算以实现记录的自动化。电子经纬仪按取得信号的方式不同可分为编码度盘测角、光栅度盘测角和动态测角三种。现将其基本原理介绍如下：

1. 编码度盘测角

图3.32所示为一个二进制编码度盘。整个度盘圆周被均匀地分成16个区间，从里到外有四道环（称为道码），黑色部分为透光区（或称导电区），白色部分为不透光区（或非导电区）。设透光（或导电）为1，

图 3.32　编码度盘

不透光（或不导电）为 0，根据各区间的状态列表 3.5。根据两区间的不同状态，便可测出该两区间的夹角。

表 3.5 四码道编码度盘编码

区间	编码	区间	编码	区间	编码	区间	编码
0	0000	4	0100	8	1000	12	1100
1	0001	5	0101	9	1001	13	1101
2	0010	6	0110	10	1010	14	1110
3	0011	7	0111	11	1011	15	1111

具有识别望远镜照准方向落在那一个区间功能的构件是编码度盘测角的关键设备。现以图 3.33 来说明这一设备的工作原理。

图 3.33 所示为度盘半径的某一方向。在半径方向的直线上，对每一码道设置两个接触片，一个连接电源，另一个连接输出端。测角时设接触片为固定的，当度盘随照准部旋转到某目标不动之后，接触片就和某一区间相接触，由于黑、白区的导电或不导电，在输出端就会得到该区间的电信号状态。图 3.33 中的状态为 1001，它对应图 3.32 中的第 9 区间。如果照准部转到第二个目标，输出端的状态为 1110，即表示第 14 区间的状态。那么两目标间的角值由 1001 与 1110 反映出为第 9～14 区间的角度。

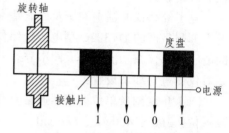

图 3.33 编码度盘光电读数原理

实际上在电子经纬仪中，是通过度盘的光信号来带动上述接触片的。在度盘的上部为发光二极管，度盘下面的相应位置是光电二极管。对于码道的透光区，发光二极管的光信号能够通过而使光电二极管接收到这个信号，使输出为 1；对于码道的不透光区，光电二极管接收不到信号，则输出为 0。

编码度盘所得角度的分辨率 δ 与区间数 s 有关，即 $\delta = 360°/s$，而 s 与码道数 n 的关系为 $s = 2^n$。于是，图 3.33 中码盘的角分辨率为 22.5°。如果码道数增至 9，角度分辨率也只有 42.19″。如果要求分辨率为 20″，则码道数为 16。在度盘半径为 80 mm，码道宽度为 1 mm 的条件下。最里面一圈的码道在一个区间的弧长将是 0.006 mm，要制作这样小的接收元件是很困难的，因此，直接利用编码度盘不容易达到较高的测角精度。

上述二进制编码度盘还有一个缺点：当光电二极管位置紧靠码区边缘时，可能会误读为邻区的代码，使读数发生大错。后来发明了一种循环码（又称葛莱码），使相邻码区间只有一个码不同，减少了误码的可能性。美国 HP 公司生产的 HP3820A 型电子经纬仪即为 8 位码道数的循环码，将圆周分为 $2^8 = 256$ 格，每分格为 1.4°。为了精确测角，必须设置角度的细分装置，该仪器采用了两个独立的电子测角内插系统，分辨率分别为 10″ 和 0.3″，这样就构成了电子测角的三级控制，三者综合给出所测角度。

2. 光栅度盘测角原理

如图 3.34（a）所示，在玻璃圆盘的径向均匀地按一定的密度刻划有交替的透明与不透明的辐射状条纹，条纹与间隙的宽度均为 a，这就构成了光栅度盘。

如图 3.34（b）所示，将两块密度相同的光栅重叠，并使它们的刻划线相互倾斜一个很小的角度，此时会出现明暗相间的条纹，该条纹为莫尔条纹。莫尔条纹的特点：两个光栅的倾角 θ 越小，相邻明、暗条纹间的间距 ω（简称纹距）就越大。其关系为

$$\omega = \frac{d}{\theta}\rho' \qquad\qquad (3\text{-}18)$$

式中　θ——倾角，单位为"分"；

　　　$\rho' = 3\,438'$。

例如：当 $\theta = 20'$ 时，纹距 $= 172d$，即纹距 ω 将栅距 d 放大了 172 倍，这样就可以对纹距进一步细分，以达到提高测角精度的目的。

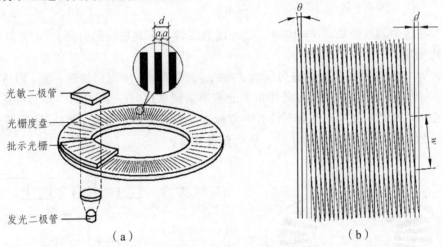

（a）　　　　　　　　　　　　　　　　（b）

图 3.34　光栅度盘测角原理

当目标在两光栅刻划线的垂直方向作相对移动时，莫尔条纹在刻线方向移动。当光栅度盘相对移动一条刻线距离时，莫尔条纹上下移动一个周期，即明条纹正好移动到原来邻近的一条明条纹的位置上。

如图 3.34（a）所示，为了在转动度盘时形成莫尔条纹，在光栅度盘上安装有固定的指示光栅。指示光栅与度盘下面的发光管和上面的光敏二极管固连在一起，不随照准部转动；光栅度盘与经纬仪的照准部固连在一起，当光栅度盘与经纬仪照准部一起转动时，即形成莫尔条纹。随着莫尔条纹的移动，光敏二极管将产生按正弦规律变化的电信号，将此电信号整形，可变为矩形脉冲信号，对矩形脉冲信号计算，即可求得度盘旋转的角值。测角时，在望远镜瞄准起始方向后，可使仪器中心的计数器为 0°（度盘置零）。在度盘随望远镜瞄准第二个目标的过程中，对产生的脉冲进行计数，并通过译码器换算为度、分、秒送显示窗口显示出来。

3. 动态测角法

按动态测角法生产的仪器，主要为 WildT2000 系列。这种方法的特点是每测定一方向值均利用到度盘的全部分划，这样可以消除刻划误差及度盘偏心差对其测量值的影响。度盘由等间隔的明暗分划线构成，其分划线的间隔为角度 φ。在度盘的内侧和外侧分别有一组光信号发射和接收系统 L_S、L_R，其中 L_S 安装在仪器固定不动部分，为度盘的"零方向线"；L_R 安装在仪器的可旋转部分，随仪器的照准部或望远镜一起旋转。

L_S 和 L_R 均由一发光管和一接收二极管构成。当度盘在马达的带动下以一定的速度旋转时，接收二极管接收穿过度盘的此线：当接收到光信号时，它送出高电平电信号；当未收到光信号时，它送出低电平电信号。L_S 和 L_R 间的夹角 φ 用下式表示：

$$\varphi = n\varphi_0 + \Delta\varphi \tag{3-19}$$

式（3-19）与光电测距仪中的相位测量公式相似。仪器所带的微处理器控制粗测 $n\varphi_0$ 和精测 $\Delta\varphi$ 的测量过程。下面概述精测 $\Delta\varphi$ 和粗测 $n\varphi_0$ 的测定方法。

$\Delta\varphi$ 的测定：由图 3.35 可以看出，由于 $\Delta\varphi$ 的存在，使得 L_S 和 L_R 的信号之间存在一相位延迟 ΔT。$\Delta\varphi$ 的变化范围为 $0 \sim \varphi_0$，ΔT 的变化范围为 $0 \sim T_0$。由于马达的旋转速度一定，则

$$\Delta\varphi_i = (\varphi_0/T_0)\Delta t_i \quad (i = 1, 2, \cdots, N) \tag{3-20}$$

式中，N 为度盘刻划线总数，$N = 1024$；T_0 为度盘旋转一个刻划线的时间；Δt_i 可以用填脉冲的方法精确确定。

在 T2000 度盘的对径位置装有另一对 L_S 和 L_R 读数系统，度盘每旋转一圈，即进行了 512 次 $\Delta\varphi_i$ 测量。按照这种测量方法，可以使角度分辨率达到 $0.1''$，方向测量的中误差可达到 $\pm 0.3''$。

$n\varphi_0$ 的测定：为测定 n 值，在度盘上设有参考标志。当参考标志通过 L_S 时，计数器开始对度盘的分划计数，通过 L_1 时，停止计数，从而获得 n 值。

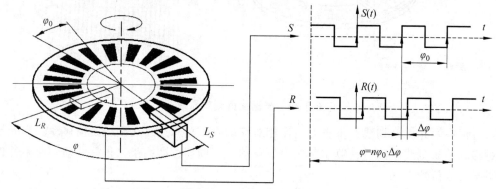

图 3.35 T2000 测角原理

习 题

本章复习重难点
试题及答案

1. 表 3.6 所示为水平角测回法观测数据，试完成表格计算。

表 3.6 测回法观测水平角手簿

测站	测回数	度盘盘位	目标	水平度盘读数 /(° ′ ″)	半测回角值 /(° ′ ″)	一测回角值 /(° ′ ″)	各测回平均值 /(° ′ ″)
O	1	左	A	0 12 00			
			B	91 45 00			
		右	A	180 11 30			
			B	271 45 06			
	2	左	A	90 05 48			
			B	181 38 54			
		右	A	270 06 12			
			B	1 39 12			

2. 什么是竖盘指标差？怎样测定它的大小？怎样决定其符号？

3. 影响水平角和竖直角测量精度的因素有哪些？各应如何消除或降低其影响？

4. 竖直角观测数据列于表 3.7 中，请完成其记录计算。

表 3.7　竖直角观测手簿

测站	目标	盘位	竖盘读数 / (° ′ ″)	半测回角值 / (° ′ ″)	指标差 / (″)	一测回角值 / (° ′ ″)
O	M	左	81　18　42			
		右	278　41　30			
	N	左	124　03　30			
		右	235　56　54			

5. 设已测得从经纬仪中心到铁塔中心的距离为 45.20 m，塔顶的仰角为 22°51′，塔底中心俯角为 1°30′，如图 3.36 所示，求铁塔高 H。

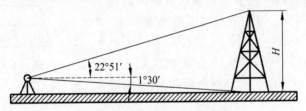

图 3.36　竖直角应用示意图

工 程 测 量 学
GONGCHENG CELIANGXUE

手机自测
巩固基础

第 4 章　距离测量

本章重点：距离的定义；距离测量方法；钢尺量距的一般程序；光学视距法测距的原理；光电测距仪测距的原理；直线定向的定义；直线定向的表示方法；方位角的种类；根据已知直线的方位角推算相邻直线方位角的方法；罗盘仪测量磁方位角。

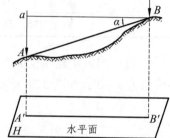

距离是确定地面点位置的基本要素之一，所以距离测量也是确定地面点位的基本工作之一。两点间的水平距离（简称平距），是指两点间的连线沿铅垂线方向投影在水平面上的长度。如图 4.1 中，$A'B'$ 的长度就是地面点 A、B 之间的水平距离。

按所用测距工具的不同，常用的距离测量方法有钢尺量距、视距测量、光电测距、全站仪测距和 GPS 测量等。

图 4.1　两点间的水平距离

4.1　钢尺量距

钢尺量距是利用具有标准长度的钢尺沿地面直接量测两点间的距离。按丈量方法的不同，分为一般量距和精密量距。一般量距读数至 cm，精度可达 1/3 000 左右；精密量距读数至 mm，精度可达 1/3 万（钢卷尺）及 1/100 万（因瓦线尺）。

钢尺分为普通钢卷尺和因瓦线尺两种。

普通钢卷尺，尺面宽 10～15 mm，厚度为 0.2～0.4 mm，长度有 20 m、30 m 和 50 m 等几种，平时卷放在圆盘形尺壳内或金属尺架上。钢尺的基本分划为 mm，在 cm、dm 和 m 处刻有数字注记。较精密的钢尺会在尺端刻上钢尺名义长度、规定温度及标准拉力。根据零点位置不同，钢尺有端点尺和刻线尺两种。端点尺是以尺的最外缘作为尺的零点，如图 4.2（a）所示；刻线尺是以尺前端的某一刻线作为尺的零点，如图 4.2（b）所示。

因瓦线尺是用镍铁合金制成的，尺线直径 1.5 mm，长度为 24 m，尺身无分划和注记，在尺两端各连一个三棱形的分划尺，长 8 cm，其上最小分划为 1 mm。因瓦线尺全套由 4 根主尺、1 根 8 m（或 4 m）长的辅尺组成，不用时卷放在尺箱内。

钢尺量距的辅助工具有测钎、花杆、垂球、弹簧秤和温度计。

标杆又称花杆（见图 4.3），用长为 2～3 m、直径 3～4 cm 的木杆或玻璃钢制成。杆上每隔 20 cm 涂以红白油漆，底部装有铁脚，以便插入土中。测钎用粗钢丝制成，用来标志尺段的起、迄点和计算量过的整尺段数。垂球用来投点和读数。

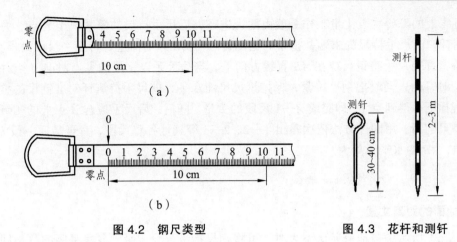

图 4.2　钢尺类型　　　　　　　　图 4.3　花杆和测钎

4.1.1　直线定线

当地面上两点之间的距离大于钢尺的一个尺段时，为了不使距离丈量偏离直线方向，就需要在直线方向上标定若干标记，这项工作称为直线定线。一般丈量中，可用目估定线；丈量精度要求较高时，应采用经纬仪定线。

1. 目估定线

如图 4.4 所示，设 A、B 点相互通视，要在两点的直线上标出分段点 1 和 2。先在 A、B 上竖立标杆，甲站在 A 点标杆后面约 1 m 处指挥乙左右移动标杆，直到甲从 A 点沿标杆的同一侧看到 A、1、B 三支标杆共线为止，定出点 1；然后利用相同的方法定出点 2。目估定线时一般由远及近进行定线，以免定点受到已定点的影响。

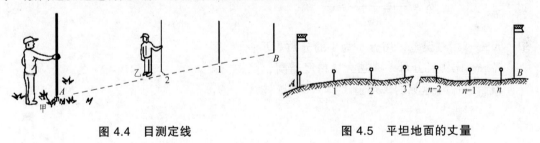

图 4.4　目测定线　　　　　　　　图 4.5　平坦地面的丈量

2. 经纬仪定线

设 A、B 点相互通视，在 A 点安置仪器，对中、整平后，望远镜纵丝瞄准 B 点上的目标，制动照准部，望远镜上下转动，指挥待定点处的助手左右移动测钎或标杆，直至测钎或标杆的像被纵丝平分。经纬仪定线一般由远及近进行。

4.1.2　钢尺量距的一般方法

1. 平坦地面的量距方法

如图 4.5 所示，先用木桩将 A、B 点标定出来（桩上钉一小钉），然后在两点的外侧各立一标杆，清除直线上的障碍物。丈量工作一般由两人进行，后尺手持尺的零端立于 A 点，并在 A 点上插一测钎；前尺手持尺的末端并携带一组测钎，沿 AB 方向前进，行至一尺段处停下。后尺手以手势指挥前尺手将钢尺拉在 AB 直线方向上，当后尺手以钢尺的零点对准 A 点并发出信号"好"时，两人同时把钢尺拉紧，保持钢尺尺面水平，前尺手持测钎对准钢尺的整尺段刻划线竖直插下，得到点 1，即完成 A—1 尺段的丈量。随后，后尺手拔起 A 点上的测钎与前尺手一起举尺前行，用同样方法依次量出 1—2、2—3 等其他各整尺段，直至最后一段 n—B 余长。这样，AB 的水平距离为

$$D_{AB} = n \times 尺段长 + 余长 \tag{4-1}$$

2. 倾斜地面的距离丈量

如图 4.6（a）所示，当地势起伏不大时，可将钢尺抬平分段丈量，各段平距的总和即为直线距离。丈量由 A 向 B 进行，甲立于 A 点，指挥乙将尺拉在 AB 方向线上。甲将尺的零端对准 A 点，乙将尺的另一端抬起使尺身水平，然后用垂球将尺段的末端投影到地面，再插上测钎。当地面倾斜度较大，钢尺抬平有困难时，可将一尺段分成几段来丈量。这种方法称为平量法。

当地面坡度较大时，钢尺抬平比较困难，此时应采用斜量法。如图 4.6（b）所示，沿着斜坡面丈量倾斜距离 L，测出地面倾角 α 或两端点的高差 h，然后即可计算 AB 的水平距离：

$$D_{AB} = L\cos\alpha = \sqrt{L^2 - h^2} \tag{4-2}$$

为了防止丈量错误，提高丈量精度，需要进行往返丈量。往返丈量的精度用相对误差 K 来衡量，计算公式为

$$K = \frac{|D_{往} - D_{返}|}{\overline{D}_{往返}} = \frac{1}{T} \tag{4-3}$$

式中　K——相对误差，用分子为 1 的分数表示；

　　　T——比例尺分母，值越大，精度越高；

　　　$\overline{D}_{往返}$——往返测的平均值。

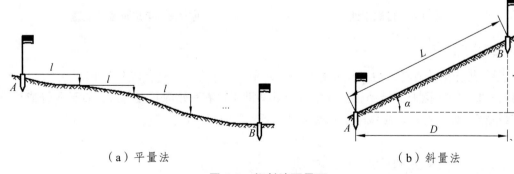

（a）平量法　　　　　　　　　　　　　　（b）斜量法

图 4.6　倾斜地面量距

钢尺量距相对误差在平坦地区不应大于 1/3 000，困难地区不应大于 1/1 000。若丈量的相对误差不超限，取 $\overline{D}_{往返}$ 作为两点间的水平距离。

4.1.3　钢尺精密量距

用一般方法量距，相对精度只能达到 1/1 000 ~ 1/5 000；要达到更高的精度，则必须采用钢尺精密量距法，其相对精度可达到 1/10 000 ~ 1/40 000。但钢尺精密量兴凯湖使用的钢尺必须经过尺长检定，测量时还需使用拉力计和温度计，以控制钢尺拉力和测定温度，进行相应的尺长改正。随着测距仪的逐渐普及，工程上已经很少使用此方法测距。

钢尺精密量距的具体步骤如下：首先确定钢尺经检定合格。丈量组一般由 5 人组成：2 人拉尺，2 人读数，1 人指挥兼记录和读温度。丈量时，拉直钢尺置于相邻两木桩顶上，并使钢尺有刻划线的一侧紧靠十字线。后尺手将弹簧秤挂在尺的零端，以便施加钢尺检定时的标准拉力。钢尺拉紧后，前尺手发出读数口令"预备"，后尺手回答"好"。在喊"好"的一瞬间，两端的读尺员同时根据十字交点读取读数，估读到 0.5 mm，记入手簿。每尺段要移动钢尺位置并丈量三次，三次测得的结果较差视不同要求而定，一般不超过 2 ~ 3 mm，否则要重新丈量；如在限差以内，则取三次结果的平均值作为该尺段的观测成果。每一尺段要读记温度一次，估读到 0.5 ℃。由直线起点丈量到终点为往测，往测完毕立即返测，每条直线所需丈量的测回数视精度要求而定。

为了将斜距改算成水平距离，需用水准测量方法测出相邻桩顶的高差。水准测量宜在量距前、后单独进行，往返观测一次，以作检核。相邻桩顶的往、返测高差之差，一般不得超过 10 mm；如在限差以内，取平均值作为观测成果。

用检定过的钢尺量距，结果 D' 要经过尺长改正、温度改正和倾斜改正才能得到实际距离 D。

1. 尺长改正

尺长改正值为

$$\Delta l_d = \frac{\Delta l}{l_0} D' \tag{4-4}$$

2. 温度改正

钢尺丈量时的温度 t 与标准温度 t_0 不同，从而引起尺长变化所加的改正，称为温度改正，其值为

$$\Delta l_t = \alpha D'(t - t_0) \tag{4-5}$$

3. 倾斜改正

用水准仪测得两端点的高差为 h，则该段距离的高差改正值为

$$\Delta l_h = -\frac{h^2}{2D'} \tag{4-6}$$

经过各项改正后的水平距离为

$$D = D' + \Delta l_d + \Delta l_t + \Delta l_h \tag{4-7}$$

【例 4.1】 某尺段实测距离为 29.865 5 m，量距所用钢尺的尺长方程式为：$l_t = 30 + 0.005 + 1.25 \times 10^{-5} \times 30(t - 20\ ℃)$m，丈量时温度为 30 ℃，所测高差为 + 0.238 m，求水平距离。

解：

（1）尺长改正：

$$\Delta l_d = \frac{0.005}{30} \times 29.865\ 5 = 0.005\ 0\ (m)$$

（2）温度改正：

$$\Delta l_t = 0.000\ 012\ 5 \times (30 - 20) \times 29.865\ 5 = 0.003\ 7\ (m)$$

（3）倾斜改正：

$$\Delta l_h = -\frac{0.238^2}{2 \times 29.865\ 5} = -0.000\ 9\ (m)$$

（4）水平距离：

$$d = 29.865\ 5 + 0.005\ 0 + 0.003\ 7 - 0.000\ 9 = 29.873\ 3\ (m) \approx 29.873\ m$$

4.1.4 钢尺量距的误差分析和注意事项

1. 误差分析

钢尺量距误差来源有仪器误差、操作误差以及外界环境引起的各类误差。

（1）尺长误差。如果钢尺的名义长度与实际长度不一致，会产生尺长误差，尺长误差随着丈量的距离而累积。因此，必须对钢尺进行检定，求出其尺长方程式。

（2）钢尺倾斜和垂曲误差。在高低不平的地面上采用钢尺水平法量距时，钢尺不水平或中间下垂形成曲线，都会使测得的长度比实际要大，因此观测时应注意使钢尺保持水平。

（3）定线误差。丈量时钢尺没有准确地落在所测直线的方向上，而使实际丈量距离形成一组折线，造成丈量结果偏大，这种误差即为定线误差。

（4）拉力误差。钢尺在丈量时所受到的拉力应与标准拉力相同。若拉力变化 70 N，尺长将改变 1/10 000，故在一般丈量中，保持拉力均匀即可。精密丈量中还需要使用拉力计。

（5）对点与投点、读数误差。由于观测者之间配合不协调导致对点、投点以及由于感官限制，没有消除视差等原因都会产生误差，在丈量时，应认真观测，配合协调。

（6）温度变化的误差。钢尺本身长度会随温度变化而变化。另外，距离丈量时测定的是空气温度而非钢尺本身温度。因此，应选择半导体温度计直接量测钢尺本身温度。

（7）风等环境因素的影响。受外界环境因素的影响，丈量的过程中产生误差，因此最好选择在无风的阴天进行观测。

2. 钢尺使用注意事项

（1）丈量工作结束后，应用软布擦拭钢尺，涂上机油。

（2）钢尺卷曲时，不可硬拉，以免折断。

（3）新购钢尺必须经过严格检定，获得精确的尺长改正数。

（4）尽量避免在人挤车多的地方丈量，以免钢尺被压而折断。

（5）钢尺在使用时不应全部拉完，以免钢尺从圆形盒或金属架上脱落。比如 30 m 的钢尺，每个尺段丈量 25 m 左右即可。

（6）精密量距时应使用经过检定的弹簧秤控制拉力。

（7）量距宜选择在阴天、微风或无风的天气进行，最好采用半导体温度计直接测定钢尺本身的温度。

（8）在丈量中采用垂球投点，对点读数尽量做到配合协调。

（9）注意钢尺的维护：防锈、防折、防碾压、防地面拖拉。

4.2　视距测量

视距测量是一种间接测距方法，是根据几何光学原理，同时测定点位间距离和高差的方法。它是利用望远镜中的视距丝并配合视距尺（地形塔尺或普通水准尺），根据几何光学及三角学原理，同时测定两点间的水平距离和高差的一种方法。此法操作简单、速度快，受地形限制小，但测距精度较低，一般为 1/200～1/300，能满足碎部测图的要求，故常用于对精度要求不高的地形图测量。

4.2.1　视距测量原理

1. 视线水平时的距离和高差计算公式

如图 4.7 所示，欲测定 A、B 两点间的水平距离，在 A 点安置经纬仪，在 B 点竖立视距尺。当望远镜视线水平时，视准轴与尺子垂直，照准调焦后，通过上、下丝 m、n 就可读得尺上 M、N 两点处的读数，两读数的差值 l 称为视距间隔或尺间隔。f 为物镜焦距，p 为视距丝间隔，δ 为物镜至仪器中心的距离，由图可知，A、B 点之间的平距为

$$D = d + f + \delta$$

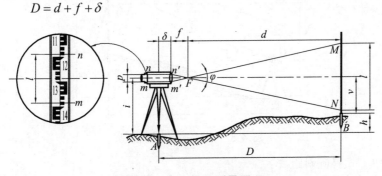

图 4.7　水平视距测量原理

其中，d 由两相似三角形 MNF 和 $m'n'F$ 求得

$$\frac{d}{f} = \frac{l}{p}, \quad d = \frac{l}{p}f$$

因此

$$D = \frac{f}{p}l + (f + \delta) \tag{4-8}$$

令 $K = \dfrac{f}{p}$，$C = f + \delta$，则有

$$D = Kl + C \tag{4-9}$$

式中　K，C ——视距乘常数和视距加常数。

　　仪器在制造时，通常可使 $K = 100$，C 接近零。因此视准轴水平时的视距公式为

$$D = 100l \tag{4-10}$$

两点间的高差为

$$h = i - v \tag{4-11}$$

式中，i 为仪器高；v 为望远镜的中丝在尺上的读数。

2. 视线倾斜时的距离和高差计算公式

　　如图 4.8 所示，当地面起伏较大时，视准轴须倾斜一个竖直角 δ，才能在视距尺上进行视距读数。由于此时视准轴不再垂直于尺子，前面推导的公式就不适用了。如果能将标尺以中丝读数 E 这点为中心，转动一个 δ 角，则标尺仍与视准轴垂直。此时，上下视距丝在标尺上的读数为 M'、N'，由于 φ 角很小，故可将 $\angle NN'E$ 和 $\angle MM'E$ 近似看成直角，则 $\angle NEN' = \angle MEM' = \delta$，于是有

$$l' = M'N' = M'E + EN' = ME\cos\delta + EN\cos\delta$$
$$= (ME + EN)\cos\delta = l\cos\delta$$

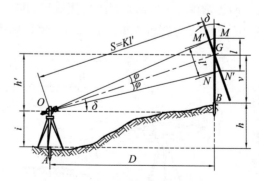

图 4.8　倾斜视距测量原理

　　根据（4-12）式得倾斜距离：

$$S = Kl' = Kl\cos\delta$$

换算成平距为

$$D = S\cos\delta = Kl\cos^2\delta \qquad (4\text{-}12)$$

A、B 两点间的高差为

$$h = h' + i - v$$

式中

$$h' = S\sin\delta = Kl\cos\delta \cdot \sin\delta = \frac{1}{2}Kl\sin 2\delta$$

称为初算高差。故视线倾斜时的高差公式为

$$h = \frac{1}{2}Kl\sin 2\delta + i - v = D\tan\delta + i - v \qquad (4\text{-}13)$$

在实际观测中，应尽可能让中丝照准仪器高，即 $i = v$，以简化计算。

4.2.2 视距测量的观测、计算

具体步骤如下：

（1）在测站点 A 上安置仪器，对中、整平后，量取仪器高 i（取至 cm），并抄录 A 点高程 H_A（取至 cm）。

（2）在待测点上竖立视距尺，尺面对准仪器。

（3）以盘左位置照准视距尺，在望远镜中分别用上、下、中丝读得读数 M、N（估读至 mm）、v（读至 cm）。

（4）使竖盘指标水准管气泡居中（或打开竖盘补偿器开关），在读数显微镜中读取竖盘读数 L（读至分，竖盘为顺时针注记）。

以上即完成一个点的观测，重复步骤（2）、（3）、（4）测定其他待测点。

根据读数 M、N 算得视距间隔 l；根据竖盘读数算得竖角 $\delta = 90° - L$；利用视距式（4-12）和式（4-13）计算平距 D 和高差 h。记录及计算见表 4.1。

表 4.1 视距测量记录

测站 ___A___   测站高程 __23.12 m__   仪器高 _1.37 m_

观测 _张三_   记　录 _李四_   计　算 _杨二_

特征点号	下丝读数 上丝读数 视距间隔	中丝读数 v/m	竖盘读数 L/(° ′)	竖直角 δ/(° ′)	水平距离 D/m	高差 h/m	高程 H/m
1	1.635 1.097 0.538	1.37	92 43	− 2 43	53.7	− 2.55	20.57
2	1.454 0.995 0.459	1.30	89 34	+ 0 26	45.9	+ 0.42	23.54

4.2.3 视距测量误差与注意事项

1. 视距测量误差

读取尺间隔误差：用视距丝在视距尺上读数，其误差与尺面最小分划的宽度、观测距离的远近、望远镜的放大倍率等因素有关，即视使用的仪器和作业条件而定。

视距尺倾斜误差：视距尺倾斜误差的影响与竖直角大小有关，主要随竖直角绝对值的增大而增大。因此在山区测量时尤其要注意这个问题。

上述两项误差是视距测量的主要误差源，除此以外，影响视距测量精度的还有乘常数 K 值误差、标尺分划误差、大气垂直折光影响、竖直角观测误差等。

2. 注意事项

（1）对视距长度必须加以限制。根据资料分析，在良好的外界条件下，视距在 200 m 以内时，测量的精度可达到 1/300。

（2）作业时，应尽量将视距尺竖直，最好使用带水准器的视距尺，以保证视距尺的竖直精度在 30′以内。

（3）最好采用厘米刻划的整体视距尺，尽量少用或不用塔尺。

（4）为降低大气垂直折光的影响，视线高度尽量保证在 1 m 以上。

（5）在成像稳定的情况下进行观测。

4.3　光电测距

电磁波测距是用电磁波（光波或微波）作为载波传输测距信号，以测定两点间距离的一种方法。电磁波测距具有操作简便、测程长、精度高、自动化程度高、几乎不受地形限制等优点。电磁波测距按精度可分为 I 级（$m_D \leqslant 5$ mm）、II 级（5 mm $< m_D \leqslant$ 10 mm）和 III 级（m_D > 10 mm）；按测程可分为短程（< 3 km）、中程（3~5 km）和远程（> 15 km）；按采用的载波不同，可分为微波测距、激光测距和红外测距。后两者又统称为光电测距仪。微波和激光测距多用于大地测量的远程测距；红外测距主要用于小地区控制测量、地形测量、建筑施工测量等中、短程测距。下面简要介绍电磁波测距原理、测距方法及成果整理等。

4.3.1 电磁波测距原理

电磁波测距的基本原理是利用电磁波信号的已知传播速度 c 以及它在待测距离上往返一次所经历的时间 t，来确定两点之间的距离。如图 4.9 所示，在 A 点安置测距仪，在 B 点安置反射棱镜，测距仪发射的调制光波到达反射棱镜后又返回到测距仪，则距离为

$$D = \frac{1}{2} c \cdot t \tag{4-14}$$

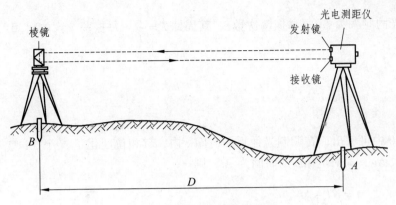

图 4.9　电磁波测距基本原理

需要指出的是，A、B 两点一般不等高，光电测距测定的是斜距，所以要得到平距还必须将斜距转化。

电磁波信号传播速度 $c = c_0/n$，其中 c_0 为真空中的光速，其值约为 3×10^8 m/s；n 为大气折射率，它与光波波长 λ 以及测线上的气温 T、气压 p 和湿度 e 有关。

由式（4-14）可知，测定距离的精度主要取决于时间 t 的测定精度。当要求测距误差不超过 ± 10 mm 时，时间测定精度应小于 6.7×10^{-11} s，而达到这种测时精度是极其困难的。因此，时间的测定一般采用间接的方式来实现。间接测定时间的方法有以下两种：

1. 脉冲式测距

由测距仪发出的光脉冲经反射棱镜反射后，又回到测距仪而被接收系统接收，测出这一光脉冲往返所需时间间隔 t 的光脉冲的个数，进而求得距离 D。由于受光脉冲计数器的频率所限，所以测距精度只能达到 $0.5 \sim 1$ m，故此法常用在激光雷达等远程测距上。

2. 相位式测距

相位式测距是通过测量连续的调制光波在待测距离上往返传播所产生的相位变化来间接测定传播时间，从而求得被测距离。红外光电测距仪就是典型的相位式测距仪。

红外光电测距仪的红外光源是由砷化镓（GaAs）发光二极管产生的，其波长 $\lambda = 0.85 \sim 0.93$ μm。

相位式光电测距仪是将发射光波的光调制成正弦波的形式，通过测量正弦光波在待测距离上往返传播的相位差来解算距离。图 4.10 所示的波形就是将返程的正弦波以反射棱镜站 B 点为中心对称展开后的图形。

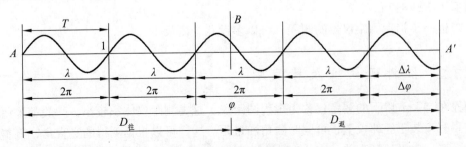

图 4.10　相位式测距原理

设调制光的频率为 f（每秒振荡次数），其周期 $T = \dfrac{1}{f}$（每振荡一次的时间），则调制信号的波长为

$$\lambda = c \cdot T = \frac{c}{f} \qquad\qquad (4\text{-}15)$$

从图 4.10 中可看出，在调制光往返的时间 t 内，其相位变化了 N 个 2π 整周期及不足一个周期的余数 $\Delta\varphi$，而对应 $\Delta\varphi$ 的时间为 Δt，则

$$t = NT + \Delta t \qquad\qquad (4\text{-}16)$$

由于变化一个周期的相位差为 2π，则不足一个周期的相位差 $\Delta\varphi$ 与时间 Δt 的对应关系为

$$\Delta t = \frac{\Delta\varphi}{2\pi} \cdot T \qquad\qquad (4\text{-}17)$$

于是得到相位测距的基本公式：

$$D = \frac{1}{2}c \cdot t = \frac{1}{2}c \cdot \left(NT + \frac{\Delta\varphi}{2\pi}T\right) = \frac{1}{2}c \cdot T\left(N + \frac{\Delta\varphi}{2\pi}\right) = \frac{\lambda}{2}(N + \Delta N) \qquad (4\text{-}18)$$

式中　　$\Delta N = \dfrac{\Delta\varphi}{2\pi}$ —— 不足一个整周期的小数。

在式（4-18）中，常将 $\dfrac{\lambda}{2}$ 称为测尺长度，即把它看作是一把"测尺"的尺长，测距仪就是用这把"测尺"去丈量距离。N 则为整尺段数，ΔN 为不足一整尺段之余数。两点间的距离 D 就等于整尺段总长 $\dfrac{\lambda}{2}N$ 和余尺段长度 $\dfrac{\lambda}{2}\Delta N$ 之和。

测距仪的测相装置（相位计）只能测出不足整周期（2π）的尾数 $\Delta\varphi$，而不能测定整周期数 N，因此只有当所测距离小于光尺长度时，式（4-18）才能有确定的数值。例如，"测尺"为 10 m，只能测出小于 10 m 的距离。另外，测相装置的测相精度一般只能测定 4 位有效数字，故测尺越长测距误差越大。为了解决扩大测程与提高精度的矛盾，目前的测距仪一般采用两个调制频率，即两把"测尺"进行测距。用长测尺（或称粗测尺）保证测程，用短测尺（或为精测尺）测定距离的尾数，保证测距的精度，将两者的结果组合起来，就是最后的距离值，并自动在屏幕上显示出来。例如，粗测尺结果为 0324，精测尺结果为 3.817，则最后显示距离值为 323.817 m。

若想进一步扩大测距仪器的测程，可以多设几个测尺。

4.3.2　红外测距仪及其使用

测程在 5 km 以下的测距仪称为短程测距仪。这类测距仪体积较小，一般都采用红外光源，使用时安装于经纬仪上，可同时测角和量距。这样可以根据测得的竖直角，将斜距转化为水平距离，并可计算高差。表 4.2 列举了国内外常见的几种短程红外测距仪。

表 4.2　短程红外测距仪

仪器型号		DI1000	RED2A	DCH2	ND3000
生产商		瑞士 Leica	日本 Sokkia	苏州一光	南方测绘
测程	单棱镜	0.8 km	2.5 km	2.0 km	2.0 km
	三棱镜	1.6 km	3.8 km	3.0 km	3.0 km
测距中误差		±(5 mm + 5 ppm)	±(5 mm + 3 ppm)	±(5 mm + 5 ppm)	±(5 mm + 3 ppm)

注：ppm 非法定计量单位，1 ppm = 1 mm/km = 10^{-6}，即测量 1 km 的距离有 1 mm 的比例误差。

由于各种型号的测距仪结构不同，其操作部件也有差异，使用时应按照操作手册进行。测距仪距离测量的操作步骤如下：

1. 安置仪器和反光棱镜

将经纬仪安置在测线的一个端点上，装好电池，将测距仪连接到经纬仪上；在另一个端点上安置棱镜，镜头面对测距仪。

2. 观测竖直角，记录气压和温度

用经纬仪望远镜瞄准觇板中心，打开竖盘补偿器或调整指标水准管气泡居中，读取竖盘读数，并测定气压和温度。

3. 距离测量

打开测距仪，照准棱镜中心，检查电池电压、气象数据和棱镜常数，若显示气象数据和棱镜常数与实际数据不符，应输入正确的数据。按测距键，几秒钟后即可获得相应斜距。

测距仪属于贵重精密测量仪器，使用时应谨慎小心，严格按照操作程序使用仪器，避免在强光、强磁场以及高温条件下作业。

4.3.3　测距成果改正计算

测距仪观测到的是测线两端点的斜距 S，所以还必须经过仪器常数改正、气象改正和倾斜改正等，才能求得正确的水平距离。

1. 仪器常数改正

仪器常数有加常数 K 和乘常数 R 两项。

仪器加常数 K 是由于仪器的发射中心、接收中心与仪器旋转竖轴不一致而引起的测距偏差值。实际上仪器加常数还包括由于反射棱镜的组装（制造）偏心或棱镜等效反射面与棱镜安置中心不一致引起的测距偏差，称为棱镜加常数。仪器的加常数改正值 δ_K 与距离无关，并可预置于机内作自动改正。

仪器乘常数 R 主要是由于测距频率偏移而产生的，其单位为 mm/km。乘常数改正值 δ_R 与所测距离成正比。在有些测距仪中可预置乘常数作自动改正。

仪器常数改正值计算如下：

$$\Delta S_1 = \delta_K + \delta_R = C + RS \tag{4-19}$$

2. 气象改正

影响光速的大气折射率 n 与光波波长 λ 以及测线上的气温 T、气压 p 和湿度 e 有关。固定型号的测距仪，其发射光源的波长 λ 是固定的，因此根据测量时测定的气温和气压，可以计算距离的气象改正值 ΔS_2。气象改正值与距离的长度成正比，单位取 mm/km，在仪器说明书中一般都有气象改正公式。距离的气象改正值为

$$\Delta S_2 = pS \tag{4-20}$$

目前，所有的测距仪都可将气象参数预置于机内，在测距时自动进行气象改正。

3. 倾斜改正

斜距 S 经过仪器常数改正和气象改正后，得到实际斜距：

$$S' = S + \Delta S_1 + \Delta S_2$$

当测得斜距的竖直角 δ 后，可按下式计算水平距离：

$$D = S' \cos \delta \tag{4-21}$$

4.3.4 测距仪的测距误差和标称精度

考虑仪器加常数 K，并将 $c = c_0/n$ 代入式（4-18），相位测距的基本公式可写成

$$S = \frac{c_0}{2nf} \left(N + \frac{\Delta \varphi}{2\pi} \right) + K \tag{4-22}$$

式中，c_0、n、f、$\Delta \varphi$ 和 K 的误差，都会使距离产生误差。若对上式作全微分，并应用误差传播定律，则测距误差可表示为

$$M_S^2 = \left(\frac{m_{c_0}^2}{c_0^2} + \frac{m_n^2}{n^2} + \frac{m_f^2}{f^2} \right) S + \left(\frac{\lambda}{4\pi} \right) m_{\Delta \varphi}^2 + m_K^2 \tag{4-23}$$

式（4-23）中的测距误差可分成两部分：前一项误差与距离成正比，称为比例误差；而后两项与距离无关，称为固定误差。测距误差常作为仪器的标称，因此，常将式（4-23）写成如下形式：

$$M_S = \pm(A + B \cdot S) \tag{4-24}$$

例如，某测距仪的标称精度为 $\pm(5\text{mm} + 5\text{ ppm} \cdot S)$，说明该测距仪的固定误差 $A = 5$ mm，比例误差 $B = 5$ mm/km（ppm），S 的单位为 km。现用它观测一段 1 200 m 的距离，则测距中误差为

$$m = \pm(5 + 5 \times 10^{-6} \times 1.2) = \pm 11 \text{ (mm)}$$

4.4　直线定向

4.4.1　三北方向

确定地面上两点在平面上的位置，不仅需要量测两点间的距离，还需要确定两点连线直线段的方向，简称直线定向，即确定地面一条直线与一基本方向之间的水平夹角。直线的方向也是确定地面点位置的基本要素之一，所以直线方向的测量也是基本的测量工作。确定直线方向前，先要选择一个基本方向，然后采用一定的方法来确定直线与基本方向之间的角度关系。

我国处于北半球，常用的基本方向有三种：真北方向（真子午线方向）、磁北方向（磁子午线方向）和坐标北方向（坐标纵轴方向），如图 4.11 所示。

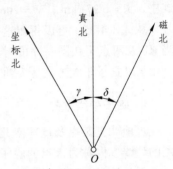

图 4.11　三北方向

4.4.2　直线定向的基本方向

1. 真子午线方向

过地球上某点及地球的北极与南极的半个大圆称为该点的真子午线（见图 4.12），真子午线在该点的切线方向称为该点的真子午线方向，如图 4.13 所示，AD、BD 为 A、B 两点的真子午线方向。真子午线方向要用天文观测方法、陀螺经纬仪和 GPS 来测定。

由于地球上各点的真子午线都向两极收敛而会集于两极，所以，虽然各点的真子午线方向都是指向真北和真南，然而在经度不同的点上，真子午线方向互不平行。两点真子午线方向间的夹角称为子午线收敛角 γ。

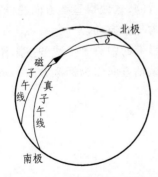

图 4.12　真子午线和磁子午线及磁偏角 δ

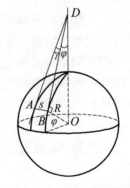

图 4.13　子午线收敛角 γ

γ 近似计算如下：图 4.13 中将地球看成是一个圆球，其半径为 R，设 A、B 为位于同一纬度 φ 上的两点，相距为 S。A、B 两点的真子午线方向 AD、BD，与地轴的延长线相交于 D，它们之间的夹角就是 γ，因此可得

$$\gamma = \frac{S}{BD}\rho$$

直角三角形 BOD 中：

$$BD = \frac{R}{\tan\varphi}$$

故

$$\gamma = \rho\frac{S}{R}\tan\varphi \qquad\qquad\qquad (4\text{-}25)$$

式中，$R = 6\ 371\ \text{km}$；$\rho = 206\ 265''$。

从式（4-25）可以得出这样的结论：γ 随纬度的增大而增大，并与两点间的距离成正比。当 A、B 两点不在同一纬度时，可取两点的平均纬度代入 φ，并取两点的横坐标之差代入 S。γ 以真子午线方向为基准，取值以向东偏为正，向西偏为负。

2. 磁子午线方向

过地球上某点及地球南北磁极的半个大圆称为该点的磁子午线。类似地，磁子午线在该点的切线方向称为该点的磁子午线方向。磁子午线方向可用罗盘来确定。

因为地磁的两极与地球的两极并不一致，北磁极约位于西经 100.0°、北纬 76.1°，南磁极约位于东经 139.4°、南纬 65.8°，所以同一地点的磁子午线方向与真子午线方向不能一致，其夹角称为磁偏角，用符号 δ 表示，见图 4.12。δ 以真子午线方向为基准，取值以向东偏为正，向西偏为负。

我国磁偏角的变化范围为 − 10°（东北地区）～ + 6°（西北地区）。磁偏角的大小随地点、时间而异，地球磁极的位置不断地变动，以及磁针受局部吸引等影响，所以磁子午线方向不宜作为精确定向的基本方向。但由于用磁子午线定向方法简便，所以在独立的小区域测量工作中仍可采用。

3. 坐标纵轴方向

不同点的真子午线方向或磁子午线方向都是不平行的，这使得直线方向的计算很不方便。因此，为了使计算简便、快捷，采用坐标纵轴方向作为基本方向。

在我国采用的高斯平面直角坐标系中，将每一投影带的中央子午线的投影作为该带的坐标纵轴方向。因此，该带内直线定向采用该带的坐标纵轴方向作为标准方向。对于假定坐标系，则采用假定坐标纵轴方向作为直线的标准方向。

4.4.3　方位角与象限角

1. 方位角

由基本方向的指北端起，按顺时针方向测量，得到待求直线的水平角为该直线的方位角。方位角的取值范围为 0°～360°。

（1）真方位角、磁方位角和坐标方位角。根据基本方向的不同，方位角可以分为真方位角、磁方位角和坐标方位角三种。如图 4.14 所示，若标准方向 ON 为真子午线方向，则直线 $O1$、$O2$、$O3$ 和 $O4$ 的真方位角分别为 A_1、A_2、A_3 和 A_4（真方位角用 A 表示）；若 ON 为磁子午线方向，则各角表示相应直线的磁方位角，用 A_m 表示；若 ON 为坐标纵轴方向，则各角表示相应直线的坐标方位角，用 α 表示。

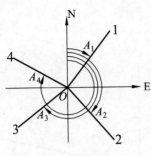

图 4.14　方位角

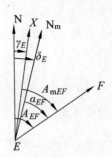

图 4.15　三种方位角之间关系

（2）三种方位角之间的关系。确定一条直线的方位角，先要在直线的起点做出基本方向（见图 4.15）。由于一点的三种基本方向不重合，而且真子午线方向与磁子午线方向之间的夹角是磁偏角 δ，真子午线方向与坐标纵轴方向之间的夹角是子午线收敛角 γ，所以由图 4.14 可以得出真方位角、磁方位角和坐标方位角之间的换算关系如下：

$$\left.\begin{array}{l} A_{EF} = A_{mEF} + \delta \\ A_{EF} = \alpha_{EF} + \gamma \\ \alpha_{EF} = A_{mEF} + \delta - \gamma \end{array}\right\} \qquad (4\text{-}26)$$

式中，δ 和 γ 的值应根据具体情况判断符号。

2. 象限角

在测量工作中，有时用直线与基本方向线相交的锐角来表示直线的方向。以基本方向北端或南端起算，顺时针或逆时针方向量至直线的水平角，即从 x 轴的一端顺时针或逆时针转至某直线的水平锐角称为直线的象限角，以 R 表示，取值范围为 0°～90°。用象限角表示直线方向，除了要说明象限角的大小外，还应在角值前标注直线所指的象限名称。象限名称的第一个字为"北（N）"或"南（S）"，第二个字是"东（E）"或"西（W）"，所以象限名称有"北东（NE）""北西（NW）""南东（SE）""南西（SW）"四种。象限角表示方法如图 4.16 所示。

在图 4.16 中，象限角 R 与方位角 A 的关系如下：

第Ⅰ象限 $R = A$；第Ⅱ象限 $R = 180° - A$；第Ⅲ象限 $R = A - 180°$；第Ⅳ象限 $R = 360° - A$。

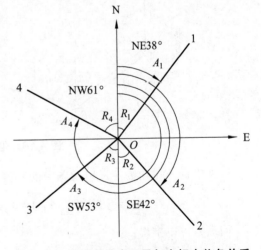

图 4.16　象限角的表示及与坐标方位角关系

4.4.4　正、反坐标方位角

在测量工作中，任意一条直线有正、反两个方向，在直线起点量得的直线方向称为正方向，在直线终点量得的直线方向称为反方向。

工 程 测 量 学
GONGCHENG CELIANGXUE

例如图 4.17 中，直线由 E 到 F，在起点 E 得直线的真方位角 A_{EF} 或坐标方位角 α_{EF} ，而在终点 F 得直线的真方位角 A_{FE} 或坐标方位角 α_{FE}，A_{FE} 或 α_{FE} 是直线 EF 的反方位角。同一直线的正反真方位角的关系为

$$A_{EF} = A_{FE} \pm 180^\circ + \gamma \qquad （4\text{-}27）$$

正反坐标方位角的关系为

$$\alpha_{EF} = \alpha_{FE} \pm 180^\circ \qquad （4\text{-}28）$$

当采用象限角时,正反象限角的关系是角值不变，但象限相反。例如：R_{ab} 为 SW45°，则 R_{ba} = NE45°。

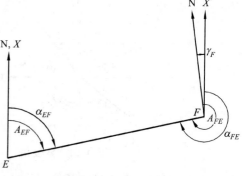

图 4.17　正反方位角

由于真子午线的不平行性以及磁子午线方向随不同地点而变化，而坐标北方向是相互平行的，在测量工作中采用坐标方位角计算最为方便，因此在直线定向中一般均采用坐标方位角。

4.4.5　坐标方位角的推算

测量工作中直线的坐标方位角不是直接测定的，而是通过测定待求方向线与已知边的连接角以及各相邻边之间的水平夹角，来推算待求边的坐标方位角。如图 4.18 所示，A、B 为已知点，α_{AB} 也已知，通过联测 AB 与 $B1$ 边得连接角 β 。观测前进方向如图中箭头，从 B 到 1，1 到 2，2 到 3，…，通过进一步观测，得到左角 β_1、右角 β_2 …所谓左（右）角，是指在前进方向左（右）侧的角度。

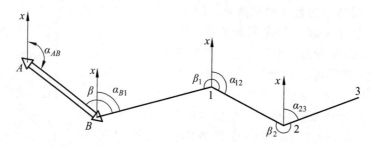

图 4.18　坐标方位角的推算

根据坐标方位角的定义以及图中的几何关系，可以得出：

$$\alpha_{B1} = \beta - (180^\circ - \alpha_{AB}) = \alpha_{AB} + \beta - 180^\circ \qquad （4\text{-}29）$$

同理，可以推出：

$$\alpha_{12} = \alpha_{B1} + \beta_1 - 180^\circ$$
$$\alpha_{23} = \alpha_{12} - \beta_2 + 180^\circ$$

由此可以写出推算坐标方位角的一般公式为

$$\left.\begin{array}{l} \alpha_{前} = \alpha_{后} + \beta_{左} - 180° \\ \alpha_{前} = \alpha_{后} - \beta_{右} + 180° \end{array}\right\} \qquad (4\text{-}30)$$

式（4-29）的计算可以简称为左加右减。因为方位角取值为 0°~360°，所以在求得方位角为负时，结果加上 360°；所求方位角大于 360°时，结果减去 360°即可。

4.5　用罗盘仪测定直线的磁方位角

4.5.1　罗盘仪

由于地球磁极的位置在不断变动，加上磁针易受周围环境等的影响，所以磁子午线方向不宜作为精确定向的标准方向。但是由于磁方位角的测定很方便，所以在精度要求不高时仍可使用。

磁方位角可用罗盘仪测定。罗盘仪是测量直线磁方位角或磁象限角的一种仪器，它主要由望远镜（或照准觇板）、磁针和刻度盘三部分组成，见图 4.19。该仪器构造简单、使用方便，但精度较低。在小范围内建立平面控制网时，可用罗盘仪测量的磁方位角作为该控制网起始边的坐标方位角。

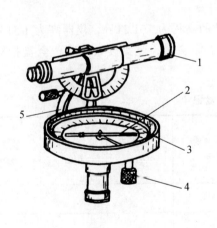

图 4.19　罗盘仪构造

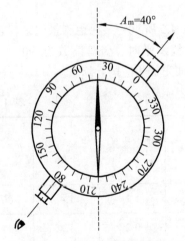

图 4.20　罗盘仪测角原理

如图 4.19 所示，望远镜（1）是照准用设备，安装在支架（5）上，而支架则连接在度盘盒（3）上，可随度盘一起旋转。磁针（2）支承在度盘中心的顶针上，可以自由转动，静止时所指方向即为磁子午线方向。为保护磁针和顶针，罗盘仪在不用时应旋紧制动螺旋（4），可将磁针托起压紧在玻璃盖上。一般磁针的指北端染成黑色或蓝色，用来辨别指北或指南端。由于受两极不同磁场强度的影响，在北半球磁针的指北端向下倾斜，倾斜的角度称"磁倾角"。为使磁针水平，在磁针的指南端缠上铜丝来平衡，这也有助于辨别磁针的指南或指北端。

欲测直线 AB 的磁方位角，将罗盘仪安置在直线起点 A 上，对中、整平后，照准直线的另一端 B，然后松开磁针固定螺旋，待磁针静止后，即可进行读数，图 4.20 所示即为 AB 边的磁方位角角值。

使用罗盘仪测量时，应注意保证磁针能自由旋转，勿触及盒盖或盒底；要避开高压线，避免铁质器具接近罗盘。测量结束后，要旋紧固定螺旋将磁针固定。

4.5.2 磁方位角测定的注意事项

罗盘仪在使用时，应远离铁质物体、磁质物体及高压电线，以免影响磁针指北的精度。观测结束后，必须旋紧磁针固定螺丝，将磁针抬起，防止磨损顶针，以保障磁针能灵活自由地转动。

本章复习重难点
试题及答案

习　题

1. 试述尺长方程 $l_t = l_0 + \Delta l + \alpha l_0(t - t_0)$ 中各个符号的意义。尺长改正数的正负号表示什么意思？

2. 精密量距与一般方法量距有何不同？

3. 某钢尺的尺长方程式为 $l_t = 30 - 0.010 + 1.25 \times 10^{-5} \times 30 \times (t - 20)$，在标准拉力下，用该尺沿 5°30′ 的斜坡地面量得的名义距离为 400.337 m，丈量时的平均气温为 6 ℃。实际平距为多少？

4. 表 4.3 所示为某视距测量记录，且已知测站的高程为 161.21 m，仪器高为 1.51 m。盘左观测视线水平时，竖盘读数为 90°；望远镜向上倾斜时，竖盘读数减小，竖盘指标差为 − 0.8″。试完成相应的计算。

表 4.3　视距测量记录

特征点号	视距读数 /m	中丝读数 v/m	竖盘读数 L/(°　′)	竖直角 δ/(°　′)	水平距离 D/m	高差 h/m	高程 H/m
1	1.1	1.4	86　47				
2	0.2	1.1	91　41				
3	1.8	1.6	107　28				
4	0.9	1.4	90　02				
5	1.4	1.7	87　50				
6	1.7	1.8	109　20				

5. 影响光电测距精度的因素有哪些？其中主要的有哪几项？

6. 定向的基本方向有哪几种？确定直线与基本方向之间的关系有哪些方法？

7. 不考虑子午线收敛角，计算表 4.4 中的空白部分。

表 4.4　方位角和象限角的换算

直线名称	正方位角	反方位角	正象限角	反象限角
AB				SW24°02′
AC			SE51°52′	
AD		75°12′		
AE	338°55′			

8. 已知 1、2、3、4 四个控制点的平面坐标列于表 4.5，试计算方位角 α_{31}、α_{32}、α_{34}。计算结果取到秒位。

表 4.5　控制点坐标

点名	1	2	3	4
x / m	44 985.231	44 852.778	44 802.476	44 612.250
y / m	23 580.462	23 993.123	23 746.789	23 745.456

9. 如图 4.21 所示，已知 12 边的坐标方位角为 α_{12} 和多边形的各内角。试推算其他各边的坐标方位角，并换算成象限角。

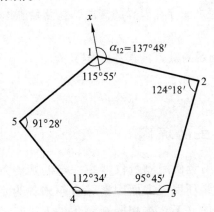

图 4.21　闭合导线示意图

第 5 章　测量误差基本理论

本章重点：测量工作中存在的误差；误差的分类、特性、处理方法；用真误差求中误差；误差的传播定律；算术平均值原理；算术平均值中误差的计算；带权平均值中误差。

5.1　概　述

在实际的测量工作中，无论使用的仪器多么精密，观测者的观测多么仔细、技术多么娴熟，外界环境多么优越，常常还是会出现下述情况：多次观测同一个角或多次丈量同一段距离时，它们的观测结果之间往往会存在一定的差异；在观测了一个平面三角形的三个内角后，发现这三个实测内角之和往往不等于其理论值180°。这种在同一个量的各观测值之间或各观测值所构成的函数与其理论值之间存在差异的现象，在测量工作中是普遍存在的，这就是误差。

设观测量的真值为 $\tilde{L}$，则观测量 L_i 的误差 $\varDelta_i$ 定义为

$$\varDelta_i = L_i - \tilde{L} \tag{5-1}$$

5.1.1　测量误差产生的原因

任何测量工作都是由观测者使用测量仪器在一定的观测条件下完成的，所以通常把观测者、测量仪器和外界观测环境三方面因素综合起来称为观测条件。观测条件的好坏与观测成果的质量有着密切的联系。在相同观测条件下进行的各次观测，称为等精度观测，其相应的观测值称为等精度观测值；在不同观测条件进行的各次观测，称为不等精度观测，其相应的观测值称为不等精度观测值。观测误差产生的原因很多，概括起来有以下几方面：

（1）观测者。由于观测者感觉器官的鉴别能力和技术熟练程度有一定的局限性，在仪器安置、照准、读数等工作中都会产生误差。同时，观测者的工作态度对观测数据的质量也有着直接影响。

（2）测量仪器。仪器制造工艺水平有限，不能保证仪器的结构都能满足各种几何条件；并且仪器在搬运及使用的过程中所产生的震动或碰撞等，都会导致仪器各种轴线间的几何关系不能满足要求。这样由于仪器的结构不完善也会导致测量结果中带有误差。

（3）外界观测环境。测量时所处的外界环境，如温度、湿度、风力、大气折光等因素的变化会对观测数据直接产生影响。

在测量工作中，受观测条件的限制，测量数据中存在误差是不可避免的。有时由于观测者的疏忽还会出现错误，或称为粗差，如测量人员不正确地操作仪器或读错、记错等。粗差在测量过程中是不允许存在的，通常采用重复观测等手段将粗差予以剔除。

5.1.2　测量误差的分类

1. 系统误差

在相同观测条件下对某量进行多次观测，若观测误差的大小和符号均保持不变或按一定的规律变化，则称这种误差为系统误差。

仪器设备制造不完善是系统误差产生的主要原因之一。例如：在水准测量时，当水准仪的视准轴和水准管轴不平行而产生 i 角时，它对水准尺读数所产生的误差与视距的长度成正比。再如，某钢尺的名义尺长为 20 m，经检定实际尺长为 19.996 m，那么每个尺段就带有 0.004 m 的尺长改正，它是一个常数，同时该尺段还伴随着按一定温度规律变化的尺长误差，二者将随尺段数的增加而累积。所以说系统误差具有明显的规律性和累积性。

由上所述可知，系统误差对测量结果的影响很大，但是由于系统误差具有较强的规律性，所以可以采取措施加以消除或最大限度地降低其影响。在实际测量工作中，一是在观测前仔细检定和校正仪器，并在施测时尽量选择与检定时的观测条件相近时进行；二是在施测过程中选择适当的观测方法，如水准测量时，使前后视距相等，以消除视准轴不平行于水准轴对观测高差所引起的误差等，又如用经纬仪采用盘左、盘右观测可以消除仪器视准轴与横轴不垂直所带来的误差等；三是应用计算改正数的方法对测量成果进行必要的数学处理，如量距钢尺需预先经过检定以求出尺长误差及对所量的距离进行尺长误差公式改正以减弱尺长误差对距离的影响等。

2. 偶然误差

在相同观测条件下对某量进行多次观测，若观测误差的大小和符号没有表现出任何规律性，这类误差称这种误差为偶然误差，也叫随机误差。

偶然误差产生的原因是随机的，如仪器没有严格照准目标、估读位读数不准等都属于偶然误差。单个的偶然误差就其大小和符号而言是没有规律的，但若在一定的观测条件下对某量进行多次观测，误差却呈现出一定的规律性，并且随着观测次数的增加，偶然误差的规律性表现得更加明显。

例如：在相同的观测条件下，对 358 个三角形的内角进行了观测。由于观测值含有偶然误差，观测量函数的真值是已知的，则每个三角形内角之和的真误差 Δ_i 可由下式计算：

$$\Delta_i = (L_1 + L_2 + L_3)_i - 180° \qquad (i = 1, 2, \cdots, 358) \qquad （5\text{-}2）$$

式中　$(L_1 + L_2 + L_3)_i$——各三角形内角和的观测值。

由式（5-2）可计算出 358 个三角形内角之和的真误差，将误差出现的范围分为若干相等的小区间，每个区间长度 $d\Delta$ 取为 2″，以误差的大小和正负号，分别统计出它们在各误差区间内出现的个数 V 和频率 V/n，结果列于表 5.1。

表 5.1   偶然误差的频率分布

误差区间 dΔ/″	正 误 差		负 误 差		合 计	
	个数 V	频率 V/n	个数 V	频率 V/n	个数 V	频率 V/n
0～2	45	0.126	46	0.128	91	0.254
2～4	40	0.112	41	0.115	81	0.226
4～6	33	0.092	33	0.092	66	0.184
6～8	23	0.064	21	0.059	44	0.123
8～10	17	0.047	16	0.045	33	0.092
10～12	13	0.036	13	0.036	26	0.073
12～14	6	0.017	5	0.014	11	0.031
14～16	4	0.011	2	0.006	6	0.017
16 以上	0	0	0	0	0	0
累计	181	0.505	177	0.495	358	1.000

由表 5.1 可以看出：最大误差不超过 16″，小误差比大误差出现的频率高，绝对值相等的正、负误差出现的个数近于相等。

为了更直观地表达偶然误差的分布情况，以 Δ 为横坐标，以 $y = \dfrac{V}{n}/\mathrm{d}\Delta$ 为纵坐标作直方图，见图 5.1。

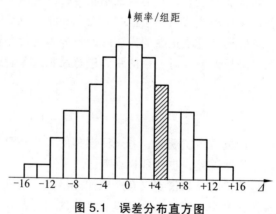

图 5.1   误差分布直方图

当误差个数足够多时，如果将误差的区间间隔无限缩小，则图 5.1 中各长方形顶边所形成的折线将变成一条光滑曲线，称为误差分布曲线，如图 5.2 所示。

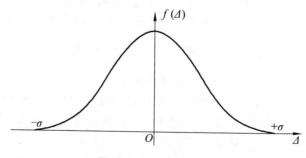

图 5.2   误差分布曲线

在概率论中，把服从图 5.2 的分布称为正态分布。偶然误差 Δ 服从正态分布 $N(0, \sigma^2)$，其概率密度函数为

$$f(\Delta) = \frac{1}{\sqrt{2\pi}\sigma} e^{-\frac{\Delta^2}{2\sigma^2}}$$ （5-3）

式中　Δ —— 观测误差；

　　　σ^2 —— 观测误差的方差。

一定的观测条件下产生的一系列观测误差对应着这样一条确定的误差分布曲线：σ 越小，曲线形态越陡峭，表明小误差出现的概率大，观测质量好，观测精度高；反之，σ 越大，曲线形态越平缓，表明大误差出现的概率大，观测质量差，观测精度低。可见，精度就是指观测误差分布的密集和离散程度。

实践证明，对大量测量误差进行分析统计都可得出上述结论，而且观测个数越多，这种规律越明显。因此总结出偶然误差具有如下特性：

（1）有界性：在一定的观测条件下，偶然误差的绝对值有一定的限值。

（2）集中性：绝对值较小的误差比绝对值较大的误差出现的机会多。

（3）对称性：绝对值相等的正误差与负误差出现的机会相等。

（4）抵偿性：当观测次数无限增多时，偶然误差的算术平均值趋近于零，即

$$\lim_{n \to \infty} \frac{[\Delta]}{n} = 0$$ （5-4）

式中，$[\Delta] = \Delta_1 + \Delta_2 + \cdots + \Delta_n$。

上述第四个特性说明，偶然误差具有抵偿性，这又主要是由上述第三个特性导出的。

掌握了偶然误差的特性，就能根据带有偶然误差的观测值求出未知量的最可靠值，并衡量其精度；同时，也可应用误差理论来研究合理的测量工作方案和观测方法。

为了尽可能地降低偶然误差对观测结果的影响，可选择高等级仪器，选择有利的观测条件和观测时机，进行多余观测，并应用概率统计方法计算出观测值和未知量的最优估值，对测量结果进行精度评定，以鉴别观测值和观测结果的质量。

5.2　评定精度的指标

在测量工作中，除了对未知量进行多次观测，求出最后结果以外，还需要对观测结果的质量进行评定，通常我们是用精度来衡量观测结果的好坏的。据前所述，精度就是指误差分布的密集和离散程度。虽然前述的直方图和误差统计表可以反映出观测成果的精度，但是要进行大量的观测却显得非常不方便也不实用。因此，在测量工作中常采用中误差、相对误差和极限误差作为衡量精度的指标。

5.2.1　中误差

在相同的观测条件下，对同一未知量进行 n 次观测，所得各真误差平方数平均值的平方

根，称为中误差，用 m 表示，即

$$m = \pm\sqrt{\frac{[\Delta_1 + \Delta_2 + \ldots + \Delta_n]}{n}} = \pm\sqrt{\frac{[\Delta\Delta]}{n}} \qquad (5\text{-}5)$$

由式（5-5）可知，观测值的真误差分布越离散，其中误差 m 越大，表明观测的精度低；反之，观测值真误差分布越密集，其中误差 m 就越小，表明观测的精度越高。

在实际工作中，n 总是有限的。当 $n \to \infty$ 时，即为标准差 σ，即

$$\sigma = \lim_{n \to \infty} \sqrt{\frac{[\Delta\Delta]}{n}} \qquad (5\text{-}6)$$

所以取 σ 的估值，即中误差 m 作为评定精度的指标。

【例 5.1】 设有两组同精度观测值，其真误差分别为

第一组：$-2''$、$+3''$、$-1''$、$-2''$、$+3''$、$+2''$、$-1''$、$-3''$

第二组：$+1''$、$-4''$、$-1''$、$+6''$、$-5''$、$0''$、$+4''$、$-2''$

试求这两组观测值的中误差。

解： $m_1 = \pm\sqrt{\dfrac{4+9+1+4+9+4+1+9}{8}} = \pm 2.3\ (")$

$m_2 = \pm\sqrt{\dfrac{1+16+1+36+25+0+16+4}{8}} = \pm 3.5\ (")$

$m_1 < m_2$，可见：第一组观测值的精度要比第二组高，也就是说第一组观测的质量比第二组要好。

必须指出，在相同的观测条件下所进行的一组观测，由于对应着同一种误差分布，因此，对于这一组中的每一个观测值，虽然它们的真误差彼此并不相等，有的甚至相差很大，但它们的精度均相同，即都为同精度观测值。

在测量工作中，普遍采用中误差来评定测量成果的精度。

5.2.2 极限误差

根据偶然误差的第一特性，在一定的观测条件下，偶然误差的绝对值不会超过一定的限值，这个限值就是极限误差，简称限差。根据误差理论和大量实践表明，在一系列的同精度观测误差中，误差落在 $(-m, m)$，$(-2m, 2m)$，$(-3m, 3m)$ 的概率分别为

$$P(-m < \Delta < m) = \int_{-\sigma}^{+\sigma} f(\Delta)\mathrm{d}\Delta \approx 0.683$$

$$P(-2m < \Delta < 2m) = \int_{-2\sigma}^{+2\sigma} f(\Delta)\mathrm{d}\Delta \approx 0.955$$

$$P(-3m < \Delta < 3m) = \int_{-3\sigma}^{+3\sigma} f(\Delta)\mathrm{d}\Delta \approx 0.997$$

由此可以看出，大于 3 倍中误差的偶然误差出现的机会很小，因此，通常以 2 倍或 3 倍中误差作为观测值取舍的限差，即

$$\Delta_{限} = 2m \quad 或 \quad \Delta_{限} = 3m \qquad (5\text{-}7)$$

　　限差是偶然误差的最高限值，当某观测值的观测误差超过了容许误差时，可认为该观测值含有粗差，应舍去不用或重测。

5.2.3　相对误差

　　中误差和极限误差都是绝对误差，与观测量的大小无关。在距离测量工作中，单纯采用距离测量的中误差是不能反映距离丈量精度情况的。例如：分别丈量了 100 m 和 500 m 两段距离，中误差均为 ±0.02 m。虽然两者的中误差相同，但就单位长度而言，两者精度并不相同，后者显然优于前者。此时，为了客观反映实际精度，常采用相对误差。

　　观测值中误差 m 的绝对值与相应观测值 S 的比值称为相对中误差。它是无量纲数，常表示为分子为 1、分母为整数的形式，即

$$K = \frac{|m|}{S} = \frac{1}{N} \qquad (5\text{-}8)$$

　　相对误差表示单位长度上所含中误差的多少，相对误差的分母越大，相对误差越小，精度越高。由此可见，使用相对误差能客观地反映距离测量的精度。如由例 5.1 可得

$$K_1 = \frac{0.02}{100} = \frac{1}{5\,000}$$

$$K_2 = \frac{0.02}{500} = \frac{1}{25\,000}$$

表明后者的精度比前者的高。

5.3　误差传播定律

　　由前述可知，当对某量进行了一系列的观测后，观测值的精度可用中误差来衡量。但在实际工作中，未知量往往不能或者是不便于直接测定，而是由观测值通过一定的函数关系间接计算出来，这些未知量即为观测值的函数。例如：水准测量中，在某一测站上测得后视、前视读数分别为 a、b，则高差 $h = a - b$，这时高差 h 就是直接观测值 a、b 的函数。显然，函数 h 的中误差与观测值 a、b 的中误差之间存在一定的关系。

　　阐述观测值中误差与观测值函数中误差之间关系的定律称为误差传播定律。

　　未知量与观测量之间的函数形式有多种，本节就以下四种常见的函数来讨论误差传播的规律。

5.3.1　倍数函数

　　设有倍数函数

$$Z = kx \qquad (5\text{-}9)$$

式中 k ——倍数（常数）；

x ——直接观测值。

已知其中误差为 m_x，现求观测值函数 Z 的中误差 m_Z。设 x 和 Z 的真误差分别为 Δ_x 和 Δ_Z，由式（5-1）知它们之间的关系为

$$\Delta_Z = k\Delta_x \tag{5-10}$$

若对 x 共观测了 n 次，则

$$\Delta_{Z_i} = k\Delta_{x_i} \quad (i = 1, 2, \cdots, n) \tag{5-11}$$

将上述关系式求平方和并除以 n，得

$$\frac{[\Delta_Z\Delta_Z]}{n} = K^2 \frac{[\Delta_x\Delta_x]}{n} \tag{5-12}$$

根据中误差定义可知

$$m_Z^2 = \frac{[\Delta_Z\Delta_Z]}{n}$$

$$m_x^2 = \frac{[\Delta_x\Delta_x]}{n}$$

故 $$m_Z^2 = K^2 m_x^2 \tag{5-13}$$

即 $$m_Z = K m_x \tag{5-14}$$

可见观测值倍数函数的中误差等于观测值的中误差乘倍数（常数）。

【**例 5.2**】 已知观测视距间隔的中误差为 $m_l = \pm 5 \text{ mm}$，$k = 100$，则根据水平视距公式 $D = k \cdot l$，可得平距的中误差 $m_D = 100m_l = \pm 0.5 \text{ m}$。

5.3.2 和差函数

设有和差函数

$$Z = x \pm y \tag{5-15}$$

式中 x, y ——独立观测值，已知它们的中误差分别为 m_x 和 m_y。

设 x、y 的真误差分别为 Δ_x 和 Δ_y，由式（5-1）可得

$$\Delta_Z = \Delta_x \pm \Delta_y \tag{5-16}$$

若对 x、y 均观测了 n 次，则有

$$\Delta_{Z_i} = \Delta_{x_i} \pm \Delta_{y_i} \quad (i = 1, 2, \cdots, n) \tag{5-17}$$

将式（5-17）两端平方后求和，并同时除以 n，得

$$\frac{[\Delta_Z\Delta_Z]}{n} = \frac{[\Delta_x\Delta_x]}{n} + \frac{[\Delta_y\Delta_y]}{n} \pm 2\frac{[\Delta_x\Delta_y]}{n} \tag{5-18}$$

式（5-18）中，Δ_x 和 Δ_y 均为偶然误差，其符号出现正负的机会相同，且它们均为独立观测，所以 $[\Delta_x\Delta_y]$ 中各项出现正负的机会也相同。根据偶然误差第三、第四特性，当 n 越大时，上式中最后一项将越趋近于零，于是式（5-18）可写成：

$$\frac{[\Delta_z\Delta_z]}{n} = \frac{[\Delta_x\Delta_x]}{n} + \frac{[\Delta_y\Delta_y]}{n} \tag{5-19}$$

根据中误差定义可得

$$m_Z^2 = m_x^2 + m_y^2 \tag{5-20}$$

或

$$m_Z = \pm\sqrt{m_x^2 + m_y^2} \tag{5-21}$$

可见观测值和差函数的中误差等于两观测值中误差平方和的平方根。

式（5-21）可以推广到 n 个独立观测值的情形。设 Z 是一组独立观测值 $x_1, x_2, \cdots, x_n$ 的和或差的函数，即

$$Z = x_1 \pm x_2 \pm \cdots \pm x_n \tag{5-22}$$

则依照前述的推导过程，可得

$$m_Z = \pm\sqrt{m_{x_1}^2 + m_{x_2}^2 + \cdots + m_{x_n}^2} \tag{5-23}$$

若 n 个观测值均为同精度观测，有 $m_{x_1} = m_{x_2} = \cdots = m_{x_n} = m_x$，则上式变为

$$m_Z = \pm\sqrt{n}\,m_x \tag{5-24}$$

【例 5.3】 在 $\triangle ABC$ 中，$\angle C = 180° - \angle A - \angle B$，$\angle A$ 和 $\angle B$ 的观测中误差分别为 $3''$ 和 $4''$，则 $\angle C$ 的中误差为

$$m_C = \pm\sqrt{m_A^2 + m_B^2} = \pm\sqrt{3^2 + 4^2} = \pm 5''$$

5.3.3　一般线性函数

设有一般线性函数

$$Z = k_1 x_1 \pm k_2 x_2 \pm \cdots \pm k_n x_n \tag{5-25}$$

式中　x_1，x_2，$\cdots$，x_n ——独立观测值；

　　　k_1，k_2，$\cdots$，k_n ——常数。

则综合（5-14）式和（5-21）式可得线性函数 Z 的中误差为

$$m_Z = \pm\sqrt{k_1^2 m_{x_1}^2 + k_2^2 m_{x_2}^2 + \cdots + k_n^2 m_{x_n}^2} \tag{5-26}$$

【例 5.4】 有一函数 $Z = x_1 + 2x_2 + 5x_3$，其中 x_1、x_2、x_3 的中误差分别为 ± 5 mm、± 2 mm、± 1 mm，则 Z 的中误差为

$$m_Z = \pm\sqrt{m_{x_1}^2 + 4m_{x_2}^2 + 25m_{x_3}^2} = \pm\sqrt{25 + 4\times 4 + 25\times 1} = \pm 8.1 \text{ (mm)}$$

5.3.4 非线性函数

设有非线性函数

$$Z = f(x_1, x_2, \cdots, x_n) \tag{5-27}$$

式中 x_1, x_2, $\cdots$, x_n——独立观测值，其中误差为 m_i（$i = 1$, 2, $\cdots$, n）。

当 x_i 具有真误差 Δ_i 时，函数 Z 也将产生相应的真误差 Δ_Z。因为真误差 Δ 是一微小量，故将式（5-27）两边同时取全微分，将其化为线性函数：

$$\mathrm{d}z = \frac{\partial f}{\partial x_1}\mathrm{d}x_1 + \frac{\partial f}{\partial x_2}\mathrm{d}x_2 + \cdots + \frac{\partial f}{\partial x_n}\mathrm{d}x_n \tag{5-28}$$

若以真误差符号"Δ"代替式（5-28）中的微分符号"d"，可得

$$\Delta z = \frac{\partial f}{\partial x_1}\Delta x_1 + \frac{\partial f}{\partial x_2}\Delta x_2 + \cdots + \frac{\partial f}{\partial x_n}\Delta x_n \tag{5-29}$$

式中 $\frac{\partial f}{\partial x_i}$ 是函数 Z 对 x_i 取的偏导数，并用观测值代入计算得的数值，即为常数。按式（5-26）可得

$$m_Z^2 = \left(\frac{\partial f}{\partial x_1}\right)^2 m_1^2 + \left(\frac{\partial f}{\partial x_2}\right)^2 m_2^2 + \cdots + \left(\frac{\partial f}{\partial x_n}\right)^2 m_n^2 \tag{5-30}$$

上式即为误差传播定律的一般形式。前述的式（5-14）、式（5-21）、式（5-26）都可看成是式（5-30）的特例。

【例 5.5】 丈量某一斜距 $S = 56.341$ m，其倾斜竖角 $\delta = 15°25'36''$，斜距和竖角的中误差分别为 $m_S = \pm 4$ mm、$m_\delta = \pm 10''$，求斜距对应的水平距离 D 及其中误差 m_D。

解：水平距离为

$$D = S \cdot \cos \delta = 56.341 \times \cos 15°25'36'' = 54.311 \text{（m）}$$

$D = S \cdot \cos \delta$ 是一个非线性函数，所以按照式（5-28）对等式两边取全微分，化成线性函数，得

$$\Delta_Z = \cos \delta \cdot \Delta_S - S \cdot \sin \delta \cdot \Delta \delta / \rho''$$

再应用式（5-30），可得水平距离的中误差：

$$m_D^2 = \cos^2 \delta \cdot m_S^2 + (S \cdot \sin \delta)^2 \cdot \left(\frac{m_\delta}{\rho''}\right)^2$$

$$= (0.964)^2 (\pm 4)^2 + (56\,341 \times 0.266)^2 \left(\frac{\pm 10}{206\,265}\right)^2$$

$$= 15.397 \text{ (mm)}$$

$$m_D = \pm 3.9 \text{ (mm)}$$

故求得水平距离及其中误差为

$$D = 54.311 \text{m} \pm 0.003\,9 \text{ m}$$

注意：在上式计算中，为了统一单位，需将角值的单位由秒化为弧度 $\dfrac{m_\delta}{\rho''}$。

5.4　算术平均值及其中误差

理论上，观测值的正确值应该是该量的真值，但受观测条件的限制，观测值的真值往往很难求得的，故实际处理中常用最接近观测值真值的最优估值取代真值。该最优估值称为观测值的最或然值（最或是值）。因此在测量工作中，除了要对观测成果进行精度评定外，还要确定观测值的最或然值。

5.4.1　算术平均值

设在相同的观测条件下对某量进行了 n 次等精度观测，观测值为 L_1，L_2，$\cdots$，L_n，其真值为 X，真误差为 Δ_1，Δ_2，$\cdots$，Δ_n。由式（5-1）可写出观测值的真误差为

$$\Delta_1 = L_1 - X$$
$$\Delta_2 = L_2 - X$$
$$\vdots$$
$$\Delta_i = L_i - X \qquad (i = 1,\ 2,\ \cdots,\ n)$$

取上式各列之和并除以 n，得

$$X = \frac{[L]}{n} - \frac{[\Delta]}{n} \tag{5-31}$$

若以 x 表示上式中右边第一项，可得观测值的算术平均值为

$$x = \frac{[L]}{n} \tag{5-32}$$

则　　　　　　　　$$X = x - \frac{[\Delta]}{n} \tag{5-33}$$

上式右边第二项是真误差的算术平均值。由偶然误差的第四特性可知，当观测次数 n 无限增多时，$\dfrac{[\Delta]}{n} \to 0$，此时 $x \to X$。所以当观测次数 n 无限增多时，算术平均值趋近于真值。

然而实际测量中，观测次数 n 总是有限的，所以，根据有限个观测值求出的算术平均值 x 与其真值 X 间总存在有一微小差异 $\dfrac{[\Delta]}{n}$。故当对一个观测值进行同精度多次观测后，观测值的算术平均值就是观测值的最或然值。

5.4.2　算术平均值的中误差

设对 n 个同精度观测值 L_i（$i = 1,\ \cdots,\ n$），它们的算术平均值为

$$x = \frac{[L]}{n} = \frac{L_1}{n} + \frac{L_2}{n} + \cdots + \frac{L_n}{n}$$ （5-34）

设观测值的中误差为 m，应用误差传播定律式（5-26）可得算术平均值的中误差为

$$M_x^2 = \left(\frac{1}{n}\right)^2 m^2 + \left(\frac{1}{n}\right) m^2 + \cdots + \left(\frac{1}{n}\right) m^2$$

$$M_x = \pm \frac{m}{\sqrt{n}}$$ （5-35）

由式（5-35）可知，算术平均值的中误差 M_x 是观测值中误差 m 的 $1/\sqrt{n}$ 倍，也就是说算术平均值的精度比各观测值的精度提高了 $\sqrt{n}$ 倍。可见，增加观测次数 n，能有效削弱偶然误差对算术平均值的影响，提高观测精度。

但是，通过大量实验发现：当观测次数达到一定数目后，即使再增加观测次数，精度也提高得很少，因为观测次数与算术平均值中误差并不是成线性比例关系。因此，为了提高观测精度，除适当增加观测次数外，还应选用适当的观测仪器和观测方法，选择良好的外界环境，提高操作人员的操作素质来改善观测条件。

5.4.3 用改正数求中误差

当观测值 L 的真误差已知时，可直接采用式（5-5）计算出观测值的中误差。但很多时候观测值 L 的真误差是未知的，所以在实际工作中常常以观测值的算术平均值取代观测值的真值进行中误差的解求。

观测值的算术平均值 x 与观测值之差，称为该观测值的改正数，用 v 表示：

$$v_i = x - L_i$$ （5-36）

v 是观测值真误差的最优估值。

根据式（5-1）$\varDelta_i = L_i - \tilde{L}$ 可得

$$v_i + \varDelta_i = x - \tilde{L}$$ （5-37）

故　　　　　　$$\varDelta_i = -v_i + (x - \tilde{L})$$ （5-38）

将式（5-38）分别自乘然后求和，得

$$[\varDelta\varDelta] = [vv] - 2[v](x - \tilde{L}) + n(x - \tilde{L})^2$$ （5-39）

由式（5-36）可得

$$[v] = n \cdot x - [L] = n \cdot \frac{[L]}{n} - [L] = 0$$ （5-40）

将式（5-40）代入式（5-39），设 $\delta = x - \tilde{L}$，再将等式两边分别除以 n，得

$$\frac{[\varDelta\varDelta]}{n} = \frac{[vv]}{n} + \delta^2$$ （5-41）

又因为

$$\delta = \frac{[\varDelta]}{n} \tag{5-42}$$

故

$$\delta^2 = \frac{1}{n^2}[\varDelta]^2 = \frac{1}{n^2}(\varDelta_1 + \varDelta_2 + \cdots + \varDelta_n)^2 \tag{5-43}$$

$$= \frac{1}{n^2}(\varDelta_1^2 + \varDelta_2^2 + \cdots + \varDelta_n^2) + \frac{1}{n^2}(\varDelta_1\varDelta_2 + \varDelta_1\varDelta_3 + \cdots + \varDelta_1\varDelta_n + \varDelta_2\varDelta_3 + \varDelta_2\varDelta_4 + \cdots)$$

由于真误差 $\varDelta_i$ 的互乘项仍然具有偶然误差的性质，根据偶然误差的第四特性，当 $n \to \infty$ 时，互乘项之和趋于零；n 为有限个时，其值也是一个微小量，故可忽略不计。则式（5-41）可以写成：

$$\frac{[\varDelta\varDelta]}{n} = \frac{[vv]}{n} + \frac{[\varDelta\varDelta]}{n^2} \tag{5-44}$$

根据中误差定义，式（5-44）改写为

$$m^2 = \frac{[vv]}{n} + \frac{m^2}{n}$$

则

$$m = \pm\sqrt{\frac{[vv]}{n-1}} \tag{5-45}$$

此为用改正数求中误差的白塞尔公式。

【例 5.6】 如表 5.2 所示，对某段距离进行了 5 次等精度观测并得出了观测结果，试求该段距离的最或然值及其中误差。

表 5.2　算术平均值及中误差计算

序号	L/m	v/mm	vv/mm	精度评定
1	99.341	+6	36	
2	99.352	−5	25	$m = \pm\sqrt{\dfrac{74}{4}} = \pm4.3$ (mm)
3	99.347	0	0	
4	99.350	−3	9	$M = \pm\dfrac{m}{\sqrt{n}} = \sqrt{\dfrac{[vv]}{n(n-1)}} = \sqrt{\dfrac{74}{5\times4}} = \pm1.9$ (mm)
5	99.345	+2	4	
	$x = \dfrac{[L]}{n} = 99.347$	$[v] = 0$	$[vv] = 74$	

5.5　加权平均值及其中误差

5.5.1　权的概念

等精度观测时，可以取算术平均值作为观测值的最或然值，同时还可以求出观测值的中误差以及算术平均值的中误差。但是在实际工作中往往会遇到不等精度观测的问题。不同精度的观测值其精度和可靠程度是不同的，它们对最或然值的影响也是不同的，此时就不能按前述的方法来计算观测值的最或然值和评定其精度。而在计算观测量的最或然值时就应考虑到各观测值的质量和可靠程度，精度较高的观测值，在计算最或然值时应占有较大的比例；反之，精度较低的应占较小的比例。为此，各个观测值要给定一个数值来比较它们的可靠程度，这个数值在测量计算中被称为观测值的权，常用 P 表示，可靠性较大的观测值应具有较大的权。

5.5.2 权与中误差的关系

根据前述可知，观测值的中误差越小，精度越高，权就越大，反之亦然。因此，可根据中误差来定义观测结果的权。设非等精度观测值 L_1，L_2，$\cdots$，L_n 的中误差分别为 m_1，m_2，$\cdots$，m_n，则观测值的权可用下式来定义：

$$P_i = \frac{\mu^2}{m_i^2} \qquad (i = 1,\ 2,\ \cdots,\ n) \tag{5-46}$$

式中 P_i ——观测值的权；

μ ——任意常数；

m_i ——各观测值对应的中误差。

在用式（5-46）求一组观测值的权 P_i 时，必须采用同一个 μ 值。

当取 $P = 1$ 时，式（5-46）中 $\mu = m$。通常称数字为 1 的权为单位权，单位权对应的观测值为单位权观测值，单位权观测值对应的中误差 μ 为单位权中误差。

当已知一组不等精度观测值的中误差时，可以先设定 μ 值，然后按式（5-46）计算各观测值的权。

【例 5.7】 已知三个角度观测值的中误差分别为 $m_1 = \pm 3''$、$m_2 = \pm 4''$、$m_3 = \pm 5''$，根据式（5-46）可得它们的权分别为

$$P_1 = \mu^2 / m_1^2, \quad P_2 = \mu^2 / m_2^2, \quad P_3 = \mu^2 / m_3^2,$$

若设 $\mu = \pm 3''$，则 $P_1 = 1$，$P_2 = 9/16$，$P_3 = 9/25$；

若设 $\mu \pm 1''$，则 $P_1' = 1/9$，$P_2' = 1/16$，$P_3' = 1/25$。

上例中 $P_1 : P_2 : P_3 = P_1' : P_2' : P_3' = 1 : 0.56 : 0.36$。可见，当 μ 值不同时，权值也不同，但不影响各权之间的比例关系。中误差用于反映观测值的绝对精度，而权用于比较各观测值之间的精度高低。因此，权的意义在于它们之间所存在的比例关系，而不在于它本身数值的大小。

5.5.3 加权平均值及其中误差

对某量进行了 n 次不等精度观测，观测值分别为 L_1，L_2，$\cdots$，L_n，相应的权为 P_1，P_2，$\cdots$，P_n，则该观测量的加权平均值 x 就是不等精度观测值的最或然值，其计算公式为

$$x = \frac{P_1 L_1 + P_2 L_2 + \cdots + P_n L_n}{P_1 + P_2 + \cdots + P_n} \tag{5-47}$$

显然，当各观测值为等精度时，其权为 $P_1 = P_2 = \cdots = P_n = 1$，式（5-47）就与求算术平均

值的式（5-32）一致了。

根据误差传播定律式（5-26）可导出加权平均值的中误差为

$$m_x^2 = \frac{1}{[P]^2}(P_1^2 m_1^2 + P_2^2 m_2^2 + \cdots + P_n^2 m_n^2)$$ （5-48）

由权定义式（5-46），有

$$m_i^2 = \frac{\mu^2}{P_i}$$

代入式（5-48），可得加权平均值的方差计算式为

$$M_x^2 = \frac{\mu^2}{[P]^2}(P_1 + P_2 + \cdots + P_n) = \frac{\mu^2}{[P]}$$ （5-49）

则加权平均值的中误差为

$$M_x = \pm\frac{\mu}{\sqrt{[P]}}$$ （5-50）

实际计算时，式（5-50）中的单位权中误差 μ 可用观测值的改正数来计算，其计算公式为

$$\mu = \pm\sqrt{\frac{[Pvv]}{n-1}}$$ （5-51）

将式（5-50）代入式（5-51），可得加权平均值的中误差计算公式为

$$M_x = \pm\frac{\mu}{\sqrt{[P]}} = \pm\sqrt{\frac{[Pvv]}{[P](n-1)}}$$ （5-52）

习　题

本章复习重难点
试题及答案

1. 观测条件是由哪些因素构成的？它与观测结果的质量有什么联系？

2. 观测误差分为哪几类？它们各自是怎样定义的？对观测结果有什么影响？试举例说明。

3. 在水准测量中，有下列几种情况使水准尺读数有误差，试判断误差的性质及符号。

（1）视准轴与水准轴不平行；

（2）仪器下沉；

（3）读数不准确；

（4）水准尺下沉。

4. 何谓多余观测？测量中为什么要进行多余观测？

5. 偶然误差的统计规律是什么？偶然误差的概率分布曲线能说明哪些问题？

6. 已知两段距离的长度及其中误差分别为：300.465 m ± 4.5 cm 及 660.894 m ± 4.5 cm，试说明这两段距离的真误差是否相等？它们的相对中误差是否相等？

7. 在 $\triangle ABC$ 中，已测出 $\angle A = 30°00' \pm 4'$，$\angle B = 60°00' \pm 3'$，求 $\angle C$ 的值及其中误差。

8. 两个等精度观测的角度之和的中误差为 $\pm10''$，问每个角的中误差是多少？

9. 以相同精度观测某角 5 次，观测值为 $39°40.5'$，$39°40.8'$，$39°40.9'$，$39°40.8'$，$39°40.6'$，计算此角的最或然值及其中误差。

10. 丈量两段直线得 $D1 = 164.86$ m，$D2 = 131.34$ m，已知 $m_{D1} = \pm0.04$ m，$m_{D2} = \pm0.03$ m。求：（1）每一段直线的相对中误差；（2）两段直线之和的相对中误差；（3）两段直线之差的相对中误差。

11. 在水准测量中，已知每次读水准尺的中误差为 ±2 mm，假定视线平均长度为 50 m，容许误差为中误差的两倍。在测段长为 S km 的水准路线上，往返测的容许闭合差应为多少？

12. 水准测量从点 A 进行到点 B，其结果如图 5.3 所示。

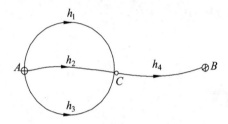

图 5.3

已知 A、B 点高程为：$H_A = 50.145$ m，$H_B = 48.533$ m。

观测高差及其水准距离为

$$h_1 = -2.134 \text{ m}, S_1 = 4 \text{ km}$$
$$h_2 = -2.131 \text{ m}, S_2 = 2 \text{ km}$$
$$h_3 = -2.127 \text{ m}, S_3 = 3 \text{ km}$$
$$h_4 = +0.527 \text{ m}, S_4 = 2 \text{ km}$$

求 C 点的最或然高程及其中误差。

第 6 章　全站仪

本章重点：全站仪的测量原理及其使用方法；全站仪功能介绍；全站仪能够完成的基本测量工作；全站仪测量程序完成工作；全站仪距离测量的检验。

6.1　概　述

全站仪是全站型电子速测仪的简称，它集电子经纬仪、光电测距仪和微处理器于一体。全站仪的外形和电子经纬仪相似。图 6.1 是南方测绘仪器公司生产的科利达 440 全站仪，该仪器测角精度为 $5''$，测距精度为 $2\ \text{mm}+2\ \text{ppm}\times D$（$D$ 为所测距离）。在实际测量中，全站仪又称全站型电子速测仪，它在一个测站上可同时得到平距、高差和点的坐标。全站仪越来越多地应用在地形测量、施工测量、导线测量、交会测量、数字化测图工作中，大大提高了测绘工作的质量和效率。

图 6.1　科利达 440 全站仪

全站仪是由电子测角系统、光电测距系统、微处理器与机载软件组合成的智能光电测量仪器，它采用的是望远镜视准轴、测距红外光发射光轴、接收回光光轴的三轴光学系统。

1. 辅助工具 —— 棱镜对中杆（见图 6.2、6.3）

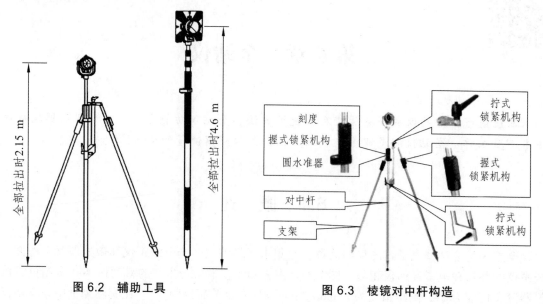

图 6.2 辅助工具

图 6.3 棱镜对中杆构造

2. 全站仪的基本介绍

（1）全站仪的望远镜。

目前的全站仪基本上采用望远镜光轴（视准轴）和测距光轴完全同轴的光学系统，如图 6.4 所示，一次照准就能同时测出距离和角度。全站仪的望远镜能作 360°自由纵转，其操作与一般经纬仪的望远镜相同。

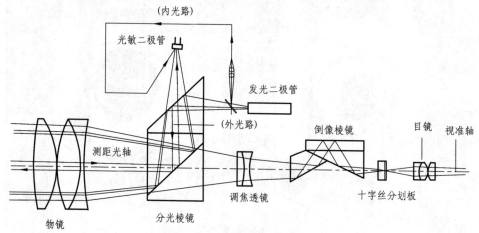

图 6.4 全站仪的望远镜光路

（2）竖轴倾斜的自动补偿。

整平的经纬仪照准部可使竖轴铅直，但受气泡灵敏度和作业的限制，要做到精确整平有一定的难度。这种竖轴不铅直的误差称为竖轴误差。竖轴误差对水平方向和竖直角的影响不能通过盘左、盘右读数取中数来消除。因此在一些精度较高的电子经纬仪和全站仪中安置了竖轴倾斜自动补偿器，以自动改正竖轴倾斜对水平方向和竖直角的影响。精密的竖轴补偿器，仪器整平到 ±3′范围以内，其自动补偿精度可达 0.1″。

OPTON 公司生产的双轴液体补偿器如图 6.5 所示，由发光管（1）发出的光经物镜组（60 发射到液体（4），全反射后，又经物镜组（7）聚焦到光电接收器（2）上。光电接收器为一光电二极管阵列，其一方面将光信号转变为电信号；另一方面，还可以探测出光落点的位置。光电二极管阵列可分为 4 个象限，其原点为竖轴竖直时光落点的位置。当竖轴倾斜时（在补偿范围内），光电接收器接收到的光落点位置就生变化，其变化量即反映了竖轴在纵向（沿视准轴方向）上的倾斜分量 L 和横向（沿横轴方向）上的倾斜分量 T。位置变化信息传输到内部的微处理器处理，对所测的水平角和竖直角自动加以改正（补偿）。

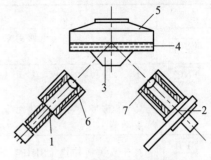

图 6.5 双轴液体补偿器

1—发光管；2—接收二极管阵列；3—棱镜；
4—硅油；5—补偿器液体盒；
6—发射物镜；7—接收物镜

若竖轴在纵向倾斜分量为 L，横向倾斜分量为 T，则补偿器对竖直角（或天顶距）和水平角的改正公式为

$$Z = Z_L - L \quad 或 \quad V = V_L + L$$
$$H = H_L - T / \tan Z = H_L - T \cot Z = H_L - T \tan V$$

式中　Z——显示（改正后）的天顶距；

　　　Z_L——观测（未改正）的天顶距（下标 L 意为盘左观测）；

　　　V_L——观测（未改正）的竖直角；

　　　V——显示（改正后）的竖直角；

　　　H——显示（改正后）的水平方向值；

　　　H_L——观测（未改正）的水平方向值。

（3）数据记录。

全站仪观测数据的记录方式，根据仪器的结构不同有三种：第一种是通过电缆，将仪器的数据传输接口和外接的记录器连接起来，数据直接存储在外接的记录器中；第二种是仪器内部有一个大容量的内存，用于记录数据；第三种是仪器采用插入数据记录卡。外接的记录器又称为电子手簿，实际生产中常用掌上电脑作为电子手簿。全站仪和电子手簿的数据通信，通过专用电缆以及设定数据传送条件来实现。

（4）全站仪键盘及功能介绍（见图 6.6、表 6.1）。

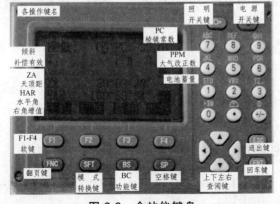

图 6.6 全站仪键盘

表 6.1　全站仪键盘功能介绍

名称	功　　能	名称	功　　能
ESC	取消前一项操作。退回到前一个显示屏或前一个模式	ENT	确认输入或存入该行数据并换行
FNC	① 软件功能菜单，翻页（P_1，P_2，P_3）；② 在放样、对边等功能中可输入目标高功能	▲	① 光标上移或上移选取选择项；② 在数据列表和查找中查阅上一个数据
SFT	打开或关闭转换（SHIFT）模式（在输入法中切换字母和数字功能）	▼	① 光标下移或下移选取选择项；② 在数据列表和查找中查阅上一个数据
BS	删除左边一空格	◀	① 光标左移或左移选取选择项；② 在数据列表和查找中查阅上一个数据
SP	① 在输入法中输入空格；② 在非输入法中为修改测距参数功能	▶	① 光标右移或右移选取选择项；② 在数据列表和查找中查阅上一个数据
STU GHI 1~9	字母输入（输入按键上方字母）	1~9	数字或选取菜单项
.	① 在数字输入功能中小数点输入。② 在字符输入法可输入：\#。③ 在非输入法中打开（SHIFT）模式中后进入自动补偿界面	+/-	① 在数字输入功能中输入负号② 在字符输入法可输入*/+③ 在非输入法中打开（SHIFT）模式后可进入激光指向和激光对中界面

6.2　全站仪的基本操作与使用方法

6.2.1　全站仪的应用

（1）在地形测量中，控制测量和碎部测量可同时进行。

（2）可进行施工放样测量，将设计好的管线、道路、建筑物、构筑物等的位置按图纸数据测设到地面上。

（3）可用全站仪进行导线测量、前方交会、后方交会等，不但操作简便且速度快、精度高。

（4）通过数据输入输出接口设备，将全站仪与计算机、绘图仪连接在一起，形成一套完整的测绘系统，可大大提高测绘工作的质量和效率。

6.2.2　全站仪的使用

（1）测量前的准备工作：仪器的检验与校正、仪器的安置和参数的设置。

（2）常规测量工作：角度测量、距离测量、坐标测量。

（3）放样测量工作：包括工作建立、测站设置、定向和放样四步。

（4）其他常用功能：交会定点、对边测量、面积计算、悬高测量。

6.2.3　全站仪基本测量模式的使用

1. 水平角测量

（1）按角度测量键，使全站仪处于角度测量模式，照准第一个目标 A。

（2）设置 A 方向的水平度盘读数为 $0°00'00''$。

（3）照准第二个目标 B，此时显示的水平度盘读数即为两方向间的水平夹角。

2. 距离测量

（1）设置棱镜常数。

测距前需将棱镜常数输入仪器，仪器会自动对所测距离进行改正。

（2）设置大气改正值或气温、气压值。

光在大气中的传播速度会随大气的温度和气压而变化，15 ℃ 和 760 mmHg 是仪器设置的一组标准值，此时的大气改正为 0 ppm。实测时，可输入温度和气压值，全站仪会自动计算大气改正值（也可直接输入大气改正值），并对测距结果进行改正。

（3）量仪器高、棱镜高并输入全站仪。

（4）距离测量。

照准目标棱镜中心，按测距键，距离测量开始，测距完成后显示器显示斜距、平距、高差。

全站仪的测距模式有精测模式、跟踪模式、粗测模式三种。精测模式是最常用的测距模式，测量时间约 2.5 s，最小显示一般为 1 mm；跟踪模式，常用于跟踪移动目标或放样时连续测距，最小显示一般为 1 cm，每次测距时间约 0.3 s；粗测模式，测量时间约 0.7 s，最小显示一般为 1 cm 或 1 mm。进行距离测量或坐标测量时，可按测距模式（MODE）键选择不同的测距模式。

应注意，有些型号的全站仪在进行距离测量时不能设定仪器高和棱镜高，显示的高差值是全站仪横轴中心与棱镜中心的高差。

3. 坐标测量

（1）坐标测量原理如图 6.7 所示。

测站点坐标 x_b、y_b、z_b 已知，目标点 x_c、y_c、z_c 计算式为

$$\begin{cases} x_c = x_b + D \cdot \cos\alpha_{bc} \\ y_c = y_b + D \cdot \sin\alpha_{bc} \\ z_c = z_b + D\tan\alpha + i - v \end{cases}$$

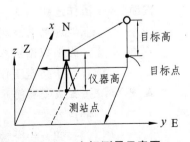

图 6.7　坐标测量示意图

（2）坐标测量仪器操作方法。

① 设定测站点的三维坐标。

② 设定后视点的坐标或设定后视方向的水平度盘读数为其方位角。当设定后视点的坐标时，全站仪会自动计算后

视方向的方位角，并设定后视方向的水平度盘读数为其方位角。

③ 设置棱镜常数。

④ 设置大气改正值或者气温、气压值。

⑤ 量仪器高、棱镜高并输入全站仪。

⑥ 照准目标棱镜，按坐标测量键，全站仪开始测距并计算显示测点的三维坐标。

（3）坐标测量操作流程（见图 6.8）。

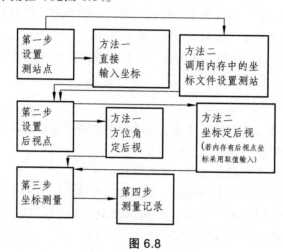

图 6.8

（4）坐标测量在仪器上的具体操作步骤：

第一步：设置测站点

方法一：直接输入坐标

按键	操作过程
FNC	在测量模式下按 FNC 翻页键进入第 2 页显示坐标测量菜单。
坐标	按坐标键，显示坐标测量菜单。
2	按 2 选取"2. 设置测站"（或直接校数字键 2）。
ENT	按 ENT 回车键进入输入测站数据模式。
ENT	输入（N_0，E_0，Z_0）（测站点坐标，高程）、仪器高、目标高。每输入一数据后按 ENT 键。（若按记录键，则记录测站数据；再按存储键将测站数据存入工作文件）
确定	按确定键，结束测站数据输入操作，显示返回坐标测量菜单屏幕。

方法二：调用内存中坐标文件设置测站

按键	操作过程
2	在坐标测量模式菜单下按 2 键，选取"2. 设置测站"。
取值	在测站数据输入显示下按取值键，出现坐标点号显示。测站点或坐标点表示存储于指定工作文件中的坐标数据对应的点号。
▲ ▼	按▲或按▼使光标或位于待读取点号上，也可在按查找键后直接输入待读取的点号。或查阅上一个数据，查阅下一个数据。

◀ ▶　　　查阅上一页数据，查阅上一页数据。

| 查阅 | 按查阅键读取所选点，（还可按最前/最后键查看作业中的其他数据。按 ESC 键可返回取值列表） |

| ENT | 按 ENT 键可返回测站设置屏幕。 |
| 确定 | 按确定键，显示返回坐标测量菜单屏幕。 |

第二步：设置后视点

方法一：方位角定后视

按键	操作过程
3	在坐标测量菜单屏幕下用▲▼按 3 键选取"3. 设置后视"。
1	按 1 键选择"1. 角度定后视"，进入设置方位角模式。
确定	瞄准后视点后输入方位角，然后按确定键。
是	经检查瞄准的后视点方向正确，按 是 键。
	结束方位角设置，返回坐标测量菜单屏幕。

方法二：坐标定后视

按键	操作过程
3	按 3 键选取"3. 设置后视"。
2	按 2 键选择"2. 坐标定后视"，进入设置后视坐标模式。
ENT	输入后视点坐标 N_{BS}、E_{BS} ~ Z_{BS} 的值。
	每输完一个数据后校 ENT 回车键。
	（若要调用作业中的数据，按 取值 键）
确定	按确定键后，系统根据设置的测站和后视坐标计算出后视方位角，屏幕显示的 H_{AR} 值为后视方位角。
是	瞄准后视点，按是键结束方位角设置，返回坐标测量菜单屏幕。

第三步：坐标测量

按键	操作过程	
ESC	按 ESC 返回坐标测量菜单。	
1	按 1 键选择"1. 测量"进入测量系统。	N:　　　　1534.688 m
ENT	按 ENT 键执行测量工作。	E:　　　　1048.234 m
	测量结束，显示：	Z:　　　　1121.123 m
	目标点的坐标值：N、E、Z	S:　　　　885.223 m
	到目标点的距离：S	HAR:　　　52°12′32″
	水平角：HAR	记录　测站　　观测
停止	（若仪器设置为重复测量模式，按停止键测量结束）	
记录	若需将坐标数据记录于工作文件，按记录键并输入下列各数据：	

1. 点名：目标点点号。

2. 编码：编码或备注信息等，每输入完一数据后按▼。

注：光标位于编码行时显示编码功能键，按此功能键，显示编码列表；按▲或者▼使光标位于选取的编码上，选择预先输入内存的一个编码，按 ENT 返回。

或输入编码对应的序列号直接调用，比如输入数字 1，就调用编码文件中相对应的编码。按 存储 记录数据。

观测	若继续观测下一目标点，按 观测 键，开始下一点的坐标测量。
测站	按 测站 键可进入测站数据输入屏幕，重新输入测站数据。
ESC	按 ESC 键结束坐标测量并返回坐标测量屏幕。

6.3　全站仪程序测量

全站仪除具有水平角、高度角、斜距以及平距、高差等基本测量功能外，还有其他一些测量功能，但不同型号的仪器差别很大。有些全站仪除可进行自由设站、计算测站点的坐标、进行支导线测量与计算、测站定向与极坐标测量及坐标点的放样外，还可进行对边测量、悬高测量以及面积测量及计算等。这里仅讲述全站仪坐标放样测量、对边测量、悬高测量的计算公式。

6.3.1　坐标放样测量

放样程序可由测量者在现场根据点号和坐标值将该点定位到实地。如果放样点的坐标数据未存入仪器内存，则可以通过键盘输入到内存；坐标数据也可以在内业时通过通讯电缆从计算机上传到仪器内存，以便到测量现场后能快速调用。

1. 点位放样

（1）功能：根据设计的待放样点 P 的坐标，在实地标出 P 点的平面位置。

（2）放样原理：基本测设的工作原理如图 6.9 所示。

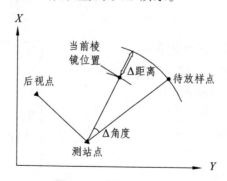

图 6.9　放样测量原理

2. 放样测量步骤

（1）设定测站点的三维坐标（N_0，E_0，Z_0）。

（2）设定后视点的坐标或设定后视方向的水平度盘读数为其方位角。当设定后视点的坐标时，全站仪会自动计算后视方向的方位角，并设定后视方向的水平度盘读数为其方位角。

（3）设置棱镜常数计及反射镜类型、大气改正值、仪器高、棱镜高。

（4）输入放样点的三维坐标（N_1、E_1、Z_1）。

（5）在大致目标位置立棱镜，测出当前位置的坐标。

（6）将当前坐标与待放样点的坐标相比较，得距离差值 dD 和角度差 dH_{AR} 或纵向差值 ΔX 和横向差值 ΔY。

（7）根据显示的 dD、dH_R 或 ΔX、ΔY，逐渐调整，找到放样点的位置。

3. 放样测量在仪器上的操作步骤

（1）测站设置和后视点设置与坐标测量中相同。

（2）设置放样。

按键	操作过程
2	进入放样测量菜单。
ENT	按 2 选择"2. 放样"进入放样模式。 再按 ENT 回车键，进入设置放样值（1）屏幕。
ENT	在放样值（1）屏幕中，按 N_p，E_p，Z_p 分别输入待放样点的三个坐标值，每输入完一个数据按 ENT 回车键。
ESC	中断按 ESC 键。
取值	读取按 取值 键。
记录	记录按 记录 键。
确定	在上述数据输入完毕后，仪器自动计算出放样所需要的距离和水平角，并显示在屏幕上。按 确定 键进入放样观测屏幕。

```
放样值（1）
Np:              1234.567
Ep:              2345.124
Zp:              1112.333
目标高：          1.335 m
记录    取值        确定
```

```
S0.H       -2.193 m
H          0.043 m
ZA         89°45′23″
HAR        150°16′54″
dHA        -0°00′06″
```

（3）放样测设。

按键	操作过程
〈一〉	按 〈一〉 键显示屏幕第 1 行显示的角度值为角度实测值－放样值之差值，而显示单箭头方向为当前照准部应转动的方向。 　　显示屏　↔ 角度值为 0° 　　　　　◀从测站上看去，向左移动棱镜。 　　　　　▶从测站上看去，向右移动棱镜。
斜距 切换	在望远镜正确瞄准棱镜后，按斜距键开始距离测量。 （再按切换键选择放样测量模式） 距离测量进行后，显示屏第 2 行显示的距离值为放样值与实测值的差值。 可以按显示↓或↑的箭头前、后移动棱镜，定出待放样点的平面位置。

切换	为了确定出待放样点的高程位置，按切换键显示屏显示坐标。
坐标	按坐标键开始高程放样测量，测量停止后显示放样观测屏幕。
〈一〉	按〈一〉键后再按坐标键显示引导屏幕。其中，第 4 行的显示值为待放样点的高差，按箭头指示棱镜移动方向。
坐标	（若要使放样差值以坐标显示，在测量停止后再按一次〈一〉）

按坐标键，向上或者向下移动棱镜至使所显示的高差值为 0 m。

当第 1、2、3 行显示值为 0 时，测杆底部所对应的位置即为放样点位。

（注：按 FUN 翻页键可改目标高）

ESC 按 ESC 键返回放样测量菜单屏幕。

↔	0°00′00″
↔	0.000 m
↔	0.000 m
ZA	89°45′23″
HAR	150°16′54″
记录　切换	〈一〉坐标

6.3.2　对边测量

如图 6.10 所示，依次测量两观测点上反射棱镜的距离 S_1、S_2 和两方向之间的水平角 θ，以及仪器中心至反射棱镜的高差 h_{A1}、h_{A2}（两反射棱镜高度相同），则可求得 P_1 至 P_2 的距离 C 和高差 h_{12}：

$$\left.\begin{array}{l} C = \sqrt{S_1^2 + S_2^2 - 2S_1 \cdot S_2 \cdot \cos\theta} \\ h_{12} = h_{A2} - h_{A1} \end{array}\right\}$$

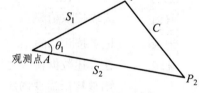

图 6.10　对边测量

6.3.3　悬高测量

架空的电线和管道等因远离地面无法设置反射棱镜，而采用悬高测量可能测量其高度。如图 6.11 所示，把反射棱镜设在欲测高度的电线之下，输入反射棱镜高，然后照准反射棱镜进行高度角、距离测量，再转动望远镜照准电线测量高度角，即可显示地面至目标物的高度。目标的高度由下式计算：

$$\left.\begin{array}{l} H_1 = h_1 + h_2 \\ h_2 = S \cdot \sin z_1 (\cot z_2 - \cot z_1) \end{array}\right\}$$

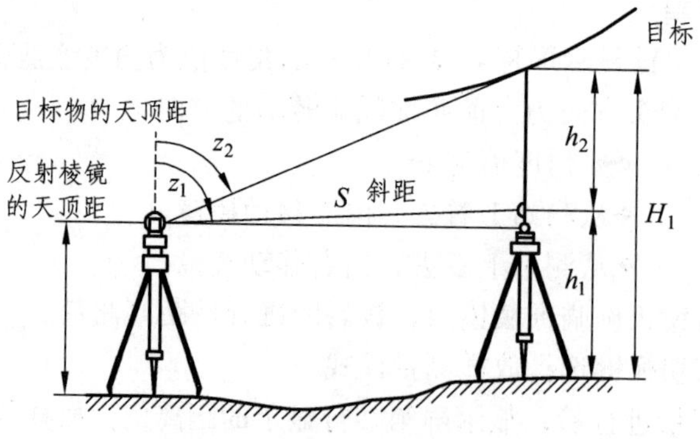

图 6.11　悬高测量

6.4　全站仪观测误差

由于震动、温度变化等因素，仪器的状态会发生变化，导致观测误差变大。

在仪器第一次使用之前、进行精密测量之前、长途运输之后、长期使用前后、温度变化超过 10 ℃ 时都应该进行检验。

全站仪观测误差具体包括测角误差和测距误差。

测角误差 —— 视准轴误差、横轴误差、竖轴误差。

测距误差 —— 固定误差、比例误差。

6.4.1　全站仪观测水平角的误差来源

1. 仪器误差

（1）视准轴误差；（2）横轴误差；（3）竖轴误差。

2. 观测误差

（1）对中误差；（2）对点误差；（3）照准误差。

3. 外界条件的影响

（1）大气情况的影响；（2）温度变化的影响。

6.4.2　观测误差的消减

对中误差：对中偏差小于 1 mm。

对点误差：对点偏差小于 1 mm。

注意将垂准杆立直。

照准误差：精确照准棱镜中心。

环境影响的误差消减如下：

大气情况的影响：注意防止旁折光。

温度变化的影响：使用遮阳伞，防止仪器发生不均匀变形。

6.5　全站仪测距误差的检验

测距仪是光、机、电相结合的精密测量仪器，随着使用时间的增长，光、机部件可能变位，电子元件可能老化变质，这将使仪器性能及技术指标发生变化。为了掌握测距仪的性能，了解有关误差的规律和大小，减弱仪器误差对观测成果的影响，仪器在使用前或使用一个时期后，应及时进行检测。

按照我国《光电测距仪检定规范》，对于使用中的测距仪，应进行以下项目的检定：

6.5.1 测距仪的检视

测距仪应先做外观检视及功能检查。

外观检视，看仪器配件与附件是否齐全、型号是否相配，测距仪及其配件外表面有无碰损、脱漆、锈蚀。对仪器的功能，要检查光学系统成像的质量，制动及微动等部件运动是否灵活、平稳，电源及供电系统是否正常，计数、显示系统及各键、钮功能是否正常。

之后，在测距仪附近安置反射棱镜，按照测距仪说明书的使用步骤，接通电源，检查仪器的各项功能。

6.5.2 测距常数的测定

1. 加常数简易测定

（1）在通视良好且平坦的场地上，设置 A、B 两点，AB 长约 200 m，定出 AB 的中间点 C，见图 6.12。分别在 A、B、C 三点上安置三脚架和基座，高度大致相等并严格对中。

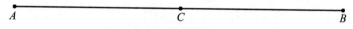

图 6.12 加常数简易测定场地布置

（2）测距仪依次安置在 A、C、B 三点上进行测距，观测时应使用同一反射棱镜。测距仪置于 A 点上时，测量距离 D_{AC}、D_{AB}；测距仪置于 C 点上时，测量距离 D_{AC}、D_{CB}；测距仪置于 B 点上时，测量距离 D_{AB}、D_{CB}。

（3）计算 D_{AB}、D_{AC}、D_{CB} 的值，并依下式计算加常数：

$$K = D_{AB} - (D_{AC} + D_{CB})$$

2. 用六段比较法测定加、乘常数

比较法系通过经检定合格的全站仪在基线场上取得距离观测值后，将测定值与已知基线值进行比较从而求得加常数 K、乘常数 R 的方法。下面介绍"六段比较法"：

为提高测距精度，需增加多余观测，故采用全组合观测法，此法共需观测 21 个距离值。在六段法中，点号一般取 0，1，2，3，4，5，6，则需测定的距离如下：

$$D_{01} D_{02} D_{03} D_{04} D_{05} D_{06}$$
$$D_{12} D_{13} D_{14} D_{15} D_{16}$$
$$D_{23} D_{24} D_{25} D_{26}$$
$$D_{34} D_{35} D_{36}$$
$$D_{45} D_{46}$$
$$D_{56}$$

为了全面考察仪器的性能，最好将 21 个被测量的距离大致均匀分布于仪器的最佳测程以内。

设 $D_{01} \sim D_{56}$ 为 21 段距离观测值、$v_{01} \sim v_{56}$ 为 21 段距离改正数、$\bar{D}_{01} \sim \bar{D}_{56}$ 为 21 段基线值，因

$$D_{01} + v_{01} + K + D_{01}R = \bar{D}_{01}$$
$$D_{02} + v_{02} + K + D_{02}R = \bar{D}_{02}$$
$$\vdots$$
$$D_{56} + v_{56} + K + D_{56}R = \bar{D}_{56}$$

则误差方程式为

$$v_{01} = -K - D_{01}R + l_{01}$$
$$v_{02} = -K - D_{02}R + l_{02}$$
$$\vdots$$
$$v_{56} = -K - D_{56}R + l_{56}$$

式中，$l_{01} \sim l_{56}$ 为基线值与观测值之差，如 $l_{01} = \bar{D}_{01} \sim D_{01}$。进而可组成法方程式求得加常数 K 和乘常数 R。

6.6　全站仪使用的注意事项与维护

1. 全站仪保管的注意事项

（1）仪器的保管由专人负责，每天现场使用完毕带回办公室；不得放在现场工具箱内。

（2）仪器箱内应保持干燥，要防潮、防水并及时更换干燥剂。仪器须放置于专门架上或固定位置。

（3）仪器长期不用时，应每 1 个月左右定期通风防霉并通电驱潮，以保障仪器具有良好的工作状态。

（4）仪器放置要整齐，不得倒置。

2. 全站仪使用时应注意事项

（1）开工前应检查仪器箱背带及提手是否牢固。

（2）开箱后提取仪器前，要记住仪器在箱内放置的方式和位置；装卸仪器时，必须握住提手；将仪器从仪器箱取出或装入仪器箱时，握住仪器提手和底座，不可握住显示单元的下部。切不可手握仪器的镜筒，否则会影响其内部的固定部件，造成仪器的精度降低。应握住仪器的基座部分或双手握住望远镜支架的下部。仪器用毕，先盖上物镜罩，并擦去表面的灰尘。装箱时，各部位要放置妥帖；合上箱盖时，应无障碍。

（3）在太阳光照射下进行观测，应给仪器打伞，并带上遮阳罩，以免影响观测精度。在杂乱环境下进行测量时，仪器要由专人守护。当仪器架设在光滑的地面上时，要用细绳（或细铅丝）将三脚架的三个脚连起来，以防滑倒。

（4）架设仪器用的三脚架，应尽可能使用木制，因为使用金属三脚架可能会产生振动，从而影响测量精度。

（5）当测站之间的距离较远时，迁站时应将仪器卸下，装箱后背着走。行走前要检查仪器箱是否锁好，检查安全带是否系好。当测站之间的距离较近时，迁站时可将仪器连同三脚架一起靠在肩上，但仪器要尽量保持直立放置。

（6）迁站之前，应检查仪器与脚架的连接是否牢固；搬运时，应把制动螺旋略微关住，使仪器在迁站过程中不致晃动。

（7）仪器任何部分发生故障，不得勉强使用，应立即检修，否则会加剧仪器的损坏。

3. 电池的使用

全站仪的电池是全站仪最重要的部件之一，现在全站仪所配备的电池一般为 Ni-MH（镍氢电池）和 Ni-Cd（镍镉电池），电池的好坏、电量的多少决定了外业时间的长短。

（1）在电源打开期间不得将电池取出，这可能会导致存储数据丢失。因此应在电源关闭后再装入或取出电池。

（2）可充电池可以反复充电使用，但是如果在电池还存有剩余电量的状态下充电，则会缩短电池的工作时间。电池的电压可通过刷新予以复原，从而改善作业时间。充足电的电池放电时间约需 8 小时。

（3）不得连续进行充电或放电，否则会损坏电池和充电器；如有必要进行充电或放电，应在停止充电约 30 分钟后再使用充电器。不得在电池刚充电后就进行充电或放电，这样可能造成电池损坏。

（4）超过规定的充电时间会缩短电池的使用寿命，应尽量避免电池剩余容量显示级别与当前的测量模式有关。在角度测量的模式下电池剩余容量够用，但并不能够保证电池在距离测量模式下也够用，因为距离测量模式耗电高于角度测量模式，所以当从角度模式转换为距离模式时，往往因电池容量不足而中止测距。

总之，只有在日常的工作中注意全站仪的使用和维护，注意全站仪电池的充、放电，才能延长全站仪的使用寿命，使全站仪的功效发挥到最大。

习　题

本章复习重难点
试题及答案

1. 简述全站仪的测量原理。
2. 简述全站仪的使用方法。
3. 简述全站仪进行坐标测量的过程。
4. 简述全站仪测距常数的检验方法。

手机自测
巩固基础

第 7 章　小区域控制测量

本章重点：控制测量分类；控制测量的作用；平面控制测量的方法；高程控制测量的方法；控制测量的一般步骤；导线测量的定义；导线测量外业工作；导线测量的内业计算。交会测量介绍；三角高程测量原理；三角高程测量实例。

7.1　概　述

在实际测量中，必须遵循"从整体到局部，先控制后碎部"的测量实施原则，即在测区内先建立控制网，以控制网为基础，分别从各个控制点开始施测控制点附近的碎部点或进行施工放样。

在测量工作中，首先在测区内选择一些具有控制意义的点，组成一定的几何图形，形成测区的骨架，用相对精确的测量手段和计算方法在统一的坐标系中确定这些点的平面坐标和高程，然后以他为基础来测定其他地面点的点位或进行施工放样。这些具有控制意义的点称为控制点；由控制点组成的几何图形称为控制网；对控制网进行布设、观测、计算，确定控制点位置的工作称为控制测量。

专门为地形测图而布设的控制网称为图根控制网，相应的控制测量工作称为图根控制测量；专门为工程施工而布设的控制网称为施工控制网，施工控制网可以作为施工放样和变形监测的依据。由此可见，控制测量有着控制全局和限制误差积累的作用，可为各项具体测量工作和科学研究提供依据。

控制测量分为平面控制测量和高程控制测量。平面控制测量确定控制点的平面坐标，高程控制测量确定控制点的高程。

7.1.1　平面控制测量

平面控制网通常采用三角网测量、导线测量、交会测量和 GPS 测量等方法建立。目前，GPS 控制测量已成为建立平面控制网的主要方法。

1. 三角网测量

我国的国家平面控制网主要是采用三角测量法布设的。三角网测量是指在地面上选定一系列的控制点，构成相互连接的若干个三角形，组成各种网（锁）状图形；通过观测三角形的内角或（和）边长，再根据已知控制点的坐标、起始边的边长和坐标方位角，经解算三角形和坐标方位角推算可得到三角形各边的边长和坐标方位角，进而由直角坐标正算公式计算待定点的平面坐标。按观测值的不同，三角网测量可分为三角测量、三边测量和边角测量。

三角网测量是常规布设和加密控制网的主要方法。在电磁波测距仪普及之前，由于测角要比量边容易得多，因而三角测量是建立平面控制网的最基本方法。由于全站仪的应用，目前三角网测量以边角测量较为实用。由于三角网要求每点与较多的相邻点相互通视，所以在通视困难的地区通常需要建造较高的觇标。随着 GPS 技术在控制测量中的普遍应用，目前国家平面控制网、城市平面控制网、工程平面控制网已很少应用三角网测量方法，只是在小范围内采用三角网测量方法布设和加密控制网。

三角网测量的实施有两种扩展形式：一是同时向各个方向扩展而构成网状，称为三角网（见图 7.1）；二是向某一方向推进而构成锁状，称为三角锁（见图 7.2）。根据已知点的数量和位置，三角锁又可布设成单三角锁[见图 7.2（a）]或线形三角锁[见图 7.2（b）]，二者的区别在于：单三角锁的已知边（或基线边）是三角形的某条边，而线形三角锁的已知边不是三角形的边。

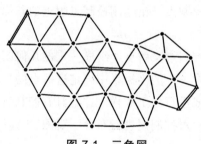

图 7.1 三角网

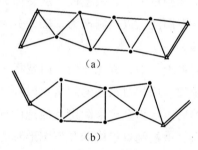

图 7.2 三角锁

三角测量的图形也可布设成三角网（锁）的基本图形：单三角形、中心多边形、大地四边形和在固定角内插点的扇形网。

在全国范围内布设的平面控制网，称为国家平面控制网。我国原有国家平面控制网主要按三角网方法布设，分为四个等级，其中一等三角网精度最高，二、三、四等精度逐级降低。一等三角网由沿经线、纬线方向的三角锁构成，并在锁段交叉处测定起始边，如图 7.3 所示，三角形平均边长为 20～25 km。一等三角网不仅可作为低等级平面控制网的基础，还为研究地球形状和大小提供了重要的科学资料。二等三角网布设在一等三角锁所围成的范围内，构成全面三角网，平均边长为 13 km。二等三角网是扩展低等平面控制网的基础。三、四等三角网的布设采用插网和插点的方法，作为一、二等三角网的进一步加密，三等三角网平均边长 8 km，四等三角网平均边长为 2～6 km。四等三角点每点控制面积为 15～20 km^2，可以满足 1∶10 000 和 1∶5 000 比例尺地形测图的需要。

2. 导线测量

将控制点用直线连接起来形成折线，称为导线，这些控制点称为导线点，点间的折线边称为导线边，相邻导线边之间的夹角称为转折角（又称导线折角、导线角）。另外，与坐标方位角已知的导线边（称为定向边）相连接的转折角，称为连接角（又称定向角）。通过观测导线边的边长和转折角，根据起算数据经计算而获得导线点的平面坐标，即为导线测量。导线测量布设简单，每点仅需与前、后两点通视，选点方便，特别是在隐蔽地区和建筑物多而通视困难的城市，应用起来方便、灵活。

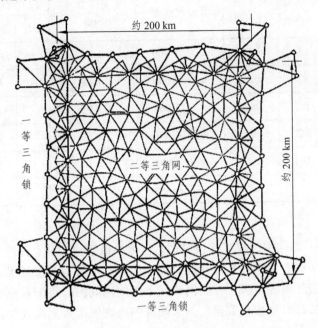

图 7.3　国家一、二等三角网示意图

3．交会测量

交会测量，即利用交会定点法来加密平面控制点。通过观测水平角确定交会点平面位置，称为测角交会；通过测边确定交会点平面位置，称为测边交会；通过边长和水平角同测来确定交会点平面位置，称为边角交会。

在城市地区，为满足 1∶500～1∶2 000 比例尺地形测图和城市建设施工放样的需要，应进一步布设城市平面控制网。城市平面控制网在国家控制网的控制下布设，按城市范围大小布设不同等级的平面控制网，分为二、三、四等三角网或三、四等导线网和一、二级小三角网或一、二、三级导线网。城市三角测量和导线测量的主要技术指标见表 7.1 和表 7.2。

表 7.1　城市三角测量的主要技术指标

等　级	平均边长 /km	测角中误差 /″	最弱边边长相对中误差	测回数			三角形最大闭合差/″
				DJ$_1$	DJ$_2$	DJ$_6$	
二等	9	±1.0	≤1/120 000	12	—	—	±3.5
三等	5	±1.8	≤1/80 000	6	9	—	±7.0
四等	2	±2.5	≤1/45 000	4	6	—	±9.0
一级小三角	1	±5.0	≤1/20 000	—	2	6	±15.0
二级小三角	0.5	±10 .0	≤1/10 000	—	1	2	±30.0

表 7.2　工程导线及图根导线的主要技术指标

等级	导线长度/km	平均边长/km	测角中误差/″	相对闭合差	测距中误差/mm	测回数			三角形最大闭合差/″
						DJ$_1$	DJ$_2$	DJ$_6$	
三等	14	3	±1.8	≤1/55 000	±20	6	10	—	±3.6$\sqrt{n}$
四等	9	1.5	±2.5	≤1/35 000	±18	4	6		±5$\sqrt{n}$
一级	4	0.5	±5	≤1/15 000	±15		2	4	±10$\sqrt{n}$
二级	2.4	0.25	±8	≤1/10 000	±15		1	3	±16$\sqrt{n}$
三级	1.2	0.1	±12	≤1/5 000	±15		1	2	±24$\sqrt{n}$
图根	≤1M		±20	≤1/2 000				1	±60$\sqrt{n}$

注：表中 n 为测站数。

在小于 10 km^2 的范围内建立的控制网，称为小区域控制网。在这个范围内，水准面可视为水平面，采用平面直角坐标系计算控制点的坐标，不需将测量成果归算到高斯平面上。小区域平面控制网应尽可能与国家控制网或城市控制网联测，将国家或城市高级控制点坐标作为小区域控制网的起算和校核数据。如果测区内或测区附近无高级控制点或联测较为困难，也可建立独立的平面控制网。

4. GPS 控制测量

GPS 测量是以分布在空中的多个 GPS 卫星为观测目标来确定地面点三维坐标的定位方法。20 世纪 80 年代末，GPS 控制测量开始在我国用于建立平面控制网。目前，GPS 已成为建立平面控制网的主要方法。应用 GPS 定位技术建立的控制网称为 GPS 控制网，按其精度分为 A、B、C、D、E 五个不同精度等级的 GPS 控制网。在全国范围内，已建立了国家（GPS）A 级网 27 个点、B 级网 818 个点。

7.1.2　高程控制测量

高程控制网主要通过水准测量方法建立，而在地形起伏大、直接利用水准测量较困难的地区建立低精度的高程控制网，以及图根高程控制网，可采用三角高程测量方法建立。

在全国范围内采用水准测量方法建立的高程控制网，称为国家水准网。国家水准网遵循从整体到局部、由高级到低级、逐级控制、逐级加密的原则分四个等级布设，即国家一、二、三、四等水准测量。在国家水准测量的基础上，城市高程控制测量分为二、三、四等城市水准测量以及用于地形测量的图根水准测量；工程水准测量按精度分为二、三、四、五等以及用于地形测量的图根水准测量。三角高程用于测定各等级平面控制点的高程。在城市和工程高程控制测量中，光电测距高程导线，采用对向观测或中间设站观测可以代替三等及其以下水准测量。

国家高程系统，现采用"1985 国家高程基准"。城市和工程高程控制，凡有条件的都应采用国家高程系统。

表 7.3　城市各等级水准测量主要技术要求

等　级	每千米高差中数中误差/mm		附合路线长度 /km	测段往返测 高差不符值/mm	附合路线或环线 闭合差/mm
	偶然中误差	全中误差			
二	±1	±2	400	$\pm4\sqrt{R}$	$\pm4\sqrt{L}$
三	±3	±6	45	$\pm12\sqrt{R}$	$\pm12\sqrt{L}$
四	±5	±10	15	$\pm20\sqrt{R}$	$\pm20\sqrt{L}$
图根	±10	±20	8		$\pm40\sqrt{L}$

注：表中 R 为测段长度，单位为 km；L 为附合路线或环线的长度，单位为 km。

7.1.3　控制测量的一般作业步骤

控制测量作业包括技术设计、实地选点、标石埋设、观测和平差计算等主要步骤。在常规的高等级平面控制测量中，当某些方向受到地形条件限制不能使相邻控制点间直接通视时，需要在控制点上建造测标。采用 GPS 控制测量建立平面控制网，由于不要求相邻控制点间通视，因此不需要建立测标。

控制测量的技术设计主要包括精度指标的确定和控制网的网形设计。在实际工作中，控制网的等级和精度标准应根据测区大小和控制网的用途来确定。当测区范围较大时，为了既能使控制网形成一个整体，又能相互独立地进行工作，必须采用"从整体到局部，分级布网，逐级控制"的布网程序。若测区面积不大，也可布设同级全面网。控制网网形设计是在收集测区的地形图、已有控制点成果以及测区的人文、地理、气象、交通、电力等资料的基础上，进行控制网的图上设计。首先在地形图上标出已有的控制点和测区范围，再根据测量目的对控制网的具体要求，结合地形条件在图上设计出控制网的形式和选定控制点的位置，然后到实地踏勘：判明图上标定的已知点是否与实地相符，并查明标石是否完好；查看预选的路线和控制点点位是否合适，通视是否良好；如有必要，再作适当的调整并在图上标明。根据图上设计的控制网方案，到实地选点，确定控制点的最适宜位置。控制点点位一般应满足：点位稳定，等级控制点应能长期保存；便于扩展、加密和观测。经选点确定的控制点点位，要埋设标石，将它们在地面上固定下来。控制点的测量成果以标石中心的标志为准，因此标石的埋设、保存至关重要。标石的类型很多，按控制网种类、等级和埋设地区地表条件的不同而有所差别，图 7.4 ~ 7.8 为是一些标石的埋设图。

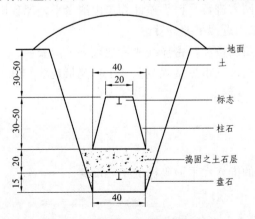

图 7.4　国家三、四等三角点埋设图（单位：cm）

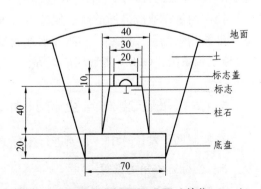

图 7.5　普通水准标石埋设图（单位：cm）

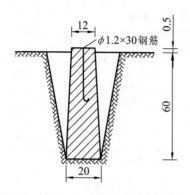

图 7.6　城市一、二级小三角点标石图
（单位：cm）

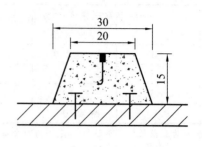

图 7.7　城市建筑物上各等级平面控制点标石图
（单位：cm）

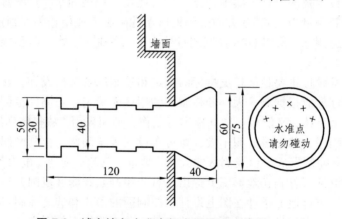

图 7.8　城市墙角水准点标志埋设图（单位：mm）

　　控制网中控制点的坐标或高程是由起算数据和观测数据经平差计算得到的。只有一套必要起算数据（如三角网中已知一个点的坐标、一条边的边长和一边的坐标方位角；水准网中已知一个点的高程）的控制网称为独立网。如果控制网中多于一套必要起算数据，则这种控制网称为附合网。控制网中的观测数据按控制网的种类不同而不同，有水平角或方向、边长、高差以及三角高程的竖直角或天顶距。观测工作完成后，应对观测数据进行检核，保证观测成果满足要求，然后进行平差计算。高等级控制网需进行严密平差计算（由测量平差课程讲述），而低等级的控制网（如图根控制网）允许采用近似平差计算。

　　控制测量作业应遵循的测量规范有《国家三角测量和精密导线测量规范》、《国家一、二等水准测量规范》、《国家三、四等水准测量规范》、《城市测量规范》、《工程测量规范》以及《全球定位系统（GPS）测量规范》等。

7.1.4　平面控制点坐标计算基础

在控制网平差计算中，必须进行坐标方位角的推算和平面坐标的正、反算。

1. 坐标方位角的推算

如图 7.9 所示，已知直线 *AB* 的坐标方位角为 α_{AB}，*B* 点处的转折角为 β，当 β 为左角

时[见图 7.9（a）]，则直线 BC 的坐标方位角为

$$\alpha_{BC} = \alpha_{AB} + \beta - 180° \qquad (7\text{-}1)$$

当 β 为右角时[见图 7.9（b）]，则直线 BC 的坐标方位角为

$$\alpha_{BC} = \alpha_{AB} - \beta + 180° \qquad (7\text{-}2)$$

由（7-1）、（7-2）可得出推算坐标方位角的一般公式为

$$\alpha_{前} = \alpha_{后} \pm \beta \pm 180° \qquad (7\text{-}3)$$

式（7-3）中，β 为左角时，其前取"+"；β 为右角时，其前取"−"。如果推算出的坐标方位角大于 360°，则应减去 360°；如果出现负值，则应加上 360°。

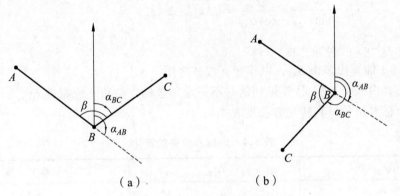

（a）　　　　　　　（b）

图 7.9　坐标方位角推算

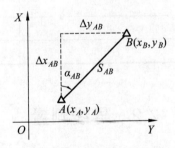

图 7.10　坐标正、反算

2. 平面直角坐标正、反算

如图 7.10 所示，设 A 为已知点，B 为未知点，当 A 点坐标 (x_A, y_A)、A 点至 B 点的水平距离 S_{AB} 和坐标方位角 α_{AB} 均为已知时，则可求得 B 点坐标 (x_B, y_B)。上述称为坐标正算问题。由图 7.10 可知：

$$\left.\begin{array}{l} x_B = x_A + \Delta x_{AB} \\ y_B = y_B + \Delta y_{AB} \end{array}\right\} \qquad (7\text{-}4)$$

式中

$$\left.\begin{array}{l} \Delta x_{AB} = S_{AB} \cdot \cos \alpha_{AB} \\ \Delta y_{AB} = S_{AB} \cdot \sin \alpha_{AB} \end{array}\right\} \qquad (7\text{-}5)$$

所以，式（7-4）亦可写成：

$$\left.\begin{array}{l} x_B = x_A + S_{AB} \cdot \cos \alpha_{AB} \\ y_B = y_B + S_{AB} \cdot \sin \alpha_{AB} \end{array}\right\} \qquad (7-6)$$

式中，Δx_{AB}、Δy_{AB} 为坐标增量。

直线的坐标方位角和水平距离可根据两端点的已知坐标反算出来，这称为坐标反算问题。如图 7.10 所示，设 A、B 两已知点的坐标分别为 (x_A, y_A) 和 (x_B, y_B)，则直线 AB 的坐标方位角 α_{AB} 和水平距离 S_{AB} 为

$$\alpha_{AB} = \arctan \frac{\Delta y_{AB}}{\Delta x_{AB}} \qquad (7-7)$$

$$S_{AB} = \frac{\Delta y_{AB}}{\sin \alpha_{AB}} = \frac{\Delta x_{AB}}{\cos \alpha_{AB}} = \sqrt{\Delta x_{AB}^2 + \Delta y_{AB}^2} \qquad (7-8)$$

式中，$\Delta x_{AB} = x_B - x_A$，$\Delta y_{AB} = y_B - y_A$。

由式（7-8）能算出多个 S_{AB}，以作相互校核之用。

应当指出，由式（7-7）计算得到的并不一定是坐标方位角，应根据 Δy_{AB}、Δx_{AB} 的符号将其转化为坐标方位角，其转化方法见表 7.4。

表 7.4 坐标方位角的转化

Δy_{AB}	Δx_{AB}	坐标方位角
+	+	不变
+	−	$180° - \alpha_{AB}$
−	−	$180° + \alpha_{AB}$
−	+	$360° - \alpha_{AB}$

7.2 导线测量

7.2.1 导线的布设形式

将相邻控制点连成直线所构成的折线称为导线，相应的控制点称为导线点。导线测量就是依次测定导线边的水平距离与两相邻导线边的水平夹角，根据起算数据，推算各边的方位角，求出导线点的平面坐标。

按照不同的情况和要求，单一导线可布设为附合导线、闭合导线和支导线（见图 7.11）。它是建立小地区平面控制网的常用方法，常用于地物分布复杂的建筑区，视线障碍多的隐蔽区和带状区。

（1）附合导线，导线起始于一个已知控制点 B 而终止于另一个已知控制点 C，已知控制点上可以有一条或几条定向边与之相连接，也可以没有定向边与之相连接。该导线形式具有 3 个检核条件，包括 1 个坐标方位角条件和 2 个坐标增量条件。

（2）闭合导线，由一个已知控制点 A 出发，最终又回到这一点，形成一个闭合多边形。在闭合导线的已知控制点上至少应有一条定向边与之相连接。该导线形式具有 3 个检核条件，包括 1 个多边形内角和条件和 2 个坐标增量条件。

（3）支导线，从一个已知控制点 C 出发，既不附合于另一个已知控制点，也不闭合于原来的起始控制点。由于支导线缺乏检核条件，故一般只限于在地形测量的图根导线中采用。

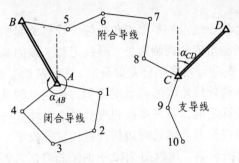

图 7.11　导线的布设形式

7.2.2　导线外业测量工作

导线的外业测量工作包括踏勘、选点、埋设标石、测角、测边、测定方向。

1. 踏勘选点及建立标志

主要工作为收集测区原有地形图与高一等级控制点的成果资料，在地形图上初步设计导线布设路线，按设计方案到实地踏勘选点。

现场踏勘选点时的注意事项：

（1）相邻导线点间通视良好，便于角度测量和距离测量。

（2）点位选在土质坚实并便于保存之处。

（3）点位视野开阔，便于测绘周围地物和地貌。

（4）导线边长应符合规范规定，最长不应超过平均边长的两倍，相邻边长相差不应太大。

（5）导线均匀分布在测区内，便于控制整个测区。

2. 转折角的观测

转折角的观测一般采用测回法进行。当导线点上应观测的方向数多于 2 个时，应采用方向观测法进行。各等级城市导线测量水平角观测的技术要求见表 7.2。

当观测短边之间的转折角时，测站偏心和目标偏心对转折角的影响将十分明显。因此，应对所用仪器、觇牌和光学对中器进行严格检校，并且需特别仔细地进行对中和精确照准。

3. 导线边长观测

导线边长可采用钢尺、电磁波测距仪等进行测量，亦可采用全站仪在测取导线角的同时测取导线边的边长。导线边长应对向观测，以增加检核条件。电磁波测距仪测量的通常是斜距，还需观测竖直角，用以将倾斜距离改化为水平距离，必要时还应将其归算到椭球面上和高斯平面上。

4. 测定方向

测区内有国家高级控制点时，可与控制点连测推求方位；当连测有困难时，也可以用罗盘仪测量磁方位角或用陀螺经纬仪测定方位。

7.2.3 导线测量的内业计算

导线测量的目的是获得各导线点的平面直角坐标。计算的起始数据是已知点坐标、已知坐标方位角，观测数据为观测角值和观测边长。导线近似平差的基本思路是将角度误差和边长误差分别进行平差处理，先进行角度闭合差的分配，在此基础上再进行坐标闭合差的分配，通过调整坐标闭合差，以达到处理角度的剩余误差和边长误差的目的。

在进行导线测量平差计算之前，首先要按照规范要求对外业观测成果进行检查和验算，确保观测成果无误并符合限差要求；然后对边长进行加常数改正、乘常数改正、气象改正和倾斜改正，以消除系统误差的影响。现以图 7.12 中的实测数据为例，说明闭合导线坐标计算的步骤。

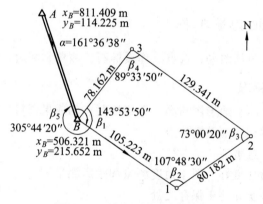

图 7.12　闭合导线算例简图

1. 填写计算数据

将导线计算略图（见图 7.12）中的点号、观测角值、边长及起始坐标方位角和起始点的坐标依次填入导线计算表（见表 7.5）中相应栏内，起始数据用双线注明。

2. 角度闭合差的计算和调整

根据几何原理得知，n 边形的内角和理论值为

$$\sum \beta_{理} = (n-2) \times 180° \tag{7-9}$$

由于观测角不可避免的含有误差，致使实测的内角之和 $\sum \beta_{理}$ 不等于理论值，而产生角度闭合差：

$$f_\beta = \sum \beta_{测} - \sum \beta_{理}$$

各级导线角度闭合差的容许值 $f_{\beta容}$，见表 7.2。若 $f_\beta > f_{\beta容}$，说明所测角不符合要求，应重新检测角度；若 $f_\beta \le f_{\beta容}$，可将闭合差反符号平均分配到各观测角度。

改正后的内角和应为 $(n-2) \cdot 180°$，本例应为 $360°$，以作计算校核。

3. 推算各边的坐标方位角

用改正后的角度推算各边的坐标方位角并填入表 7.5 中第 4、第 5 列。

表 7.5　闭合导线坐标计算表

点号	观测角（左角）/(° ′ ″)	角度改正数/″	改正后角度值/(° ′ ″)	坐标方位角/(° ′ ″)	距离/m	坐标增量 Δx			坐标增量 Δy			纵坐标 x/m	横坐标 y/m
						计算值/m	改正值/mm	改正后的值/m	计算值/m	改正值/mm	改正后的值/m		
A												811.409	114.225
				161 36 38									
B												506.321	215.652
				125 30 28	105.223	−61.115	−14	−61.129	85.655	+19	85.674		
1	10748 30	−14	107 48 16									445.192	301.326
				53 18 44	80.182	47.905	−11	47.894	64.298	+14	64.312		
2	73 00 20	−12	73 00 08									493.086	365.638
				306 18 52	129.341	76.598	−18	76.580	−104.220	+24	−104.196		
3	89 33 50	−12	89 33 38									569.666	261.442
				215 52 30	78.162	−63.334	−11	−63.345	−45.804	+14	−45.790		
B	89 38 10	−12	89 37 58									506.321	215.652
				125 30 28（检核）									
1													
Σ	360 00 50	−50	360 00 00		392.908	0.054	−54	−0	−0.071	+71	0		

辅助计算	$f_\beta = \sum \beta_{测} - 360° = +50''$　　$f_{\beta容} = \pm 60'' \sqrt{n} = \pm 120''$	$f_x = \sum \Delta x = +0.054\text{m}$　　$f = \sqrt{f_x^2 + f_y^2} = 0.089\text{m}$	$f_y = \sum \Delta y = -0.071\text{m}$　　$K = \dfrac{f}{\sum D} = \dfrac{1}{4\,414}$

4. 坐标增量的计算及其闭合差的调整

本例按式计算各边的坐标增量，填入表中第 7、第 10 列。

实际上由于存在量边的误差和角度闭合差调整后的残余误差，往往使 $\sum \Delta x_{测}$、$\sum \Delta y_{测}$ 与理论值不符，而产生纵坐标增量闭合差 f_x 与横坐标增量闭合差 f_y。由于纵坐标增量闭合差和横坐标增量闭合差的存在，使导线不能闭合，产生导线全长闭合差，用 $f_D = \sqrt{f_x^2 + f_y^2}$ 表示。仅从 f_D 的大小还不能显示导线测量的精度，应当将 f_D 与导线全长 $\sum D$ 相比，以分子为 1 的分数来表示导线全长相对闭合差，即

$$K = \frac{f_D}{\sum D} = \frac{1}{\dfrac{\sum D}{f_D}}$$

以导线全长相对闭合差 K 来衡量导线测量的精度，K 的分母越大，精度越高。不同等级的导线全长相对闭合差的容许值 $K_容$ 已列入表中。若 $K > K_容$，说明成果不合格，首先应检查内业计算有无错误，然后检查外业观测成果，必要时重测。若 $K \leqslant K_容$，说明符合精度要求，可以进行调整，即将 f_x、f_y 反符号按边长成正比例分配到各边的纵横坐标增量中去。以 v_{xi}、v_{yi} 分别表示第 i 边的纵横坐标增量改正数，即

$$\left.\begin{array}{l} v_{x_i} = \dfrac{-f_x}{\sum D} \cdot D_i \\[4mm] v_{y_i} = \dfrac{-f_y}{\sum D} \cdot D_i \end{array}\right\} \tag{7-10}$$

计算出的各增量改正数填入表中第 8、第 11 列。

各边增量值加改正数，即得各边的改正后增量，填入表中第 9、第 12 列。

改正后纵、横坐标增量的代数和应分别求和，以作计算检核。

5. 计算各导线点的坐标

根据起点的已知坐标及改正后的增量，依次推算其他点的坐标，算得的坐标值填入表中第 13、第 14 列。最后还应推算出起点的坐标，其值应与原有的数值相等，以作校核。

7.2.4 以坐标为观测值的导线测量

随着全站仪的使用越来越广泛，在实际工作中，更多的是采用全站仪测量各导线点的坐标。在这种情况下，全站仪导线测量中的测量和计算比起钢尺测量导线就有了差别。

（1）全站仪导线测量的外业工作。

① 踏勘，确定观测路线（附合导线、闭合导线、支导线）选点及建立标志；

② 测得导线点的坐标；

③ 相邻点间的边长。

（2）观测步骤。

① 将全站仪安置于起始点 A（高级控制点），后视另一已知点，按距离及三维坐标的测量方法测定控制点 2 与 A 点的距离 D_{A2} 及点 2 的坐标 (x_2, y_2)。

② 将仪器安置在已测坐标的点 2 上，用同样的方法测得点 2、3 间的距离和点 3 的坐标 (x_3, y_3)。

③ 依此方法进行观测，最后测得终点 C（高级控制点）的坐标观测值 (X'_C, Y'_C)。C 为高级控制点，其坐标已知，但在实际测量中由于各种因素的影响，C 点的坐标观测值一般不等于其已知值，因此，需要进行观测成果的处理。

（3）如图 7.13 所示，设 C 点坐标的已知值为 (X_C, Y_C)，由于其坐标的观测值为 (X'_C, Y'_C)，则纵、横坐标闭合差为

$$f_x = \sum \Delta x = X'_C - X_C$$
$$f_y = \sum \Delta y = Y'_C - Y_C$$

由此可计算出导线全长闭合差：导线全长闭合差 f_D 是随着导线的长度增大而增大，所以，导线测量的精度是用导线全长相对闭合差 K（即导线全长闭合差 f_D 与导线全长 $\sum D$ 之比值）来衡量的，即

$$K = f_D / \sum D$$

如满足相应等级导线测量的要求，则可进行纵横坐标增量闭合差的改正，根据反负号且与距离成比例的原则计算相应的改正数，经检核后，求得改正后的坐标增量，依次计算各导线点的平面坐标。

（4）全站仪可以测量高程坐标，也可在此一并进行高程平差。

例如：H_C' 为 C 点的高程观测值，H_C 为 C 点的已知高程，则高差闭合差：

$$f_h = H_C' - H_C$$

如满足相应等级导线测量的要求，则可进行高差闭合差的改正，根据反负号且与距离成比例的原则计算相应的改正数，经检核后，求得改正后的高差，依次计算各导线点的高程坐标。

表 7.6　以坐标为观测量的闭合导线坐标计算表

点号	坐标观测值/m			边长 D/m	坐标改正值/mm			坐标平差后值/m			点号
	x_i'	y_i'	H_i'		v_{xi}	v_{yi}	v_{Hi}	x_i	y_i	H_i	
1	2	3	4	5	6	7	8	9	10	11	12
A							.	31 242.685	19 631.274		A
$B(1)$								27 654.173	16 814.216	462.874	$B(1)$
				1573.261							
2	26 861.436	18 173.156	467.102		− 5	+4	+6	26 861.431	18 173.160	467.108	2
				865.360							
3	27 150.098	18 988.951	460.912		− 8	+6	+9	27 150.090	18 988.957	460.921	3
				1238.023							
4	27 286.434	20 219.444	451.446		− 12	+9	+13	27 286.422	20 219.453	451.459	4
				1821.746							
5	29 104.742	20 331.319	462.178		− 18	+14	+20	29 104.724	20 331.333	462.198	5
				507.681							
$C(6)$	29 564.269	20 547.130	468.518		− 19	+16	+22	29 564.250	20 547.146	468.540	C
D				$\sum D =$ 6 006.071				30 666.511	21 880.362		D

| 辅助计算 | $f_x = x_C' - x_C = 29\ 564.269 - 29\ 564.250 = 19\ \text{mm}$
 $f_y = y_C' - y_C = 20\ 547.130 - 20\ 547.146 = -16\ \text{mm}$
 $f_D = \sqrt{f_x^2 + f_y^2} = \sqrt{19^2 + 16^2} = 24\ \text{mm}$
 $K = \dfrac{f_D}{\sum D} = \dfrac{0.024}{6\ 006.071} \approx \dfrac{1}{250\ 000}$
 $f_H = H_C' - H_C = 468.518 - 468.540 = -22\ \text{mm}$ | |

7.3 控制点加密

交会测量是加密控制点常用的方法，它可以在数个已知控制点上设站，分别向待定点观测方向或距离；也可以在待定点上设站向数个已知控制点观测方向或距离，而后计算待定点的坐标。常用的交会测量方法有前方交会、后方交会、测边交会和自由设站法。

7.3.1 前方交会

在已知控制点 A、B 上设站观测水平角 α、β，根据已知点坐标和观测角值，计算待定点 P 的坐标，称为前方交会（见图 7.13）。在前方交会图形中，由未知点至相邻两已知点间的夹角称为交会角。当交会角过小（或过大）时，待定点的精度较差，交会角一般应大于 30°并小于 150°。

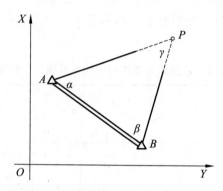

图 7.13 前方交会

如图 7.13 所示，根据已知点 A、B 的坐标 (x_A, y_A) 和 $B(x_B, y_B)$，通过平面直角坐标反算，可获得 AB 边的坐标方位角 α_{AB} 和边长 S_{AB}，由坐标方位角 α_{AB} 和观测角 α 可推算出坐标方位角 α_{AP}，由正弦定理可得 AP 的边长 S_{AP}。由此，根据平面直角坐标正算公式，即可求得待定点 P 的坐标，即

$$\left.\begin{array}{l} x_P = x_A + S_{AP} \cdot \cos\alpha_{AP} \\ y_P = y_A + S_{AP} \cdot \sin\alpha_{AP} \end{array}\right\} \tag{7-11}$$

当 A、B、P 按逆时针编号时，$\alpha_{AP} = \alpha_{AB} - \alpha$，将其代入上式，得

$$\left.\begin{array}{l} x_P = x_A + S_{AP} \cdot \cos(\alpha_{AB} - \alpha) = x_A + S_{AP} \cdot (\cos\alpha_{AB}\cos\alpha + \sin\alpha_{AB}\sin\alpha) \\ y_P = y_A + S_{AP} \cdot \sin(\alpha_{AB} - \alpha) = y_A + S_{AP} \cdot (\sin\alpha_{AB}\cos\alpha - \cos\alpha_{AB}\sin\alpha) \end{array}\right\}$$

顾及 $x_B - x_A = S_{AB} \cdot \cos\alpha_{AB}$；$y_B - y_A = S_{AB} \cdot \sin\alpha_{AB}$，则有

$$\left.\begin{array}{l} x_P = x_A + \dfrac{S_{AP} \cdot \sin\alpha}{S_{AB}}\left[(x_B - x_A) \cdot \cot\alpha + (y_B - y_A)\right] \\[4mm] y_P = y_A + \dfrac{S_{AP} \cdot \sin\alpha}{S_{AB}}\left[(y_B - y_A) \cdot \cot\alpha - (x_B - x_A)\right] \end{array}\right\} \tag{7-12}$$

由正弦定理可知：

$$\frac{S_{AP} \cdot \sin \alpha}{S_{AB}} = \frac{\sin \beta}{\sin P} \sin \alpha = \frac{\sin \alpha \cdot \sin \beta}{\sin(\alpha + \beta)} = \frac{1}{\cot \alpha + \cot \beta}$$

将上式代入式（7-33），并整理得

$$\left.\begin{array}{l} x_P = \dfrac{x_A \cdot \cot \beta + x_B \cdot \cot \alpha + (y_B - y_A)}{\cot \alpha + \cot \beta} \\[3mm] y_P = \dfrac{y_A \cdot \cot \beta + y_B \cdot \cot \alpha - (x_B - x_A)}{\cot \alpha + \cot \beta} \end{array}\right\} \qquad (7\text{-}13)$$

式（7-13）即为前方交会计算公式，通常称为余切公式，是平面坐标计算的基本公式之一。

在此应指出：式（7-13）是在假定 $\triangle ABP$ 的点号 A（已知点）、B（已知点）、P（待定点）按逆时针编号的情况下推导出的。若 A、B、P 按顺时针编号，则相应的余切公式为

$$\left.\begin{array}{l} x_P = \dfrac{x_A \cdot \cot \beta + x_B \cdot \cot \alpha - (y_B - y_A)}{\cot \alpha + \cot \beta} \\[3mm] y_P = \dfrac{y_A \cdot \cot \beta + y_B \cdot \cot \alpha + (x_B - x_A)}{\cot \alpha + \cot \beta} \end{array}\right\} \qquad (7\text{-}14)$$

前方交会算例见表 7.7。

表 7.7　前方交会计算

点名	观测角值 /(° ′ ″)		角之余切		纵坐标 /m		横坐标 /m	
P					x_P	52 396.761	y_P	86 053.636
A	α_1	72　06　12	$\cot \alpha_1$	0.322 927	x_A	52 845.150	y_A	86 244.670
B	β_1	69　01　00	$\cot \beta_1$	0.383 530	x_B	52 874.730	y_B	85 918.350
			$\sum$	0.706 457				

7.3.2　后方交会

仅在待定点 P 设站，向三个已知控制点观测两个水平夹角 α、β，从而计算待定点的坐标，称为后方交会。

后方交会如图 7.14 所示，图中 A、B、C 为已知控制点，P 为待定点。如果观测了 PA 和 PC 之间的夹角 α 以及 PB 和 PC 之间的夹角 β，这样 P 点同时位于三角形 PAC 和三角形 PBC 的两个外接圆上，必定是两个外接圆的两个交点之一。由于 C 点也是两个交点之一，则 P 点便唯一确定。后方交会的前提是待定点 P 不能位于由已知点 A、B、C 所决定的外接圆（称为危险圆）的圆周上，否则 P 点将不能唯一确定；若接近危险圆（待定点 P 至危险圆圆周的距离小于危险圆半径的五分之一），确定 P 点的可靠性将很低，野外布设时应尽量避免上述情况。后方交会的布设，待定点 P 可以在已知点组成的 $\triangle ABC$ 之外，也可以在其内。

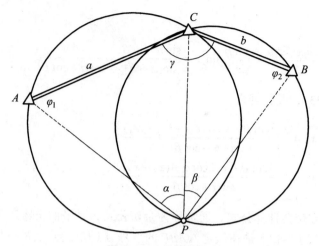

图 7.14　后方交会

图 7.14 中，可由 A、B、C 三点的坐标，反算其边长和坐标方位角，得到边长 a、b 以及角度 γ，若能求出 φ_1 和 φ_2 角，则可按前方交会求得 P 点的坐标。由图 7.16 可知：

$$\varphi_1 + \varphi_2 = 360° - (\alpha + \beta + \gamma) \tag{7-15}$$

由正弦定理可知：

$$\frac{a \cdot \sin\varphi_1}{\sin\alpha} = \frac{b \cdot \sin\varphi_2}{\sin\beta}$$

则

$$\frac{\sin\varphi_1}{\sin\varphi_2} = \frac{b \cdot \sin\alpha}{a \cdot \sin\beta}$$

令

$$\theta = \varphi_1 + \varphi_2 = 360° - (\alpha + \beta + \gamma)$$

$$\kappa = \frac{\sin\varphi_1}{\sin\varphi_2} = \frac{b \cdot \sin\alpha}{a \cdot \sin\beta}$$

即

$$\left. \begin{aligned} \kappa &= \frac{\sin(\theta - \varphi_2)}{\sin\varphi_2} = \sin\theta \cdot \cot\varphi_2 - \cos\theta \\ \tan\varphi_2 &= \frac{\sin\theta}{k + \cos\theta} \end{aligned} \right\} \tag{7-16}$$

由式（7-16）求得 φ_2 后，代入式（7-15）求得 φ_1，即可按前方交会计算 P 点坐标。

后方交会的计算方法很多，下面给出另一种计算公式（推证略）。这种计算公式的形式与广义算术平均值的计算式相同，故又称为仿权公式。

P 点的坐标按下式计算：

$$\left. \begin{aligned} x_P &= \frac{P_A \cdot x_A + P_B \cdot x_B + P_C \cdot x_C}{P_A + P_B + P_C} \\ y_P &= \frac{P_A \cdot y_A + P_B \cdot y_B + P_C \cdot y_C}{P_A + P_B + P_C} \end{aligned} \right\} \tag{7-17}$$

式中：

$$
\left.\begin{array}{l}
P_A = \dfrac{1}{\cot A - \cot \alpha} \\[2mm]
P_B = \dfrac{1}{\cot B - \cot \beta} \\[2mm]
P_C = \dfrac{1}{\cot C - \cot \gamma}
\end{array}\right\}
\qquad (7\text{-}18)
$$

为计算方便，采用以上仿权公式计算后方交会点坐标时规定：已知点 A、B、C 所构成的三角形内角相应命名为 A、B、C（如表 7.8 中的示意图所示），在 P 点对 A、B、C 三点观测的水平方向值为 R_a、R_b、R_c，构成的三个水平角为 α、β、γ。三角形三内角 A、B、C 由已知点坐标反算的坐标方位角相减求得，P 点上的三个水平角 α、β、γ 由观测方向 R_a、R_b、R_c 相减求得，则

$$
\left.\begin{array}{l}
A = \alpha_{AC} - \alpha_{AB} \\
B = \alpha_{BA} - \alpha_{BC} \\
C = \alpha_{CB} - \alpha_{CA}
\end{array}\right\}
\qquad (7\text{-}19)
$$

$$
\left.\begin{array}{l}
\alpha = R_c - R_b \\
\beta = R_a - R_c \\
\gamma = R_b - R_a
\end{array}\right\}
\qquad (7\text{-}20)
$$

在采用式（7-17）和式（7-18）计算后方交会的坐标时，A、B、C 和 P 的排列顺序可不作规定，但 α、β、γ 的编号必须与 A、B、C 的编号相对应。后方交会点坐标按仿权公式计算的算例见表 7.8。

表 7.8　后方交会计算

| 示意图 | | | 野外图 | | | $x_P = \dfrac{P_A \cdot x_A + P_B \cdot x_B + P_C \cdot x_C}{P_A + P_B + P_C}$ $y_P = \dfrac{P_A \cdot y_A + P_B \cdot y_B + P_C \cdot y_C}{P_A + P_B + P_C}$ 其中 $P_A = \dfrac{1}{\cot A - \cot \alpha}$ $P_B = \dfrac{1}{\cot B - \cot \beta}$ $P_C = \dfrac{1}{\cot C - \cot \gamma}$ |

已知点坐标和观测角值					
x_A	19 802.485	y_A	8 785.893	α	106°18′44″
x_B	20 752.058	y_B	5 995.401	β	122°59′06″
x_C	22 714.984	y_C	7 575.591	γ	130°42′10″

待定点坐标之计算							
坐标方位角		固定角		仿权值		待定点坐标	
α_{AB}	288°47′34″	A	48°38′30″	P_A	0.852 530 2	x_P	20 982.269
α_{BC}	38°50′05″	B	69°57′29″	P_A	0.986 353 8	y_P	7 369.033
α_{CA}	157°26′04″	C	61°24′01″	P_C	0.711 525 3		

7.3.3　测边交会

在交会测量中，除了观测水平角外，还可测量边长交会定点，通常采用三边交会法。如图 7.15 所示，A、B、C 为已知点，P 为待定点，A、B、C 按逆时针排列，a、b、c 为边长观测值。

由已知点反算边的坐标方位角和边长为 α_{AB}、α_{CB} 和 S_{AB}、S_{CB}。在 $\triangle ABP$ 中，由余弦定理得

$$\cos A = \frac{S_{AB}^2 + a^2 - b^2}{2a \cdot S_{AB}}$$

顾及 $\alpha_{AP} = \alpha_{AB} - A$，则

$$\left. \begin{array}{l} x_P = x_A + a \cdot \cos \alpha_{AP} \\ y_P = y_A + a \cdot \sin \alpha_{AP} \end{array} \right\}$$ （7-21）

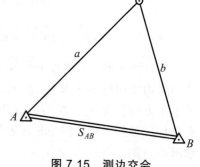

图 7.15　测边交会

7.4　三角高程测量

用水准测量的方法测定点与点之间的高差，即可由已知高程点求得另一点的高程。应用这种方法求地面点高程的精度较高，故普遍用于建立高程控制点的高程。对于地面高低起伏较大的地区，用这种方法测定地面点的高程进程缓慢，有时甚至非常困难。这时在地面高低起伏较大或不便于水准测量的地区，常采用三角高程的测量方法传递高程。三角高程测量的基本思想是根据由测站向照准点所观测的竖角（或天顶距）和它们之间的水平距离，计算测站点与照准点之间的高差。这种方法简便、灵活，受地形条件的限制较少。

7.4.1　三角高程测量的原理

如图 7.16 所示，在地面上 A、B 两点间测定高差 h_{AB}，A 点设置仪器，在 B 点竖立标尺。量取望远镜旋转轴中心至地面点上 A 点的仪器高 i_A，用望远镜中的十字丝的横丝照准 B 点标尺上的一点，它距 B 点的高度称为目标高 v_B，测出倾斜视线与水平视线间所夹的竖角 α。若 A、B 两点间的水平距离已知为 D，则由图 7.16 可得两点间高差 h_{AB} 为

$$h_{AB} = D \cdot \tan \alpha + i_A - v_B$$ （7-22）

若 A 点的高程已知为 H_A，则 B 点高程为

$$H_B = H_A + h_{AB} = H_A + D \cdot \tan \alpha + i_A - v_B$$ （7-23）

具体应用上式时要注意竖角的正负号：当 α 为仰角时，取正号，相应的 $D \cdot \tan \alpha$ 也为正值；当 α 为俯角时，取负号，相应的 $D \cdot \tan \alpha$ 也为负值。

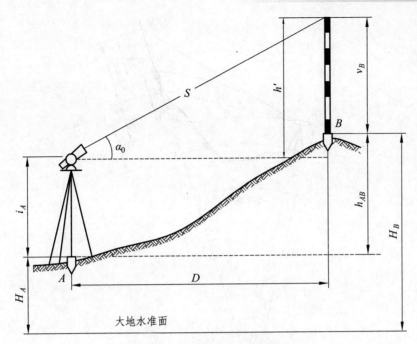

图 7.16　三角高程测量原理

若在 A 点设置全站仪（或经纬仪+光电测距仪），在 B 点安置棱镜，并分别量取仪器高 i 和棱镜高 v，测得两点间斜距 S 与竖角 α 以计算两点间的高差，称为光电测距三角高程测量。A、B 两点间的高差可按下式计算：

$$h_{AB} = S \times \sin \alpha + i - v \tag{7-24}$$

也可写为

$$h_{AB} = D \times \tan \alpha + i - v$$

凡仪器设置在已知高程点上，观测该点与未知高程点之间的高差称为直觇；反之，仪器设在未知高程点上，测定该点与已知高程点之间的高差称为反觇。

7.4.2　三角高程测量的基本公式

在上述三角高程测量的计算中，没有考虑地球曲率与大气折光对所测高差的影响，在 A、B 两点相距较远时，则必须顾及地球曲率和大气折光的影响，二者对高差的影响称为地球气差。由于空气密度随着所在位置的高程而变化，越到高空其密度越稀，当光线通过由下而上密度均匀变化着的大气层时，光线产生折射，形成一凹向地面的连续曲线，这称为大气折射（亦称大气折光）。

如图 7.17 所示，设 S_0 为 A、B 两点间的实测水平距离。仪器置于 A 点，仪器高度为 i。

B 为照准点，觇标高度为 v，R 为参考椭球面上 $\overset{\frown}{A'B'}$ 的曲率半径。$\overset{\frown}{PE}$、$\overset{\frown}{AF}$ 分别为过 P 点和 A 点的水准面。$\overset{\frown}{PC}$ 是 $\overset{\frown}{PE}$ 在 P 点的切线，$\overset{\frown}{PN}$ 为光程曲线。当位于 P 点的望远镜指向与 $\overset{\frown}{PN}$ 相切的 PM 方向时，由于大气折光的影响，由 N 点射出的光线正好落在望远镜的横丝上。这就是说，仪器置于 A 点测得 P 与 N 间的垂直角为 α。

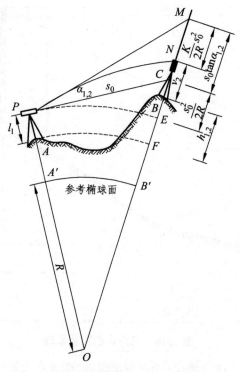

图 7.17　地球曲率和大气折光的影响

由图中可明显地看出，A、B 两点间的高差为

$$h_{12} = BF = MC + CE + EF - MN - NB \tag{7-25}$$

式中，EF 为仪器高 i；NB 为照准点的觇标高度 v；而 CE 和 MN 为地球曲率和大气折光的影响，可表示为

$$CE = \frac{1}{2R}S_0^2$$

$$MN = \frac{1}{2R'}S_0^2$$

式中，R' 为光程曲线 $\widehat{PN}$ 在 N 点的曲率半径。设 $\dfrac{R}{R'} = K$，则

$$MN = \frac{K}{2R}S_0^2$$

式中，K 称为大气垂直折光系数。

由于 A、B 两点之间的水平距离 S_0 与曲率半径 R 之比值很小（当 $S_0 = 10$ km 时，S_0 所对的圆心角仅 $5'$ 多），故可认为 PC 近似垂直于 OM，即认为 $\angle PCM \approx 90°$，这样 $\triangle PCM$ 可视为直角三角形。则式（7-25）中的 MC 为

$$MC = S_0 \tan \alpha$$

将各项代入式（7-25），则 A、B 两地面点的高差为

$$h_{12} = S_0 \tan \alpha + \frac{1}{2R} S_0^2 + i - \frac{K}{2R} S_0^2 - v$$

$$= S_0 \tan \alpha + \frac{1-K}{2R} S_0^2 + i - v$$

令式中 $\frac{1-K}{2R} = C$，C 一般称为球气差系数，则上式可写成：

$$h_{12} = S_0 \tan \alpha + C S_0^2 + i - v \qquad (7\text{-}26)$$

式（7-26）就是单向观测计算高差的基本公式。式中，竖角 α、仪器高 i 和觇标高或棱镜高 v，均可由外业观测得到；S_0 为水平距离。

一般要求三角高程测量进行对向观测，也就是在测站 A 上向 B 点观测竖角 α_{12}，而在测站 B 上也向 A 点观测竖角 α_{21}。根据式（7-26）有：

由测站 A 观测 B 点：

$$h_{12} = S_0 \tan \alpha_{12} + C_{12} S_0^2 + i_1 - v_2$$

由测站 B 观测 A 点：

$$h_{21} = S_0 \tan \alpha_{21} + C_{21} S_0^2 + i_2 - v_1$$

式中，i_1, v_1 和 i_2, v_2 分别为 A、B 点的仪器和觇标高度；C_{12} 和 C_{21} 为由 A 观测 B 和由 B 观测 A 时的球气差系数。如果观测是在相同情况下进行的，特别是在同一时间作对向观测，则可以近似地假定折光系数 K 值对于对向观测是相同的。实际作业中，常按对向观测的单向观测高差取平均值进行计算，这样可消除球气差对三角高程测量的影响，并同时求得往返观测的闭合差，以检核观测的精度。

由于电磁波测距仪的发展异常迅速，不但其测距精度高，而且使用十分方便，可以同时测定边长和竖角，提高了作业效率，因此，当前利用电磁波测距仪作三角高程测量已相当普遍。根据国家三、四等水准测量规范（GB/T 12898—2009），在山岳地带以及沼泽、水网地区，当测量距离不大于 1 000 m，高度角不大于 15°时，可用电磁波测距三角高程测量进行四等水准测量。

电磁波测距三角高程测量单向观测计算高差公式为

$$h = D \sin \alpha + (1-K) \frac{D^2}{2R} \cos^2 \alpha + i - v \qquad (7\text{-}27)$$

式中，h 为测站与测镜之间的高差；α 为竖角；D 为经气象改正后的斜距；K 为大气折光系数；i 为经纬仪水平轴到地面点的高度；v 为反光镜瞄准中心到地面点的高度。

随着高精度全站仪的出现，使竖角和测距的精度有显著的提高，采用对向观测可大幅度削弱大气折光影响。因此，利用高精度全站仪作三角高程测量有很好的应用前景。

习　题

1. 测绘地形图为什么要先建立控制网？控制网分为哪几类？

本章复习重难点
试题及答案

2. 建立平面控制网的方法有哪些？

3. 导线测量建立控制网的适用范围？导线分为哪几类？

4. 下图为某支导线的已知数据与观测数据，试在下列表格中计算点1、2、3的平面坐标。

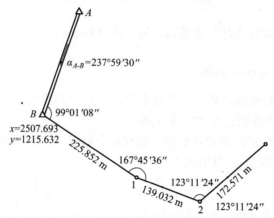

点名	水平角			方位角			水平距离	Δx	Δy	x	y
	°	′	″	°	′	″	m	m	m	m	m
A				237	59	30					
B	99	01	08				225.853			2507.693	1215.632
1	167	45	36				139.032				
2	123	11	24				172.571				

5. 已知四边形闭合导线内角的观测值（见下表），并且在表中计算：（1）角度闭合差；（2）改正后角度值；（3）推算出各边的坐标方位角。

点号	角度观测值（右角）/(° ′ ″)	改正数 /(° ′ ″)	改正后角值 /(° ′ ″)	坐标方位角 /(° ′ ″)
1	112 15 23			123 10 21
2	67 14 12			
3	54 15 20			
4	126 15 25			
Σ				

$\sum \beta =$ 　　　　　　　　　$f_\beta =$

6. 三角高程路线上 AB 的平距为 65.7 m，由 A 到 B 观测时，竖直角观测值为 −12°00′09″，仪器高为 1.561 m，觇标高为 1.949 m。由 B 到 A 观测时，竖直角观测值为 +12°22′23″，仪器高为 1.582 m，觇标高为 1.803 m。已知 A 点高程为 500.123 m，试计算 B 点的高程。

手机自测
巩固基础

第 8 章 大比例尺地形图测绘

本章重点：地形图的基本知识；比例尺的种类；地物符号分类；地貌符号的特性；大比例尺地形图解析和数字测绘的方法；地籍测量介绍。

8.1 地形图的基本知识

地形是地物和地貌的总称。地物是地面上天然或人工形成的物体，如湖泊、河流、房屋、道路等。地表的高低起伏状态，如高山、丘陵、洼地等称为地貌。通过野外实地测绘，将地面上各种地物的平面位置按一定比例尺，用规定的符号缩绘在图纸上，并注上代表性的高程点，这种图称为平面图；既表示出各种地物，又用等高线表示地貌的图，称为地形图。

地形图是按照一定的比例尺，运用规定的符号表示地物、地貌平面位置和高程的正射投影图。

图 8.1 所示为某幅 1：500 比例尺地形图的一部分，主要表示城市街道、居民区等。

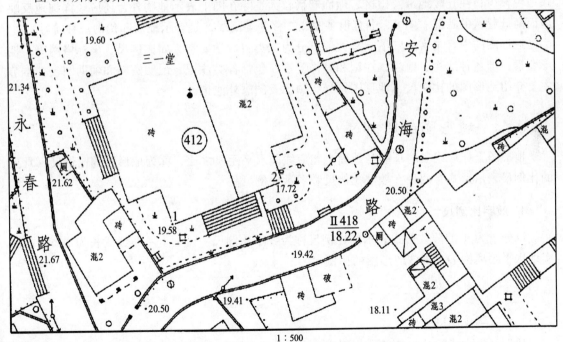

1：500

图 8.1 城市居民地地形图示例

图 8.2 所示为某幅 1：2000 比例尺地形图的一部分，主要表示农村居民地和地貌。

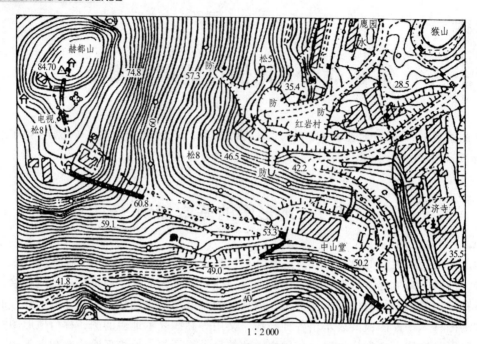

1 : 2 000

图 8.2　地形图示例

　　这两张地形图反映了不同的地面状况。在城镇、市区，图上必然显示出较多的地物而反映地貌较少；在丘陵地带及山区，地面起伏较大，除在图上表示地物外，还应较详细地反映地面高低起伏的状况。图 8.2 中有很多曲线，称为等高线，是表示地面起伏的一种符号。

　　地形图的内容丰富，归纳起来大致可分为三类：数学要素，如比例尺、坐标格网等；地形要素，即各种地物、地貌；注记和整饰要素，包括各类注记、说明资料和辅助图表。本节主要介绍地形图的比例尺、地形图符号、图廓及图廓外注记。

8.1.1　地形图的比例尺

　　地形图上任一线段的长度与地面上相应线段水平距离之比，称为地形图的比例尺。常见的比例尺表示形式有两种：数字比例尺和图示比例尺。

1. 数字比例尺

　　以分子为 1 的分数形式表示的比例尺称为数字比例尺。设图上一条线段长为 d，相应的实地水平距离为 D，则该地形图的比例尺为

$$\frac{d}{D}=\frac{1}{M} \tag{8-1}$$

式中　M——比例尺分母。

　　比例尺的大小视分数值的大小而定，M 越大，比例尺越小；M 越小，比例尺越大。数字比例尺也可写成：1 : 500、1 : 1 000、1 : 2 000 等形式。

　　地形图按比例尺分为三类：1 : 500、1 : 1 000、1 : 2 000、1 : 5 000、1 : 10 000 的为大比例尺地形图；1 : 25 000、1 : 50 000、1 : 100 000 的为中比例尺地形图，1 : 250 000、1 : 500 000、1 : 1 000 000 的为小比例尺地形图。

2. 图示比例尺

最常见的图示比例尺是直线比例尺。用一定长度的线段表示图上的实际长度，并按图上比例尺计算出相应地面上的水平距离注记在线段上，这种比例尺称为直线比例尺。图 8.3 所示为 1 : 2 000 的直线比例尺，其基本尺寸为 2 cm。

直线比例尺多绘制在图幅下方，具有随图纸同样伸缩的特点。故用它量取同一幅图上的距离时，在很大程度上降低了图纸伸缩变形带来的影响。直线比例尺使用方便，可直接读取基本单位的 1/10，估读到 1/100。为提高估读的准确性，可采用另一种图示比例尺，称为复式比例尺（斜线比例尺），以减小估读的误差，图 8.4 所示的复式比例尺可直接量取到基本单位的 1/100。

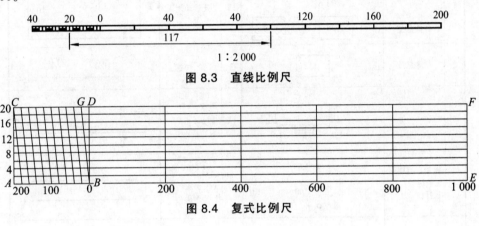

图 8.3　直线比例尺

图 8.4　复式比例尺

8.1.2　比例尺精度

测图用的比例尺越大，就越能表示出测区地面的详细情况，但测图所需的工作量也越大。因此，测图比例尺关系到实际需要、成图时间及测量费用。一般以工作需要为确定测图比例尺的主要因素，即根据在图上需要表示出的最小地物有多大，点的平面位置或两点间的距离要精确到什么程度为准。正常人的眼睛能分辨的最短距离一般为 0.1 mm，因此实地丈量地物边长或丈量地物与地物间的距离，只在精确到按比例尺缩小后，相当于图上 0.1 mm 即可。在测量工作中称相当于图上 0.1 mm 的实地水平距离为比例尺精度。表 8.1 列出了几种比例尺地形图的比例尺精度。

表 8.1　比例尺精度

比例尺	1 : 500	1 : 1 000	1 : 2 000	1 : 5 000	1 : 10 000
比例尺精度/m	0.05	0.1	0.2	0.5	1.0

根据比例尺精度，按情况可做如下参考确定：

（1）按工作需要，多大的地物须在图上表示出来或测量地物要求精确到什么程度，由此可参考确定测图的比例尺。

（2）当确定测图比例尺之后，可以推算出测量地物时应精确到什么程度。

8.1.3 地形图符号

实地的地物和地貌是用各种符号表示在图上的，这些符号总称为地形图图式。地形图图式由国家测绘局统一制定，为测绘和使用地形图的重要依据。表 8.2 所示为国家标准 1∶500、1∶1 000、1∶2 000 地形图图式（GB/T20257.1—2007）中的部分地形图图式符号。

表 8.2　地形图图式

编号	符号名称	1∶500　1∶1 000　1∶2 000	编号	符号名称	1∶500　1∶1 000　1∶2 000
1	一般房屋 特殊房屋	混3　1.6 3 钢28　28	12	天然草地	2.0　1.0　II II　10.0　II 10.0
2	简单房屋	简	2	篱笆	10.0　1.0
3	台　阶	0.6　III 1.0　1.0	14	围墙 a.依比例尺 b.不依比例尺	a 10.0 b 10.0　0.3 0.6
4	散树、行树 a.散树 b.行树	a o 1.0 10.0　1.0 o　o　o	15	斜坡 a.未加固的 b.已加固的	2.0　4.0 a b
5	活树篱笆	6.0　1.0 0.6	16	等级公路9— 技术等级代码	0.2 ⑨X301
6	高压线	4.0	17	陡坎 a.加固的 b.未加固的	a 2.0　4.0 b
7	低压线	4.0	18	栅栏、栏杆	10.0　1.0
8	电　杆	1.0 ∷□	19	路　灯	1.4 1.1　2.8 1.0
9	水准点	2.0 ⊗ $\frac{II京石5}{32.804}$	20	消防栓	1.6 2.0　3.0
10	导线点 土堆上的	2.0 ∷○ $\frac{I 16}{84.46}$ 2.4 ○ $\frac{I 25}{62.74}$	21	等高线 1.首曲线 2.计曲线 3.间曲线	a 0.15 0.3 b 1.0 c 6.0　0.15
10	旗　杆	1.6 4.0　1.0 1.0	22	高程点及其注记	0.5 · 163.2 ▲75.4

地形图符号有三类：地物符号、地貌符号和注记符号。

1. 地物符号

地物符号主要用于表示地物的类别、形状、大小及其位置，分为比例符号、非比例符号和半比例符号。

2. 地貌符号

地形图上表示地貌的方法有多种，目前最常用的是等高线法。在图上，等高线不仅能表示地面高低起伏的形态，还可确定地面点的高程；对峭壁、冲沟、梯田等特殊地形，不便用等高线表示时，则绘注相应的符号。

3. 注记

注记包括地名注记和说明注记。

地名注记主要包括行政区划、居民地、道路名称，河流、湖泊、水库名称以及山脉、山岭、岛礁名称等。

说明注记包括文字和数字注记，主要用以补充说明对象的质量和数量属性，如房屋的结构与层数、管线性质及输送物质、比高、等高线高程、地形点高程以及河流的水深、流速等。

8.1.4　图廓及图廓外注记

图廓是一幅图的范围线。下面分别介绍矩形分幅和梯形分幅地形图的图廓及图廓外的注记。

1. 矩形分幅地形图的图廓

矩形分幅的地形图有内、外图廓线。内图廓线就是坐标格网线，也是图幅的边界线，在内图廓与外图廓之间四角处注有坐标值，并在内图廓线内侧每隔 10 cm 绘 5 mm 长的坐标短线表示坐标格网线的位置。在图幅内每隔 10 cm 绘以十字线，以标记坐标格网交叉点。外图廓仅起装饰作用。

图 8.5 所示为 1∶1 000 比例尺地形图图廓示例，北图廓上方正中为图名、图号。图名即地形图的名称，通常选择图内重要居民地名称作为图名；若该图幅内没有居民地，也可选择重要的湖泊、山峰等的名称作为图名。图的左上方为图幅接合表，用来说明本幅图与相邻图幅的位置关系。中间画有斜线的一格代表本幅图位置，四周八格分别注明相邻图幅的图名，利用接合表可迅速地进行地形图的拼接。

在南图廓左下方注记测图日期、测图方法、平面与高程系统、等高距及地形图图式的版别等。在南图廓下方中央注有比例尺，在南图廓右下方写明作业人员姓名，在西图廓下方注明测图单位全称。

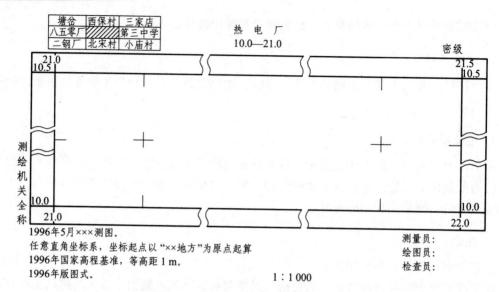

图 8.5　矩形分幅地形图图廓整饰示例

2. 梯形分幅地形图的图廓

梯形分幅地形图以经纬线进行分幅，图幅呈梯形。在图上绘有经纬线网和公里网。

在不同比例尺的梯形分幅地形图上，图廓的形式有所不同。1：1 万～1：10 万地形图的图廓，由内图廓、外图廓和分度带组成。内图廓是经线和纬线围成的梯形，也是该图幅的边界线。图 8.6 所示为 1：5 万地形图的西南角，西图廓经线是东经 109°00′，南图廓线是北纬 36°00′。在东、西、南、北外图廓线中间分别标注了四邻图幅的图号，更进一步说明了与四邻图幅的相互位置。内、外图廓之间为分度带，绘有加密经纬网的分划短线，相邻两条分划线间的长度表示实地经差或纬差 1′。分度带与内图廓之间，注记以 km 为单位的平面直角坐标值，如图中 3 988 表示纵坐标为 3 988 km（从赤道起算），其余 89、90 等，其千米数的千、百位都是 39，故从略；横坐标为 19 321，19 为该图幅所在的投影带号，321 表示该纵线的横坐标千米数，即位于第 19 带中央子午线以西 179 km 处（321 km – 500 km = – 179 km）。

北图廓上方正中为图名、图号以及省、县名，左边为图幅接合表。东图廓外上方绘有图例，在西图廓外下方注明测图单位全称。在南图廓下方中央注有数字比例尺，此外，还绘有坡度尺、三北方向图、直线比例尺以及测绘日期、测图方法、平面与高程系统、等高距和地形图图式的版别等。

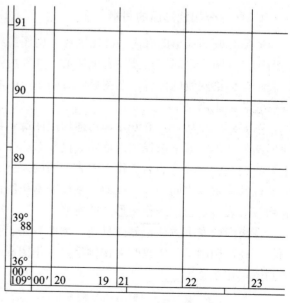

图 8.6　1：5 万地形图图廓

利用三北方向图可对图上任一方向的坐标方位角、真方位角和磁方位角进行换算，如图 8.7

所示；利用坡度尺可在地形图上量测地面坡度（百分比值）和倾角，如图 8.8 所示。

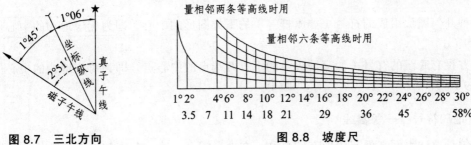

图 8.7　三北方向　　　　　　　　　　　图 8.8　坡度尺

8.1.5　地物和地貌在地形图上的表示方法

1. 地物符号

地物的类别、形状、大小及其在地形图上的位置，是用地物符号表示的。根据地物的大小及描绘方法不同，地物符号可分为比例符号、非比例符号、半比例符号。

（1）比例符号。

凡按照比例尺能将地物轮廓缩绘在图上的符号称为比例符号，如房屋、江河、湖泊、森林、果园等。这些符号与地面上实际地物的形状相似，可以在图上量测地物的面积。

当用比例符号仅能表示地物的形状和大小，而不能表示出其类别时，应在轮廓内加绘相应符号，以指明其地物类别。

（2）半比例符号。

凡长度可按比例尺缩绘，而宽度不能按比例缩绘的狭长地物符号，称为半比例符号，也称线性符号，如道路、河流、通信线及管道等。半比例符号的中心线即为实际地物的中心线。这种符号可以在图上量测地物的长度，但不能量测其宽度。

（3）非比例符号。

当地物的轮廓很小或无轮廓，以致不能按测图比例尺缩小，但因其重要性又必须表示时，可不管其实际尺寸，均用规定的符号表示。这类地物符号称为非比例符号，如测量控制点、独立树、里程碑、钻孔、烟囱等。有些非比例符号随着比例尺的不同是可以相互转化的。

非比例符号不仅其形状和大小不能按比例尺描绘，而且符号的中心位置与该地物实地中心的位置关系也将随各类地物符号不同而不同。其定位点规则如下：

圆形、正方形、三角形等几何图形的符号（如三角点等）的几何中心即代表对应地物的中心位置，见图 8.9（a）。

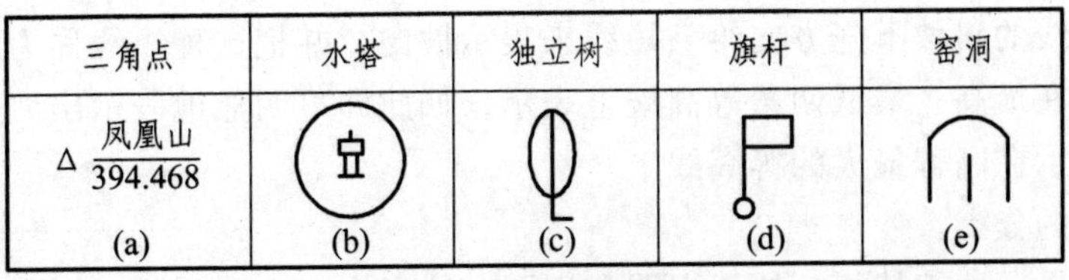

三角点	水塔	独立树	旗杆	窑洞
△ 凤凰山 394.468				
(a)	(b)	(c)	(d)	(e)

图 8.9　非比例符号示例

符号（如水塔等）底线的中心，即为相应地物的中心位置，见图 8.9（b）。

底部为直角形的符号（如独立树等），其底部直角顶点，即为相应地物中心的位置，见图 8.9（c）。

几种几何图形组成的符号（如旗杆等）的下方图形的中心，即为相应地物的中心位置，见图 8.9（d）。

下方没有底线的符号（如窑洞等）的下方两端点的中心点，即为对应地物的中心位置，见图 8.9（e）。

2. 地貌符号 ——等高线

地貌是地球表面高低起伏形态的总称。在地形图上，除一些特殊地貌如陡坎、陡崖、冲沟、滑坡等用特定的符号表示外，多用等高线来表示地貌。

（1）等高线的概念。

等高线即地面上高程相等的相邻点连成的闭合曲线。等高线表示地貌的原理，如图 8.10 所示，设想用一系列间距相等的水平截面去截某一高地，把其截口边线投影到同一个水平面上，且按比例缩小描绘到图纸上，即得等高线图。由此可见，等高线为高度不同的空间平面曲线，地形图上表示的仅是它们在投影面上的投影，在没有特别指明时，通常将地形图上的等高线简称为等高线。

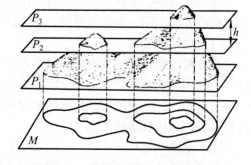

图 8.10　等高线表示地貌的原理

（2）等高距及示坡线。

从上述介绍中可以知道，等高线是一定高度的水平面与地面相截的截线。水平面的宽度不同，等高线表示地面的高程也不同。地形图上相邻两高程不同的等高线之间的高差，称为等高距。等高距越小则图上等高线越密，地貌显示就越详细、确切；等高距越大则图上等高线越稀，地貌显示就越粗略。但不能由此得出结论，认为等高距越小越好。如果等高距很小，等高线非常密，不仅影响地形图图面的清晰度，而且使用也不便，同时使测绘工作量大大增加。因此，等高距的选择必须根据地形高低起伏程度、测图比例尺的大小和使用地形图的目的等因素来决定。

地形图上相邻等高线间的水平间距称为等高线平距。由于同一地形图上的等高距相同，故等高线平距的大小与地面坡度的陡缓有着直接的关系。

由等高线的原理可知，盆地和山头的等高线在外形上非常相似。如图 8.11（a）所表示的为盆地地貌的等高线，图 8.11（b）所表示的为山头地貌的等高线，它们之间的区别在于，山头地貌是里面的等高线高程大，盆地地貌是里面的等高线高程小。为了便于区分这两种地貌，就需在某些等高线的斜坡下降方向绘一短线来表示坡向，并把这种短线称为示坡线。盆地的示坡线一般选择在最高、最低两条等高线上表示，如此即可明显地表示出坡度方向即可。山头的示坡线仅表示在高程最大的等高线上。

（3）等高线的分类。

为了更好地显示地貌特征，便于识图和用图，地形图上主要采用以下四种等高线（见图 8.12）。

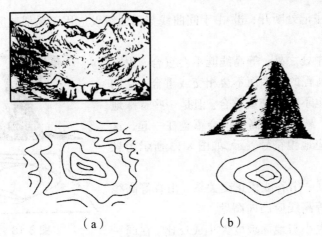

(a)　　　　　　　　(b)

图 8.11　示坡线

① 首曲线。

按规定的等高距（称为基本等高距）描绘的等高线称为首曲线，也称为基本等高线，用细实线描绘。

② 计曲线。

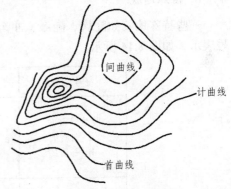

图 8.12　等高线分类

为了识图和用图时等高线计数方便，通常将基本等高线从 0 m 起算每隔四条加粗描绘，称为计曲线，也称为加粗等高线。在计曲线的适当位置上要断开，注记高程。

③ 间曲线。

当用首曲线不能表示某些微型地貌而又需要表示时，可加绘等高距为 1/2 基本等高距的等高线，称为间曲线（又称半距等高线）。间曲线常用长虚线表示。在平地上，当首曲线间距过稀时，可加绘间曲线。间曲线可不闭合而绘至坡度变化均匀处为止，但一般应对称。

④ 助曲线。

当用间曲线仍不能表示应该表示的微型地貌时，还可在间曲线的基础上再加绘等高距为 1/4 基本等高距的等高线，称为助曲线。助曲线常用短虚线表示。助曲线可不闭合而绘至坡度变化均匀处为止，但一般应对称。

（4）等高线的特性。

根据等高线的原理，可归结出等高线的特性如下：

在同一条等高线上的各点的高程都相等。因为等高线是水平面与地表面的交线，而在同一个水平面的高程是一样的，所以等高线的这个特性是显然的。但是不能就得出结论说：凡高程相等的点一定位于同一条等高线上。当同一水平截面横截两个山头时，会得出同样高程的两条等高线。

等高线是闭合曲线。一个无限伸展的水平面与地表的交线必然是闭合的。所以某一高程的等高线必然是一条闭合曲线。但在测绘地形图时，应注意到：① 由于图幅的范围限制，等高线不一定在图面内闭合而被图廓线截断；② 为使图面清晰易读，等高线应在遇到房屋、公路等地物符号及其注记处断开；③ 由于间曲线与助曲线仅应用于局部地区，故可在不需要表示的地方中断。

除了陡崖和悬崖处之外，等高线既不会重合，也不会相交。由于不同高程的水平面不会相交或重合，它们与地表的交线当然也不会相交或重合。但是一些特殊地貌，如陡壁、陡坎、悬崖的等高线就会重叠在一起，这些地貌必须加绘相应地貌符号表示。如图 8.13 所示为悬崖等高线示意图。

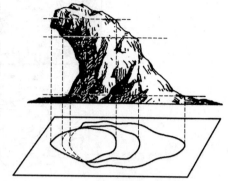

图 8.13 悬崖等高线

等高线与山脊线、山谷线成正交关系。山脊等高线应凸向低处，山谷等高线应凸向高处。

等高线平距的大小与地面坡度大小成反比。在同一等高距的情况下，地面坡度越小，等高线的平距越大，等高线越疏；反之，地面坡度越大，等高线的平距越小，等高线越密。

3. 特殊地貌

一些特殊地貌如陡坎、陡崖、冲沟、滑坡等在地形图上按地形图《图式》规定的地貌符号表示，如图 8.14 所示。

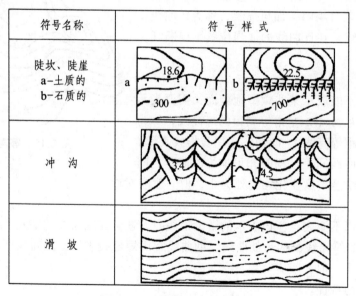

符 号 名 称	符 号 样 式	
陡坎、陡崖 a—土质的 b—石质的	a　18.6　300	b　22.5　700
冲　沟	3.4	4.5
滑　坡		

图 8.14 特殊地貌符号示例

8.2 大比例尺地形图解析测绘方法

8.2.1 地形图的分幅与编号

为便于测绘、印刷、保管、检索和使用，所有的地形图均须按规定的大小进行统一分幅

148

并进行有系统的编号。地形图的分幅方法有两种：一种是按经纬线分幅的梯形分幅法；另一种是按坐标格网线分幅的矩形分幅法。

1. 梯形分幅与编号

我国基本比例尺地形图（1∶100 万～1∶5000）采用经纬线分幅（即梯形分幅），地形图图廓由经纬线构成。它们均以 1∶100 万地形图为基础，按规定的经差和纬差划分图幅，行列数和图幅数成简单的倍数关系。

梯形分幅的主要优点是每个图幅都有明确的地理位置概念，适用于很大范围（全国、大洲、全世界）的地图分幅。其缺点是图幅拼接不方便，随着纬度的升高，相同经纬差所限定的图幅面积不断缩小，不利于有效地利用纸张和印刷机版面；此外，梯形分幅还经常会破坏重要地物（如大城市）的完整性。

1992 年国家技术监督局发布了新的《国家基本比例尺地形图分幅和编号》（GB/T13989—92）国家标准，自 1993 年 7 月 1 日起实施。

（1）1∶100 万～1∶5 000 比例尺地形图分幅和编号。

地形图的分幅、编号标准以 1∶100 万比例尺地形图为基础，1∶100 万比例尺地形图的分幅经差 6°、纬差 4°，它们的编号由其所在的行号（字符码）与列号（数字码）组合而成，如北京所在的 1∶100 万地形图的图号为 J50。

1∶50 万～1∶5 000 地形图的分幅全部由 1∶100 万地形图逐次加密划分而成，编号均以 1∶100 万比例尺地形图为基础，采用行列编号方法，由其所在 1∶100 万比例尺地形图的图号、比例尺代码和图幅的行列号共 10 位码组成。编码长度相同，编码系列统一为一个根部，便于计算机处理，见图 8.15。

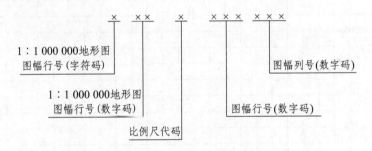

图 8.15　1∶50 万～1∶5 000 地形图图号的构成

各种比例尺代码见表 8.3。

表 8.3　比例尺代码

比例尺	1∶500 000	1∶250 000	1∶100 000	1∶50 000	1∶25 000	1∶10 000	1∶5 000
代 码	B	C	D	E	F	G	H

国家基本比例尺地形图分幅编号关系见表 8.4。

1∶100 万～1∶5 000 地形图的行、列编号见图 8.16。

表 8.4　国家基本比例尺地形图分幅编号关系

比例尺		1:100万	1:50万	1:25万	1:10万	1:5万	1:2.5万	1:1万	1:5 000
图幅范围	经差	6°	3°	1°30′	30′	15′	7′30″	3′45″	1′52.5″
	纬差	4°	2°	1°	20′	10′	5′	2′30″	1′15″
行列数量关系	行数	1	2	4	12	24	48	96	192
	列数	1	2	4	12	24	48	96	192
图幅数量关系		1	4 1	16 4 1	144 36 9 1	576 144 36 4 1	2 304 576 144 16 4 1	9 216 2 304 576 144 16 4 1	36 846 9 216 2 304 256 64 16 4

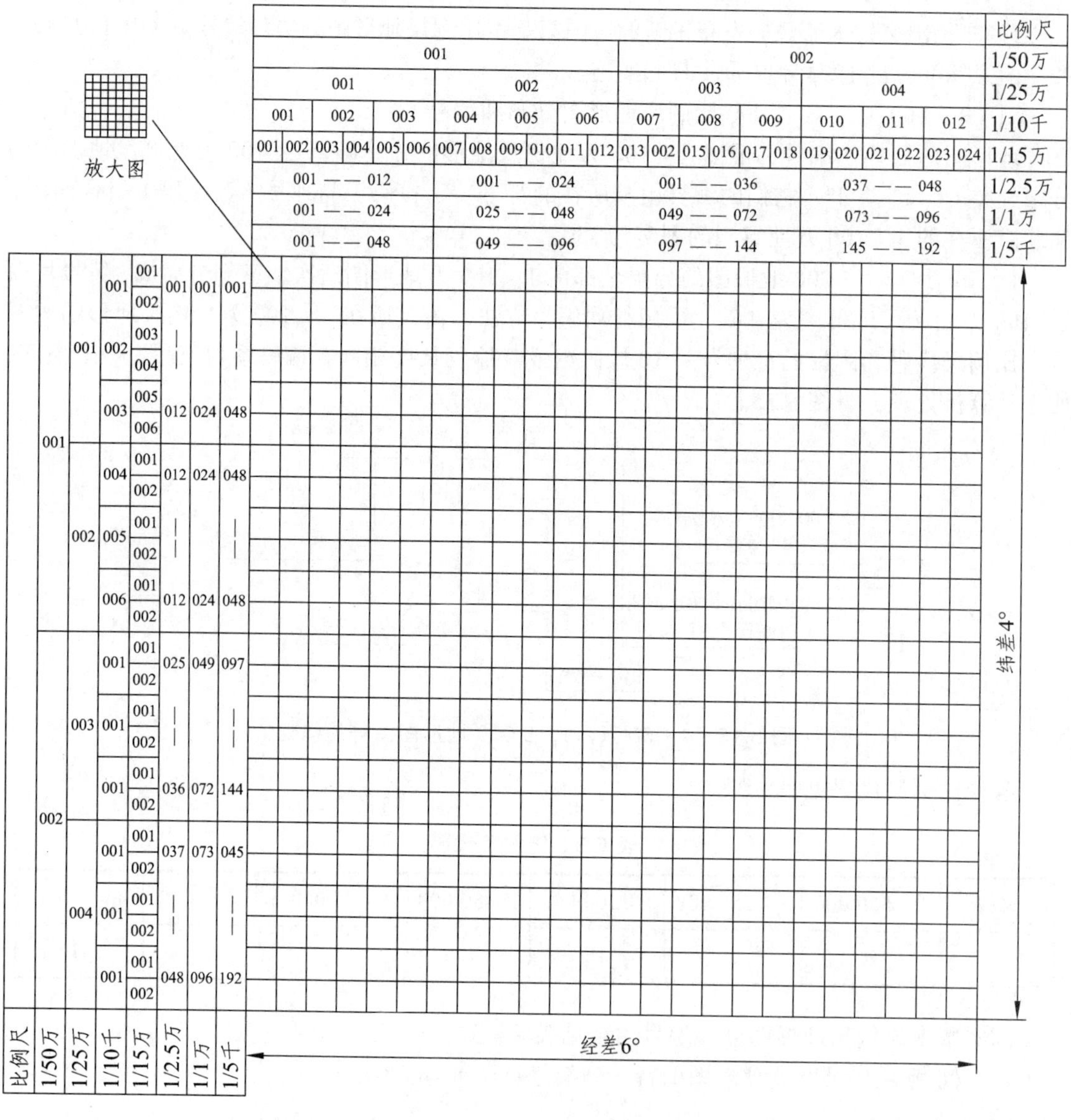

图 8.16　1:100万~1:5 000 地形图的行、列编号

第 8 章　大比例尺地形图测绘

1：50 万地形图的编号，如图 8.17 中晕线所示图号为 J50B001002；1：25 万地形图的编号，如图 8.18 中晕线所示图号为 J50C003003；1：10 万地形图的编号，如图 8.19 中交叉晕线所示图号为 J50D010010；1：5 万地形图的编号，如图 8.19 中 135°晕线所示图号为 J50E017016；1：2.5 万地形图的编号，如图 8.19 中 45°晕线所示图号为 J50F042002；1：1 万地形图的编号，如图 8.19 中的黑块所示图号为 J50G019036；对于图 8.19 中 1：100 万比例尺地形图图幅内最东南角的 1：5000 地形图的图号为 J50H192192。

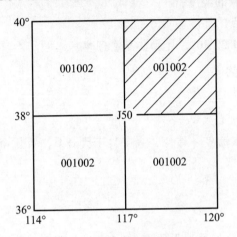

图 8.17　1：50 万地形图的编号　　　　　图 8.18　1：25 万地形图的编号

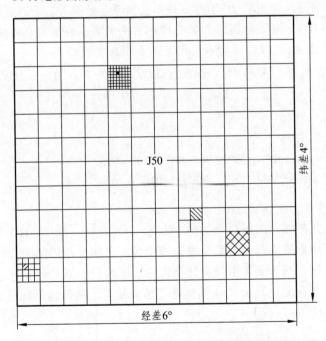

图 8.19　1：10 万～1：5 000 地形图的编号

（2）编号的应用。

已知图幅内某点的经、纬度或图幅西南图廓点的经、纬度，可按下式计算 1：100 万地形图图幅编号。

151

$$a = [\phi / 4°] + 1$$
$$b = [\lambda / 6°] + 31$$

式中　[] ——商取整；

　　　a ——1：100 万地形图图幅所在纬度带字符码对应的数字码；

　　　b ——1：100 万地形图图幅所在经度带的数字码；

　　　λ ——图幅内某点的经度或图幅西南图廓点的经度；

　　　ϕ ——图幅内某点的纬度或图幅西南图廓点的纬度。

【例 8.1】　某点经度为 114°33′45″，纬度为 39°22′30″，计算其所在图幅的编号。

$$a = [39°22′30″/4] + 1 - 10 \text{（字符码为J）}$$
$$b = [114°33′45″/6] + 31 = 50$$

则该点所在 1：100 万地形图图幅的图号为 J50。

　　已知图幅内某点的经、纬度或图幅西南图廓点的经、纬度，也可按下式计算所求比例尺地形图在 1：100 万地形图图号后的行、列号：

$$c = 4°/\Delta\phi - [(\phi/4°)/\Delta\phi]$$
$$d = [(\lambda/6°)/\Delta\lambda] + 1$$

式中：（ ）表示商取余；[]表示商取整；c 表示所求比例尺地形图在 1：100 万地形图图号后的行号；d 表示所求比例尺地形图在 1：100 万地形图图号后的列号；λ 表示图幅内某点的经度或图幅西南图廓点的经度；ϕ 表示图幅内某点的纬度或图幅西南图廓点的纬度；$\Delta\lambda$ 表示所求比例尺地形图分幅的经差；$\Delta\phi$ 表示所求比例尺地形图分幅的纬差。

【例 8.2】　仍以经度为 114°33′45″，纬度为 39°22′30″的某点为例，计算其所在 1：1 万地形图的编号。

$$\Delta\phi = 2′30″$$
$$\Delta\lambda = 3′45″$$
$$c = 4°/2′30″ - [(39°22′30″/4°)]/2′30″ = 015$$
$$d = [(114°33′45″/6°)/3′45″] + 1 = 010$$

则 1：1 万地形图的图号为 J50G015010。

　　已知图号可计算该图幅西南图廓点的经、纬度。也可在同一幅 1：100 万比例尺地形图图幅内进行不同比例尺地形图的行列关系换算，即由较小比例尺地形图的行、列号计算所含各较大比例尺地形图的行、列号或者由较大比例尺地形图的行、列号计算它隶属于较小比例尺地形图的行、列号。相应的计算公式及算例见《国家基本比例尺地形图分幅和编号》（GB/T 13989—92）。

2. 矩形分幅与编号

　　大比例尺地形图的图幅通常采用矩形分幅，图幅的图廓线为平行于坐标轴的直角坐标格网线。以整千米（或百米）坐标进行分幅，图幅大小可分成 40 cm × 40 cm、40 cm × 50 cm 或 50 cm × 50 cm。图幅大小如表 8.5 所示。

表 8.5　几种大比例尺地形图的图幅大小

比例尺	图幅大小/cm²	实地面积/km²	1∶5 000 图幅内的分幅数
1∶5 000	40×40	4	1
1∶2 000	50×50	1	4
1∶1 000	50×50	0.25	16
1∶500	50×50	0.062 5	64

矩形分幅图的编号有以下几种方式：

（1）按图廓西南角坐标编号。

采用图廓西南角坐标公里数编号，x 坐标在前，y 坐标在后，中间用短线连接。1∶5 000 取至 km 数；1∶2 000、1∶1 000 取至 0.1 km；1∶500 取至 0.01 km。例如：某幅 1∶1 000 比例尺地形图西南角图廓点的坐标 $x = 83\ 500$ m，$y = 15\ 500$ m，则该图幅编号为 83.5-15.5。

（2）按顺序号编号。

按测区统一划分的各图幅的顺序号码，从左至右，从上到下，用阿拉伯数字编号。如图 8.20（a）中，晕线所示图号为 15。

（3）按行列号编号。

将测区内的图幅按行和列分别单独排出序号，再以图幅所在的行和列序号作为该图幅图号。如图 8.20（b）中，晕线所示图号为 A-4。

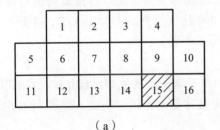

（a）

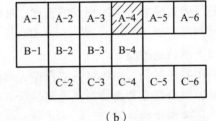

（b）

图 8.20　矩形分幅与编号

8.2.2　大比例尺地形图的测绘工作

1. 大比例尺地形图测图前的准备工作

（1）技术设计以及图纸的准备工作等。

在测图开始前，应编写技术设计书，拟定作业计划，以保证测量工作在技术上合理、可靠，在经济上节省人力、物力，有计划、有步骤地开展工作。

大比例尺测图的作业规范和图式主要有《工程测量规范》、《城市测量规范》、《地籍测绘规范》、《房产测量规范》、《大比例尺地形图机助制图规范》、《1∶500、1∶1 000、1∶2 000 地形图图式》、《1∶5 000、1∶10 000 地形图图式》、《地籍图图式》、《1∶500、1∶1 000、1∶2 000 地形图要素分类与代码》等。

根据测量任务书和有关的测量规范，并依据所收集的资料（包括测区踏勘等资料）来编制技术计划。

技术计划的主要内容包括任务概述、测区情况、已有资料及其分析、技术方案的设计、组织与劳动计划、仪器配备及供应计划、财务预算、检查验收计划以及安全措施等。

测量任务书中应明确工程项目或编号、设计阶段及测量目的、测区范围（附图）及工作量、对测量工作的主要技术要求与特殊要求以及上交资料的种类、日期等内容。

在编制技术计划之前，应预先搜集并研究测区内及测区附近已有测量成果资料，扼要说明其施测单位、施测年代、等级、精度、比例尺、规范依据、范围、平面与高程坐标系统、投影带号、标石保存情况及可以利用的程度等。

根据收集的资料及现场踏勘情况，在旧有地形图（或小比例尺地图）上拟定地形控制的布设方案，进行必要的精度估算。有时需要提出若干方案进行技术要求与经济核算方面的比较。对地形控制网的图形、施测、点的密度和平差计算等因素进行全面的分析，并确定最后采用的方案。实地选点时，在满足技术要求的条件下容许对方案进行局部修改。

（2）图根控制测量。

测区高级控制点的密度不能满足大比例尺测图的需要时，应布置适当数量的图根控制点，又称图根点，直接供测图使用。图根控制点布设，是在各等级控制点的控制下进行加密，一般不超过两次附合。在较小的独立测区测图时，图根控制可作为首级控制。

图根平面控制点的布设，可采用图根导线、图根三角、交会方法和 GPS RTK 等方法。图根点的高程可采用图根水准和图根三角高程测定。图根点的精度，相对于邻近等级控制点的点位中误差，不应大于图上 0.1 mm，高程中误差不应大于测图基本等高距的 1/10。

图根控制点（包括已知高级点）的密度，应根据地形复杂、破碎程度或隐蔽情况而定。数字测图中每平方千米图根点的密度，对于 1∶2 000 比例尺测图不少于 4 个，对于 1∶1 000 比例尺测图不少于 16 个，对于 1∶500 比例尺测图不少于 64 个。

（3）测站点的测定。

测图时应尽量利用各级控制点作为测站点，但由于地表上的地物、地貌有时是极其复杂、零碎的，要全部在各级控制点上测绘所有的碎部点往往是困难的，因此，除了利用各级控制点外，还要增设测站点。

尤其是在地形琐碎、合水线地形复杂地段，小沟、小山脊转弯处，房屋密集的居民地，以及雨裂冲沟繁多的地方，对测站点的数量要求会多一些，但要切忌增设测站点作大面积测图。

增设测站点是在控制点或图根点上，采用极坐标法、交会法和支导线测定测站点的坐标和高程。数字测图时，对于测站点的点位精度，相对于附近图根点的中误差不应大于图上 0.2 mm，高程中误差不应大于测图基本等高距的 1/6。

2. 地物和地貌测绘

（1）地物测绘的一般原则。

地物可分为表 8.6 所示的几种类型。

地物的类别、形状、大小及其在图上的位置，是用地物符号表示的。地物在地形图上表示的原则：凡能按比例尺表示的地物，则将它们的水平投影位置的几何形状依照比例尺描绘在地形图上，如房屋、双线河等，或将其边界位置按比例尺表示在图上，边界内绘上相应的符号，如果园、森林、耕地等；不能按比例尺表示的地物，在地形图上是用规定的地物符号表示在地物的中心位置上，如水塔、烟囱、纪念碑等；凡是长度能按比例尺表示，而宽度不能按比例尺表示的地物，其长度按比例尺表示，宽度以相应符号表示。

表 8.6　地物分类

地物类型	地物类型举例
水系	江河、运河、沟渠、湖泊、池塘、井、泉、堤坝、闸等及其附属建筑物
居民地	城市、集镇、村庄、窑洞、蒙古包以及居民地的附属建筑物
道路网	铁路、公路、乡村路、大车路、小路、桥梁、涵洞以及其他道路附属建筑物
独立地物	三角点等各种测量控制点、亭、塔、碑、牌坊、气象站、独立石等
管线与垣墙	输电线路、通信线路、地面与地下管道、城墙、围墙、栅栏、篱笆等
境界与界碑	国界、省界、县界及其界碑等
土质与植被	森林、果园、菜园、耕地、草地、沙地、石块地、沼泽等

地物测绘中必须根据规定的比例尺，按规范和图式的要求，进行综合取舍，将各种地物表示在地形图上。

（2）地物测绘。

① 居民地测绘。

居民地是人类居住和进行各种活动的中心场所，是地形图上一项重要的组成内容。对居民地进行测绘时，应在地形图上表示出居民地的类型、形状、质量和行政意义等。

居民地房屋的排列形式很多，多数农村中以散列式即不规则的房屋较多，城市中的房屋排列比较整齐。

测绘居民地时，根据测图比例尺的不同，在综合取舍方面有所不同。对于居民地的外部轮廓，都应准确测绘。1∶1 000 或更大的比例尺测图，各类建筑物、构筑物及主要附属设施，应按实地轮廓逐个测绘，其内部的主要街道和较大的空地应以区分，图上宽度小于 0.5 mm 的次要道路不予表示，其他碎部可综合取舍。房屋以房基角为准立镜测绘，并按建筑材料和质量分类予以注记；对于楼房，还应注记层数。圆形建筑物如油库、烟囱、水塔等，应尽可能实测出中心位置测量直径。房屋和建筑物轮廓的凸凹在图上小于 0.4 mm（简单房屋小于 0.6 mm）时可用直线连接。对于散列式的居民地、独立房屋，应分别测绘。1∶2 000 比例尺测图中，房屋可适当综合取舍，围墙、栅栏等可根据其永久性、规整性、重要性等综合取舍。

② 独立地物测绘。

独立地物是判定方位、确定位置、指定目标的重要标志，必须准确测绘并按规定的符号予以正确表示。

③ 道路测绘。

道路包括铁路、公路及其他道路。所有铁路、有轨电车道、公路、大车路、乡村路均应测绘。车站及其附属建筑物、隧道、桥涵、路堑、路堤、里程碑等均须表示出。在道路稠密地区，次要的人行路可适当取舍。

a. 铁路测绘应立镜于铁轨的中心线，对于 1∶1 000 或更大比例尺测图，依比例绘制铁路符号，标准规矩为 1.435 m。铁路线上应测绘轨顶高程，曲线部分测取内轨顶面高程。路堤、路堑应测定坡顶、坡脚的位置及高程。铁路两旁的附属建筑物，如信号灯、扳道房、里程碑等都应按实际位置测绘。

铁路与公路或其他道路在同一水平面内相交时，铁路符号不得中断，而是将另一道路符

155

号中断表示；不在同一水平面相交的道路交叉点处，应绘以相应的桥梁、涵洞或隧道等符号。

b. 公路应实测路面位置，并测定道路中心高程。高速公路应测出收费站、两侧围建的栏杆，中央分隔带视用图需要测绘。公路、街道一般在边线上取点立镜，并量取路的宽度，或者在路两边取点立镜。当公路弯道有圆弧时，至少要测取起、中、终三点，并用圆滑曲线连接。

路堤、路堑均应按实地宽度绘出边界，并应在其坡顶、坡脚适当注记高程。公路路堤（堑）应分别绘出路边线与堤（堑）边线，二者重合时，可将其中之一移位 0.2mm 表示。

公路、街道按路面材料划分为水泥、沥青、碎石、砾石等，以文字注记在图上，路面材料改变处应实测其位置并用点线分离。

c. 其他道路测绘。其他道路有大车路、乡村路和小路等，测绘时，一般在中心线上取点立镜；道路宽度能依比例表示时，按道路宽度的 1/2 在两侧绘平行线。对于宽度在图上小于 0.6 mm 的小路，选择路中心线立镜测定，并用半比例符号表示。

d. 桥梁测绘。铁路、公路桥应实测桥头、桥身和桥墩位置，桥面应测定高程，桥面上的人行道图上宽度大于 1 mm 的应实测。各种人行桥，图上宽度大于 1 mm 的，应实测桥面位置；不能依比例的，实测桥面中心线。

有围墙、垣栅的公园、工厂、学校、机关等内部道路，除通行汽车的主要道路外均按内部道路绘出。

④ 管线与垣栅测绘。

永久性的电力线、通信线的电杆、铁塔位置应实测。同一杆上架有多种线路时，应表示其中的主要线路，并要做到各种线路走向连贯、线类分明。居民地、建筑区内的电力线、通信线可不连线，但应在杆架处绘出连线方向。电杆上有变压器时，变压器的位置按其与电杆的相应位置绘出。

地面上的、架空的、有堤基的管道应实测，并注记输送物质的类型。当架空的管道直线部分的支架密集时，可适当取舍。对地下管线检修井，测定其中心位置并按类别以相应符号表示。

城墙、围墙以及永久性的栅栏、篱笆、铁丝网、活树篱笆等均应实测。

境界线应测绘至县和县级以上。乡与国营农、林、牧场的界线应按需要进行测绘。两级境界重合时，只绘高一级符号。

⑤ 水系的测绘。

测绘水系时，海岸、河流、溪流、湖泊、水库、池塘、沟渠、泉、井以及各种水工设施均应实测。河流、沟渠、湖泊等地物，通常无特殊要求时均以岸边为界，如果要求测出水崖线（水面与地面的交线）、洪水位（历史上最高水位的位置）及平水位（常年一般水位的位置）时，应按要求在调查研究的基础上进行测绘。

河流的两岸形状一般不规则，在保证精度的前提下，对于小的弯曲和岸边不甚明显的地段，可进行适当取舍。河流的图上宽度小于 0.5 mm、沟渠实际宽度小于 1 m（1∶500 测图时小于 0.5 m）时，不必测绘其两岸，只要测出中心位置即可。渠道比较规则，有的两岸有堤，测绘时可以参照公路的测法。对于那些田间临时性的小渠，不必测出，以免影响图面清晰。

湖泊的边界经人工整理、筑堤、修有建筑物的地段是明显的，在自然耕地的地段大多不甚明显，测绘时要根据具体情况和用图单位的要求来确定，一般以湖岸或水崖线为准。在不甚明显的地段确定湖岸线时，可采用调查平水位的边界或根据农作物的种植位置等方法来确定。

对于水渠，应测注渠边和渠底高程；对于时令河，应测注河底高程；对于堤坝，应测注顶部

156

及坡脚高程；对于泉、井，应测注泉的出水口及井台高程，并根据需要注记井台至水面的深度。

⑥　植被与土质测绘。

测绘植被时，对于各种树林、苗圃、灌木林丛、散树、独立树、行树、竹林、经济林等，要测定边界。若边界与道路、河流、栏栅等重合时，则可不绘出地类界；但与境界、高压线等重合时，地类界应移位表示。对经济林，应加以种类说明注记。要测出农村用地的范围，并区分出稻田、旱地、菜地、经济作物地和水中经济作物区等。一年几季种植不同作物的耕地，以夏季主要作物为准。田埂的宽度在图上大于 1 mm（1∶500 测图时大于 2 mm）时用双线描绘，田块内要测注有代表性的高程。

地形图上要测绘沼泽地、沙地、岩石地、龟裂地、盐碱地等。

（3）几种典型地貌的测绘。

地貌形态虽然千变万化、千姿百态，但归纳起来，不外乎由山地、盆地、山脊、山谷、鞍部等基本地貌组成。地球表面的形态，可看作是由一些不同方向、不同倾斜面的不规则曲面组成。其中，两相邻倾斜面相交的棱线，称为地貌特征线（或称为地性线），如山脊线、山谷线即为地性线。在地性线上比较显著的点，有山顶点、洼地的中心点、鞍部的最低点、谷口点、山脚点、坡度变换点等，这些点称为地貌特征点。

①　山顶。

山顶是山的最高部分。山地中突出的山顶，有很好的控制作用和方位作用，因此，山顶要按实地形状来描绘。山顶的形状很多，有尖山顶、圆山顶、平山顶等，山顶的形状不同，等高线的表示方法也不同，如图 8.21 所示。

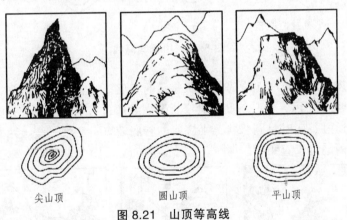

尖山顶　　　　　　圆山顶　　　　　　平山顶

图 8.21　山顶等高线

在尖山顶的山顶附近坡面倾斜较为一致，因此，尖山顶的等高线之间的平距大小相等，即使在顶部，等高线之间的平距也没有多大的变化。测绘时，除在山顶立镜外，其周围山坡适当选择一些特征点就够了。

圆山顶的顶部坡度比较平缓，然后逐渐变陡，等高线的平距在离山顶较远的山坡部分较小，距山顶越近，等高线平距逐渐增大，在顶部最大。测绘时，山顶最高点应立镜，在山顶附近坡度逐渐变化处也需要立镜。

平山顶的顶部平坦，到一定范围时坡度突然变化。因此，等高线的平距在山坡部分较小，但不是向山顶方向逐渐变化，而是到山顶突然增大。测绘时，必须特别注意在山顶坡度变化处立镜，否则地貌的真实性将受到显著影响。

② 山脊。

山脊是山体延伸的最高棱线。山脊的等高线均向下坡方向凸出，两侧基本对称。山脊的坡度变化反映了山脊纵断面的起伏状况，山脊等高线的尖圆程度反映了山脊横断面的形状。地形图上山地地貌显示得真不真实，主要看山脊与山谷，如果山脊测绘得真实、形象，整个山形就较逼真。测绘山脊时要真实地表现其坡度和走向，特别是大的分水线、坡度变换点以及山脊、山谷转折点，应形象地表示出来。

根据形状山脊可分为尖山脊、圆山脊和台阶状山脊，它们都可通过等高线的弯曲程度表现出来。如图 8.22 所示，尖山脊的等高线依山脊延伸方向呈尖角状；圆山脊的等高线依山脊延伸方向呈圆弧状；台阶状山脊的等高线依山脊延伸方向呈疏密不同的方形。

尖山脊的山脊线比较明显，测绘时，除在山脊线上立镜外，两侧山坡也应有适当的立镜点。

圆山脊的脊部有一定的宽度，测绘时需特别注意正确确定山脊线的实地位置，然后立镜；此外，对山脊两侧山坡也必须注意其坡度变化情况，恰如其分地选定立镜点。

对于台阶状山脊，应注意由脊部至两侧山坡坡度变化的位置，测绘时，应恰当地选择立镜点，才能控制山脊的宽度。不得将台阶状山脊的地貌测绘成圆山脊甚至尖山脊的地貌。

山脊往往有分歧脊，测绘时，在山脊分歧处必须立镜，以保证分歧山脊的位置正确。

（a）尖山脊　　　　　（b）圆山脊　　　　　（c）台阶状山脊

图 8.22　山脊等高线

③ 山谷。

山谷等高线表示的特点与山脊等高线所表示的相反。山谷的形状可分为尖底谷、圆底谷和平底谷。如图 8.23 所示，尖底谷底部尖窄，等高线通过谷底时呈尖状；圆底谷的底部近于圆弧状，等高线通过谷底时呈圆弧状；平底谷的谷底较宽、底坡平缓、两侧较陡，等高线通过谷底时在其两侧趋近于直角状。

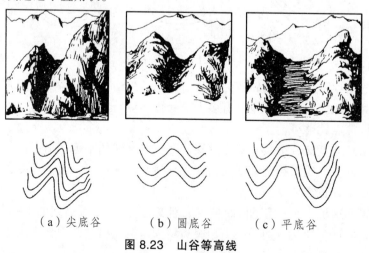

（a）尖底谷　　　　　（b）圆底谷　　　　　（c）平底谷

图 8.23　山谷等高线

第8章　大比例尺地形图测绘

尖底谷的下部常常有小溪流，山谷线较明显，测绘时，立尺点应选在等高线的转弯处。

圆底谷的山谷线不太明显，所以测绘时应注意山谷线的位置和谷底形成的地方。

平底谷多系人工开辟耕地后形成的，测绘时，立镜点应选择在山坡与谷底相交的地方，以控制山谷的宽度和走向。

④ 鞍部。

鞍部是两个山脊会合处呈马鞍形的地方，是山脊上一个特殊的部位，可分为窄短鞍部、窄长鞍部和平宽鞍部。鞍部往往是山区道路通过的地方，有重要的方位作用。测绘时，在鞍部的最底处必须有立镜点，以便使等高线的形状正确；鞍部附近的立镜点应视坡度变化情况选择。鞍部的中心位于分水线的最低位置上，鞍部有两对同高程的等高线，即一对高于鞍部的山脊等高线，一对低于鞍部的山谷等高线，这两对等高线近似地对称，如图 8.24 所示。

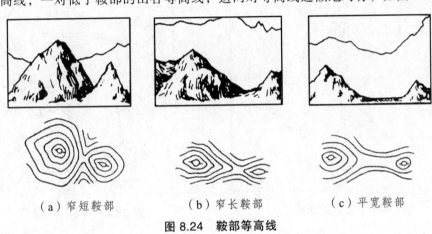

（a）窄短鞍部　　　　　（b）窄长鞍部　　　　　（c）平宽鞍部

图 8.24　鞍部等高线

⑤ 盆地。

盆地是四周高、中间低的地形，其等高线的特点与山顶等高线相似，但其高低相反，即外圈等高线的高程高于内圈等高线。测绘时，除在盆底最低处立镜外，对于盆底四周及盆壁地形变化的地方，适当选择立镜点才能正确显示出盆地的地貌。

⑥ 山坡。

山坡是山脊、山谷等基本地貌间的连接部位，由坡度不断变化的倾斜面组成。测绘时，应在山坡上坡度变化处立镜，坡面上地形变化实际也就是一些不明显的小山脊、小山谷，等高线的弯曲不大。因此，必须特别注意选择立镜点的位置，以显示出微小的地貌。

⑦ 梯田。

梯田是在高山上、山坡上及山谷中经人工改造的地貌。梯田有水平梯田和倾斜梯田两种。测绘时，沿梯坎立镜，在地形图上一般以等高线、梯田坎符号和高程注记（或比高注记）相配合表示梯田，如图 8.25 所示。

⑧ 特殊地貌测绘。

除了用等高线表示的地貌以外，有些特殊地貌如冲沟、雨裂、砂崩崖、土崩崖、陡崖、滑坡等不能用等高线表示。对于这些地貌，用测绘地物的方法测绘出轮廓位置，并用图式规定的符号表示。

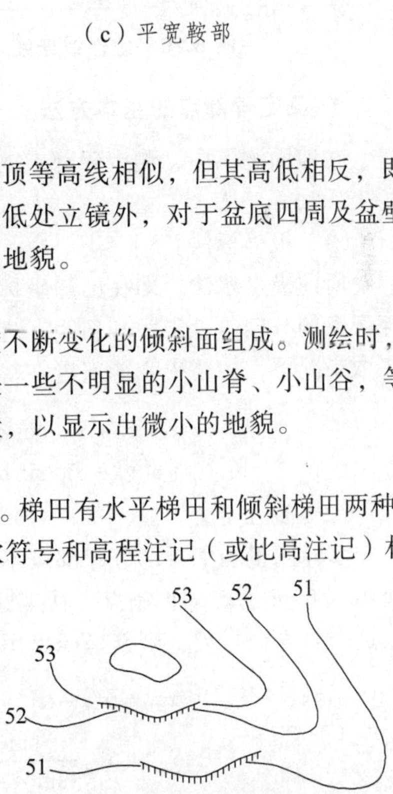

图 8.25　梯田等高线

（4）等高线的手工勾绘。

传统测图中，常常以手工方式绘制等高线。其方法是：测定地貌特征点后，对照实际地形先将地性点连成地性线。通常用实线连成山脊线，用虚线连成山谷线，如图8.26所示。然后在同一坡度的两相邻地貌特征点间按高差与平距成正比关系求出等高线通过点（通常用目估内插法来确定等高线通过点）。最后，根据等高线的特性，把高程相等的点用光滑曲线连接起来，即为等高线。等高线勾绘出来后，还要对等高线进行整饰，即按规定每隔四条基本等高线加粗一条计曲线，并在计曲线上注记高程。高程注记的字头应朝向高处，但不能倒置，如图 8.27所示。在山顶、鞍部、凹地等坡向不明显处的等高线应沿坡度降低的方向加绘示坡线。

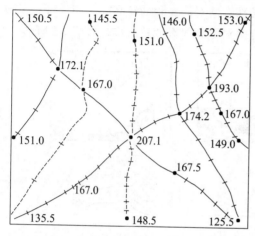

图 8.26 地性线连线

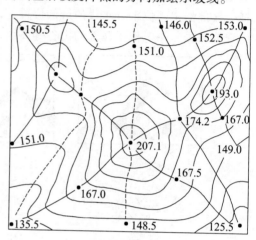

图 8.27 等高线勾绘

3. 测定碎部点的基本方法

在地面测图中，测定碎部点的基本方法主要有极坐标法、方向交会法、距离交会法、直角坐标法等。

（1）极坐标法。

所谓极坐标法，即在已知坐标的测站点 P 上安置全站仪，在测站定向后，观测测站点至碎部点的方向、天顶距和斜距，进而计算碎部点的平面直角坐标。极坐标法测定碎部点，在多数情况下，棱镜中心能安置在待测碎部点上，如图8.28所示的 O 点，则该点的坐标为

$$\left.\begin{array}{l} x = x_P + S_O \cdot \cos\alpha_0 \\ y = y_P + S_O \cdot \sin\alpha_0 \end{array}\right\} \tag{8-2}$$

（2）前方交会。

实际测量当中有部分碎部点不能到达时，可利用前方交会法计算碎部点的坐标。如图8.29所示，A、B 为已知控制点，其坐标分别为 (x_A, y_A) 和 (x_B, y_B)，J 为待定碎部点，A、B 和 J 构成逆时针方向排列，则其坐标可用余切公式计算或按下列公式计算：

$$\alpha_{AJ} = \alpha_{AB} - \alpha$$

$$S_{AJ} = S_{AB} \cdot \frac{\sin\beta}{\sin(\alpha + \beta)}$$

$$\left.\begin{array}{l} x_J = x_A + S_{AJ} \cdot \cos\alpha_{AJ} \\ y_J = y_A + S_{AJ} \cdot \sin\alpha_{AJ} \end{array}\right\} \tag{8-3}$$

式中　α_{AJ}, α_{BJ} ——测站 AJ、BJ 的坐标方位角；

　　　S_{AJ} ——测站点 A 到碎部点 J 的计算距离；

　　　α, β ——观测角。

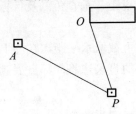

图 8.28　极坐标法　　　　　　　　图 8.29　前方交会

（3）距离交会法。

如果部分碎部点受到通视条件的限制，不能用全站仪直接观测计算坐标，则可根据周围已知点通过丈量距离计算碎部点的坐标。

（4）碎部点高程的计算。

在地形测图中，通常采用三角高程测量测定碎部点的高程。计算碎部点高程的公式如下：

$$H = H_0 + D \cdot \sin\alpha + i - v \tag{8-4}$$

式中　H_0 ——测站点高程；

　　　i ——仪器高；

　　　v ——镜高；

　　　D ——斜距；

　　　α ——垂直角。

4. 大平板仪测图和经纬仪测图

测绘大比例尺地形图是工程测量在工程勘察设计阶段的一项主要测量工作。传统的测图方法有大平板仪测图和经纬仪测图。传统测图方法实质是图解测图，即通过测量地物、地貌点并展绘在图纸上，以手工方式用地形图符号描绘地物、地貌。大平板仪测图和经纬仪测图劳动强度大、周期长、精度低，随着测绘技术的发展，目前已被地面数字测图方法和航空摄影测量测图方法所替代。

（1）大平板仪测图。

① 大平板仪的构造。

大平板仪是地形测图专用仪器，由照准仪、测板、基座等构成。测板一般由 60 cm × 60 cm 大小、厚度为 2 ~ 4 cm 的优质木材制成，测图时在测板上铺放图纸。照准仪由望远镜、竖直度盘、支架和直尺组成，其作

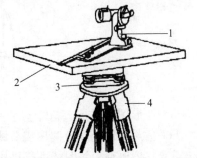

图 8.30　大平板仪

1—照准仪；2—测板；3—基座；4—三脚架

用与经纬仪的照准部相似，所不同的是用直尺用作画方向线代替水平度盘。当瞄准目标后，直尺边离开测站点时，可不动照准仪而用平行尺使其直尺边对准测站点画方向线，如图 8.30 所示。

② 大平板仪测图步骤。

在测站点上安置大平板仪，进行对中、整平和定向，并量取仪器高。

用照准仪瞄准碎部点上的标尺，读取测站至标尺的视距、垂直角以及目标高，并计算出测站至标尺的水平距离和碎部点的高程。

按测图比例尺，用卡规在复式比例尺（或三棱尺）上截取水平距离在图上的长度，使照准仪的直尺边正确通过图板上测站点的刺孔，沿照准仪的直尺边将碎部点展刺在图板上，并在点位旁注记高程。

重复上述步骤，将测站四周所要测的全部碎部点测完为止。

根据所测的碎部点，按规定的图式符号，着手描绘地物、地貌，并随时注意和实地对照检查。同时，要求必须经过全面检查后，方可迁至下一测站。

（2）经纬仪测图。

经纬仪测图采用经纬仪（或全站仪）与分度规（即量角器）配合进行。经纬仪测图方法如图 8.31 所示，将经纬仪安置在测站点 A 上，并量取仪器高，选择另一个已知点 B 作为起始方向（或称零方向）。在测站点 A 附近适当位置安置图板，并将分度规的中心圆孔固定在图板上相应的 a 点。之后用经纬仪照准碎部点 P 上的标尺，读取碎部点方向与起始方向间的水平角、垂直角、斜距，计算出测站点至碎部点的水平距离和碎部点的高程，按碎部点方向放置分度规，并在分度规直径刻划线上依照比例尺量取测站点至碎部点水平距离的图上长度，即可定出 P 点在图上的位置，并在点旁注记碎部点的高程。

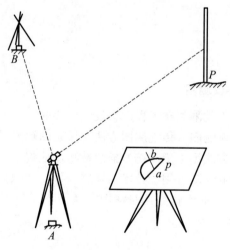

图 8.31　经纬仪测图

（3）地形图的拼接、整饰。

大平板测图和经纬仪测图属分幅测图，在相邻图幅的连接处地物轮廓线和等高线都不会完全重合，必须对相邻图幅进行拼接。为便于拼接，测图时图边应超测 2 cm 左右，拼接时一般取平均位置作修正；如拼接误差超限，应重测。

地形图经过拼接、检查和修正后，应进行清绘和整饰。整饰的次序是先图框内后图框外，先注记后符号，先地物后地貌，最后整饰图框。

8.3　大比例尺数字化测图

地面数字化测图是指对利用全站仪、GPS 接收机等仪器采集到的数据及其编码，通过计算机图形处理而自动绘制地形图的方法。地面数字测图的基本硬件包括全站仪或 GPS 接收机、计算机和绘图仪等；软件的基本功能主要有：野外数据的输入与处理、图形文件生成、等高线自动生成、图形编辑与注记和地形图自动绘制。与传统测图作业相比，地面数字化测图具有以下特点：

（1）传统测图中，在野外基本完成地形原图的绘制，在获得碎部点的平面坐标和高程后，还需手工绘制地形图；地面数字化测图中，外业测量工作实现了自动记录、自动解算处理、自动成图，因此，地面数字化测图具有较高的自动化程度。

（2）地面数字化测图具有较高的测图精度。

（3）传统测图是以一幅图为单元组织施测，这种规则的划分测图单元给图幅边缘测图造成困难，并带来图幅接边问题；地面数字化测图在测区内可不受图幅的限制，作业小组的任务可按河流、道路等自然分界线划分，以便于碎部测图，也减少了图幅接边问题。

（4）在传统测图中，测图员可对照实地用的简单几何作图法测绘规则的地物轮廓，用目测法绘制细小地物和地貌形态；而运用地面数字法测图时，必须有足够的特征点坐标才能绘制地物符号，有足够而又分布合理的地形特征点才能绘制等高线。因此，地面数字化测图中直接测量碎部点的数目比传统测图有所增加，且碎部点（尤其是地形特征点）的位置选择尤为重要。

8.3.1　数据采集

大比例尺数字测图野外数据采集按碎部点测量方法的不同，分为全站仪测量方法和 GPS RTK 测量方法，目前主要采用全站仪测量方法。在控制点、加密的图根点或测站点上架设全站仪，全站仪经定向后，观测碎部点上放置的棱镜，得到方向、竖直角（或天顶距）和距离等观测值，记录在电子手簿上或全站仪内存内；或者由记录器程序计算碎部点的坐标和高程，记入电子手簿或全站仪内存。如果观测条件允许，也可采用 GPS RTK 测定碎部点，将直接得到碎部点的坐标和高程。野外数据采集时除需碎部点的坐标数据外，还需要有与绘图有关的其他信息，如碎部点的地形要素名称、碎部点连接线型等，然后由计算机生成图形文件，进行图形处理。为了便于计算机识别，碎部点的地形要素名称、碎部点连接线型信息也都用数字代码或英文字母代码来表示，这些代码称为图形信息码。根据给以图形信息码的方式不同，野外数据采集的工作程序分为两种：一种是在观测碎部点时，绘制工作草图，在工作草图上记录地形要素名称、碎部点连接关系；然后在室内将碎部点显示在计算机屏幕上，根据工作草图，采用人机交互方式连接碎部点，输入图形信息码和生成图形。另一种是采用笔记本电脑和 PDA 掌上电脑作为野外数据采集记录器，在观测碎部点之后，对照实际地形输入图形信息码和生成图形。

大比例尺数字测图野外数据采集除硬件设备外，需要有数字测图软件来支持。不同的数字测图软件在数据采集方法、数据记录格式、图形文件格式和图形编辑功能等方面会有一些差别。

8.3.2 地形图要素分类和代码

按照《1∶500　1∶1000　1∶2000 地形图要素分类与代码》(GB14804—93)标准，地形图要素分为 9 个大类：测量控制点、居民地与垣栅、工矿建(构)筑物及其他设施、交通及附属设施、管线及附属设施、水系及附属设施、境界、地貌以及土质、植被。地形图要素代码由四位数字码组成，从左到右，第一位是大类码，用 1～9 表示，第二位是小类码，第三、第四位分别是一、二级代码。部分地形要素代码见表 8.7。

表 8.7　地形图要素代码

代　码	名　　称	代　码	名　　称
1113	三等三角点	5121	地面上的低压电力线
1151	一级导线点	5713	架空的工业管道
1214	四等水准点	6112	双线河水涯线
1330	C 级 GPS 点	6240	池塘
2110	一般房屋	6510	水井
2120	简单房屋	7150	县界
2320	台阶	7160	乡界
2430	围墙	7220	自然保护区界
3262	纪念碑	8431	土质陡崖
3271	烟囱	8512	加固斜坡
3313	粮仓群	8521	未加固陡坎
3611	纪念碑	9110	稻田
4110	一般铁路	9210	果园
4310	高速公路	9350	苗圃
4321	一级公路	9410	天然草地
4330	等外公路	9610	地类界
4642	不依比例人行桥		
5111	地面上的高压电力线		

8.3.3　地形图符号的自动绘制

1. 地物符号的自动绘制

地物符号按图形特征可分为三类，即独立符号、线状符号和面状符号。

（1）独立符号的自动绘制。首先建立表示这些符号特征点信息的符号库，即以符号的定位点作为坐标原点，将符号特征点坐标存放在独立符号库中，符号以图形显示时，可按照地图上要求的位置和方向对独立符号信息数据中的坐标进行平移和旋转；然后绘制该独立符号。

（2）线状符号的自动绘制。线状符号按轴线的形状可分为直线、圆弧、曲线三种。根据不同线型和符号的几何关系用数学表达式来计算符号特征点的坐标，然后绘制线状符号。

（3）面状符号的自动绘制。面状符号分为轮廓线的绘制和填充符号的绘制，轮廓线按线状符号绘制，按晕线的方位计算晕线与轮廓线的交点来绘制晕线；填充符号，是在轮廓区域内计算填充符号的中心位置，再绘制点状符号。

2. 等高线的自动绘制

根据不规则分布的数据点自动绘制等高线可采用网格法和三角网法。网格法：由小的长方形或正方形排列成矩阵式的网格，每个网格点的高程以不规则数据点为依据，按距离加权平均或最小二乘曲面拟合地表面等方法求得；三角网法：直接由不规则数据点连成三角形网。在构成网格或三角形网后，再在网格边或三角形边上进行等高线点位的寻找、等高线点的追踪、等高线的光滑和绘制等高线。

8.3.4　数字地形图编辑和输出

野外采集的碎部数据，在计算机上显示图形，经过计算机人机交互编辑，生成数字地形图。计算机地形图的编辑是操作测图软件（或菜单）来完成的。大比例尺地面数字测图软件具有以下功能：

（1）碎部数据的预处理。包括在交互模式下碎部点的坐标计算及编码、数据的检查及修改、图形显示、数据的图幅分幅等。

（2）地形图的编辑。包括地物图形文件生成、等高线文件生成、图形修改、地形图注记、图廓生成等。

（3）大比例尺地形图在完成编辑后，可储存在计算机内或其他介质上，或者由计算机控制绘图仪绘制地形图。

绘图仪分为矢量绘图仪和点阵绘图仪，其中矢量绘图仪又称有笔绘图仪，绘图时逐个绘制图形，绘图的基本元素是直线段；点阵绘图仪又称无笔绘图仪，这类绘图仪有喷墨绘图仪、激光绘图仪等。绘图时，将整幅矢量图转换成点阵图像，逐行绘出，绘图的基本元素是点。

由于点阵绘图仪的绘图速度较矢量绘图仪快，因此，目前大比例尺地形图多数采用属于点阵绘图仪的喷墨绘图仪绘制。

8.4 地籍测量简介

地籍测量是对地块权属界线的界址点坐标进行精确测定，并把地块及其附着物的位置、面积、权属关系和利用状况等要素准确地绘制在图纸上和记录在专门的表册中的测绘工作。

地籍测量的成果包括数据集（控制点和界址点坐标等）、地籍图和地籍册。

8.4.1 地籍测量的任务和作用

1. 地籍测量的任务

（1）地籍控制测量。

（2）测定行政区划界和土地权属界的位置及界址点的坐标。

（3）调查土地使用单位的名称或个人姓名、住址及门牌号、土地编号、土地数量、面积、利用状况、土地类别以及房产属性。

（4）由测定和调查获取的资料、数据编制地籍数字册及地籍图，计算土地权属范围面积。

（5）进行地籍更新测量，包括地籍图的修测、重测和地籍簿册的修编工作。

2. 地籍测量的作用

（1）为土地整治、土地利用、土地规划和制定土地政策提供可靠的依据。

（2）为土地登记和颁发土地证，保护土地所有者和使用者的合法权益提供法律依据，地籍测量成果具有法律效力。

（3）为研究和制定征收土地税或土地使用费的收费标准提供准确的依据。

地籍测量工作人员应严格按照《城镇地籍调查规程》（TD1001—93）和《地籍测绘规范》（CH5002—94）进行工作，特别是地产权属境界的界址点位置必须满足规定的精度。界址点的正确与否，涉及个人和单位的权益问题。同时地籍资料应不断更新，以保持准确性和现势性。

8.4.2 地籍测量平面控制测量

根据《地籍测绘规范》的规定，地籍控制测量包括基本控制测量和图根控制测量。

1. 基本控制测量

基本控制点包括国家各级大地控制点和城镇二、三、四等控制点以及一、二级控制点。控制网的布设应遵循从"整体到局部，从高级到低级，分级布网，逐级加密"的原则，也可根据测区实际越级布网。控制测量可选用三角测量、三边测量、导线测量、GPS定位测量等方法。四等以下控制网最弱点对于起算点的点位中误差不得超过±5 cm，四等控制网最弱相邻点相对中误差不得超过±5 cm。应参照《城市测量规范》规定要求测量各级控制点的高程。测区首级控制网是地籍测量控制的基础，可根据测区面积、自然地理条件、布网方法，并顾及规划发展远景，选择二、三、四等和一级控制网中的任一等级作为首级控制网：一般面积为 100 km² 以上的大城市应选二等；面积为 30～100 km² 的中等城市选二等或三等；面积为

10～30 km² 的县城镇选三等或四等；10 km² 以下的可选一级。首级控制应布成网状结构。对测区内已有控制网点，应分析其控制范围和精度。当控制范围与精度符合规范要求时，可直接利用；否则应根据实际情况，进行重建、改造或扩展。

2. 图根控制测量

地籍图根点的密度应根据测区内建筑物的稀密程度和通视条件而定，以满足地籍要素测绘需要为原则，一般每隔 100～200 m 应有一点。基本控制点应埋设固定标石，埋石有困难的沥青或水泥地面上可打入刻有"十"字的钢桩代替标石，在四周凿刻深度为 1 cm、边长为 15 cm × 15 cm 的方框，涂以红漆，内注等级及点号。测量坐标系应采用国家统一坐标系，当投影长度变形大于 2.5 cm/km 时，可采用任意带高斯平面坐标系或采用抵偿高程面上的高斯平面坐标系，也可采用地方坐标系；采用地方坐标系时，应与国家坐标系联测。条件不具备的地方，可采用任意坐标系。

8.4.3　地籍调查

地籍调查是土地管理的基础工作，内容包括土地权属调查、土地利用状况调查和界址调查，目的是查清每宗土地的位置、权属、界线、数量、用途和等级及其地上建筑物、附属物等基本情况，满足土地登记的需要。地籍调查的工作程序如下：

（1）收集调查资料，准备调查底图。
（2）标绘调查范围，划分街道、街坊。
（3）分区、分片发放调查指界通知书。
（4）实地调查、指界、签界。
（5）绘制宗地草图。
（6）填写地籍调查审批。
（7）调查资料整理归档。

8.4.4　地籍图测绘

地形图是地物和地貌的综合，地籍图则是必要的地形要素和地籍要素的综合。地籍要素包括行政界线、权属界址点、界址线、地物界线、地块界线、保护区界线、建筑物及构筑物、道路及线状物、水系和植被，同时还包括调查房屋结构与层数、门牌号码、地理名称和大的单位名称等。

地籍要素测量主要采用地面测量方法，具体有解析法、部分解析法、图解法等。
在地籍要素测量过程中应注意的事项如下：
（1）界址点、界址线按权属调查确定的位置测绘；没有调查成果的，按实际使用界线测绘。
（2）房屋或其他构筑物以外墙基准为准。
（3）作为权属界线的现状地物（围墙、栅栏、活树篱笆等），应测绘。
（4）块地按实际界线测量。

8.4.5 识读地籍图示列

地籍图图式（见表8.8）和样图（见图8.32、图8.33）示列：

表8.8 地籍图图式示列

编号	名称	符号	说明
1.1	界址点	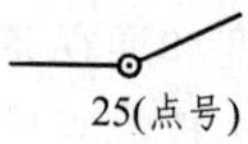 25(点号)	小圆直径0.8 mm，双色图中界址点及其编号用红色表示（点号仅在宗地图上表示）
1.2	界址小于1 mm 的界址点	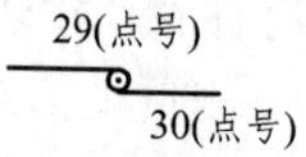 29(点号) 30(点号)	用同一界址点符号表示，但分别注记两个点号
3.5	乡、镇、国营农、林场界	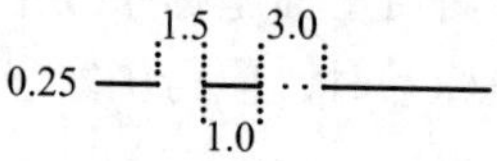 0.25 1.5 3.0 1.0	
3.6	村界	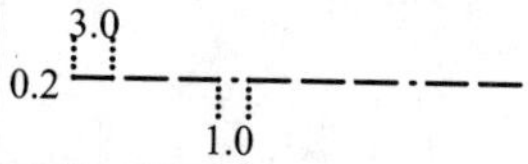 3.0 0.2 1.0	
3.7	保护区域	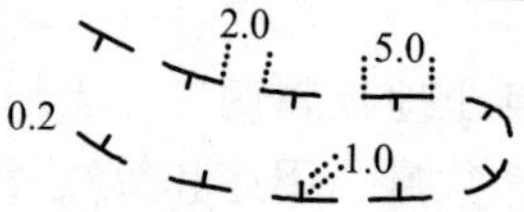 2.0 5.0 0.2 1.0	
4.1	界址线	 0.3	界址线用0.3 mm的粗线表示，在双色图中用红色表示
4.5.1	墙界	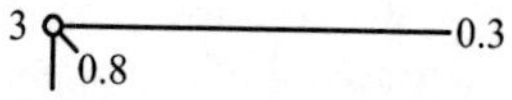 3 0.8 0.3	以墙为界时，房屋边线用界址线表示。房屋转折点用界址点表示
5.7	宗地内注记形式	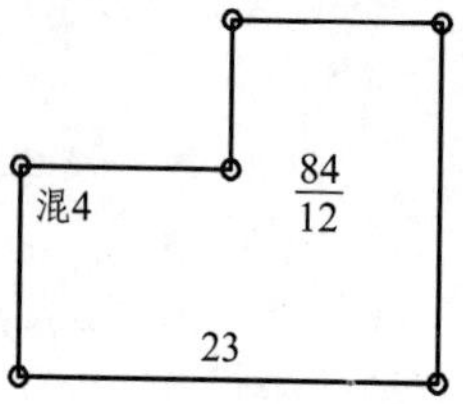 混4 84/12 23	宗地内注记 $\frac{84}{12}$: 宗地号（块地号） 地类号（至二级分类） 混4: 混—房屋结构 4—房屋层数 23: 门牌号
5.1	宗道编号	**3**	宋体62 K，在双色图中用红色表示
5.2	宗坊编号	(5)	正等斜体32 K，在双色图中用红色表示
5.3	宗地号 地类号	12 45	宗地号自1~899顺序编号，地类号取至二级分类正等线体12 K。宗地号在双色图中用红色表示
5.4	块地号 地类号	907 12	块地号自900~999顺序编号，地类号取至二级分类正等线体12 K。块地号在双色图中用红色表示
5.5	门牌号	486	注记在靠近道路的房屋边缘线附近。细等线体10K

单位：m．m^2

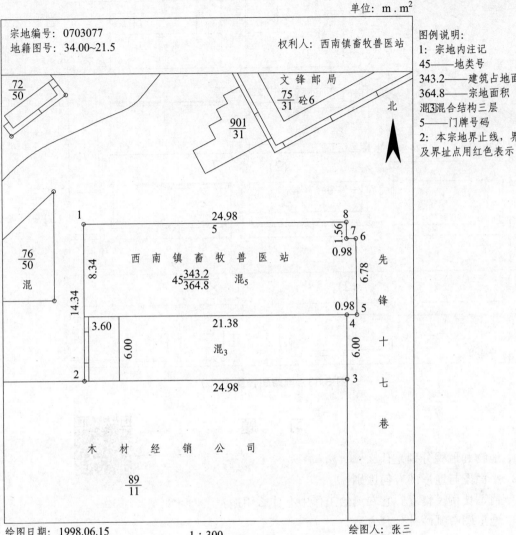

图 8.32 地籍图样图（一）

绘图日期：1998.06.15
审核日期：1998.06.20

1：300

绘图人：张三
审核人：李四

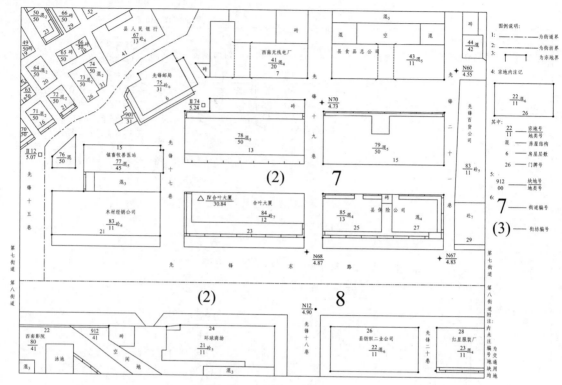

图 8.33　地籍图样图（二）

习　题

1. 地物和地貌分别是什么？
2. 平面图与地形图有何区别？
3. 何谓比例尺精度？它在测绘工作中有什么用途？
4. 地形图有哪两种分幅方法？
5. 等高线的定义？有哪些特征？如何分类？
6. 简述典型地貌的等高线表示方法。
7. 试述用经纬仪测绘法在一个测站上测绘地形图的工作步骤。
8. 试述全站仪数字化测图的方法与步骤。

本章复习重难点
试题及答案

手机自测
巩固基础

第9章 地形图的应用

本章重点：地形图的基本应用 ——坐标测量、距离、方位角、坡度等；在工程建设中的应用 ——面积计算、纵横断面图的绘制、土地平整中土方量的计算。

随着社会的发展和科学技术的进步，工程建设的种类越来越多，规模越来越大，内容越来越复杂。工程建设的种类主要有：水利水电工程建设、城市建设、工业建设、铁路建设、公路建设、桥梁与隧道建设、矿山建设、管线工程建设和港口码头工程建设等。一般的工程建设可分为规划设计、建筑施工和运营管理三个阶段。为进行工程建设的规划设计，必须对工程建设所在地的地形、地质和水文地质条件等有充分的了解，为此要进行勘察工作；同时，进行地形图的测绘，为工程建设的规划设计提供地形图。

9.1 地形图的基本应用

利用地形图可以很容易地获取各种地形信息，如量测各个点的坐标，量测点与点之间的距离，量测直线的方位角、点的高程、两点间的坡度，计算面积等。

9.1.1 量取点位的坐标

在大比例尺地形图内图廓的四角注有实地坐标值。如图9.1所示，欲在图上量测 P 点的坐标，可在其所在方格，过点分别作平行于 x 轴和 y 轴的直线 eg 和 fh，按地形图比例尺量取 af 和 ae 的长度，则

$$\left.\begin{array}{l} x_P = x_a + af \\ y_P = y_a + ae \end{array}\right\} \qquad (9\text{-}1)$$

式中 x_a，y_a ——P 点所在方格西南角点的坐标。

9.1.2 量测两点间的距离

分别量取两点的坐标值，然后按坐标反算公式计算两点间的距离。

当量测距离的精度要求不高时，可以用比例尺直接在图上量取或利用复式比例尺量取两点间的距离。

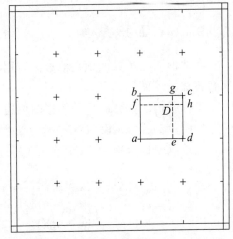

图 9.1 图上量取点的坐标

9.1.3　量测直线的坐标方位角

分别量取直线两端点的平面直角坐标，再用坐标反算公式求出该直线的坐标方位角。量测精度要求不高时，可用量角器直接在图上量测直线的坐标方位角。

9.1.4　确定地面点的高程和两点间的坡度

如图 9.2 所示，P 点正好在等高线上，则其高程与所在的等高线高程相同。

如果所求点不在等高线上，如 k 点，则过 k 点作一条大致垂直于相邻等高线的线段 mn，量取 mn 的长度 d，再量取 mk 的长度 d_1，k 点的高程 H_k 可按比例内插求得，即

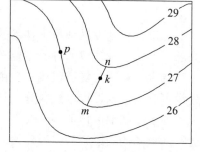

$$H_k = H_m + \frac{d_1}{d} \cdot h \qquad (9\text{-}2)$$

式中　　H_m——m 点的高程；

　　　　h——等高距。

在地形图上求得相邻两点间的水平距离 D 和高差 h 后，可计算两点间的坡度。坡度是指直线两端点间高差与其平距之比，以 i 表示，即

图 9.2　确定地面点的高程

$$i = \tan\alpha = \frac{h}{D} = \frac{h}{d \cdot M} \qquad (9\text{-}3)$$

式中　　d——图上直线的长度；

　　　　h——直线两端点间的高差；

　　　　D——该直线的实地水平距离；

　　　　M——比例尺分母。

坡度 i 一般用百分率（%）或千分率（‰）表示，上坡为正，下坡为负。

如果两点间距离较大，中间通过数条等高线且等高线平距不等，则所求地面坡度是两点间的平均坡度。

9.1.5　面积量算

在地形图上量算面积是地形图应用的一项重要内容。量算面积的方法很多，这里介绍坐标解析法量算面积。

坐标解析法量算面积是依据图块边界轮廓点的坐标计算面积的方法。

如图 9.3 所示，设 $ABC\cdots N$ 为任意多边形，$ABC\cdots N$ 按顺时针方向排列，在测量坐标系中，其顶点坐标分别为（x_1，y_1），（x_2，y_2），…，（x_n，y_n），则多边形面积为

$$
\begin{aligned}
P = &\frac{1}{2}(x_1 + x_2)(y_2 - y_1) + \frac{1}{2}(x_2 + x_3)(y_3 - y_2) + \\
&\frac{1}{2}(x_3 + x_4)(y_4 - y_3) + \cdots + \frac{1}{2}(x_n + x_1)(y_1 - y_n)
\end{aligned} \qquad (9\text{-}4)
$$

化简得

$$P = \frac{1}{2}\sum_{i=1}^{n}(x_i + x_{i+1})(y_{i+1} - y_i)$$

或

$$P = \frac{1}{2}\sum_{i=1}^{n}(x_i y_{i+1} - x_{i+1} y_i) \qquad (9\text{-}5)$$

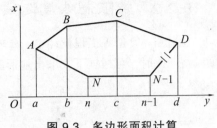

图 9.3　多边形面积计算

式中，n 为多边形顶点个数；$x_{n+1} = x_1, y_{n+1} = y_1$。

　　如果为曲线围成的图形，可沿曲线边界逐点采集轮廓点的坐标，然后用坐标解析法计算面积。

9.2　地形图在工程上的应用

利用地形图可以绘制地形断面图，按限制坡度选线，确定汇水范围、场地平整的填挖边界，计算土方量。

9.2.1　绘制断面图

　　在工程设计中，当需要知道某一方向的地面起伏情况时，可按此方向直线与等高线交点的平距与高程绘制断面图。具体方法如下：

　　如图 9.4（a）所示，欲沿 MN 方向绘制断面图，首先在图上作 MN 直线，找出与各等高线相交点 a，b，c，…，i。如图 9.4（b）所示，在绘图纸上绘制水平线 MN 作为横轴，表示水平距离；过 M 点作 MN 的垂线作为纵轴，表示高程。然后在地形图上自 M 点分别量取至 a，b，c，…，N 各点的距离，并在图 9.4（b）上自 M 点沿 MN 方向截出相应的 a，b，c，…，N 各点。再在地形图上读取各点高程，在图 9.4（b）上以各点高程作为纵坐标，向上画出相应的垂线，得到各交点在断面图上的位置，用光滑曲线连接这些点，即得 MN 方向的断面图。

　　为了明显地表示地面的起伏变化，高程比例尺常为水平距离比例尺的 10～20 倍。为了正确地反映地面的起伏形状，方向线与地性线（山脊线、山谷线）的交点必须在断面图上表示出来，以使绘制的断面曲线更符合实际地貌，其高程可按比例内插求得。

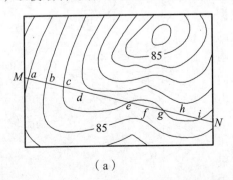

（a）

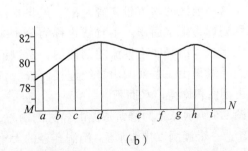

（b）

图 9.4　按一定方向绘制断面图

9.2.2 按限制坡度选线

在道路、管道等工程设计中，要求在不超过某一限制坡度的条件下，选定最短线路或等坡度线路。此时，可根据下式求出地形图上相邻两条等高线之间满足限制坡度要求的最小平距：

$$d_{\min} = \frac{h_0}{i \cdot M} \qquad\qquad (9\text{-}6)$$

式中 h_0 ——等高线的等高距；

　　　i ——设计限制坡度；

　　　M ——比例尺分母。

如图 9.5 所示，按地形图的比例尺，用两脚规截取相应于 $d_{\min}$ 的长度，然后在地形图上以 A 点为圆心，以此长度为半径，交 54 m 等高线得到 a 点；再以 a 点为圆心，交 55 m 等高线得到 b；依此进行，直到 B 点。之后将相邻点连接，便得到符合限制坡度要求的路线。同法可在地形图上沿另一方向定出第二条路线 $A—a'—b'—\cdots—B$，作为比较方案。

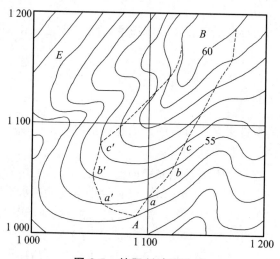

图 9.5　按限制坡度选线

9.2.3 确定汇水面积

在桥涵设计和水利建设中，桥涵孔径的大小和水库水坝的设计位置与水库的蓄水量等，都是根据汇集于这一地区的水流量来确定的。汇集水流量的区域面积称为汇水面积。山脊线也称为分水线。雨水、雪水是以山脊线为界流向两侧的，所以汇水面积的边界线是由一系列的山脊线连接而成。量算出该范围的面积即得汇水面积。

图 9.6 所示 A 处为修筑道路时经过的山谷，需在 A 处建造一个涵洞以排泄水流。涵洞孔径的大小应根据流经该处的水量来决定，而这水量又与汇水面积

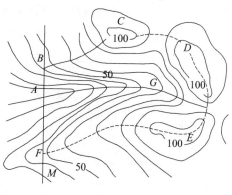

图 9.6　汇水面积

174

有关，由图 9.6 中可以看出，由分水线 BC、CD、DE、EF 及道路 FB 所围成的面积即为汇水面积。各分水线处处都与等高线相垂直，且经过一系列的山头和鞍部。

9.2.4　根据等高线整理地面

在工程建设中，常需要把地面整理成水平或倾斜的平面。

假设要把图 9.7 所示的地区整理成高程为 201.7 m 的水平场地，确定填挖边界线的方法是：在 201 m 与 202 m 两条等高线间，以 7∶3 的比例内插出 201.7 m 的等高线。图上 201.7 m 高程的等高线即为填挖边界线。在这条等高线上的各点处不填不挖；不在这条等高线上的各点处就需要填或挖。图 9.7 上 204 m 等高线上各点处要挖深 2.3 m，在 198 m 等高线各点处要填高 3.7 m。

假定要把地表面整理成倾斜平面，如图 9.8 中，要通过实地上 A、B、C 三点筑成一倾斜平面，此三点的高程分别为 152.3 m、153.6 m、150.4 m，在图上的相应位置为 a、b、c。

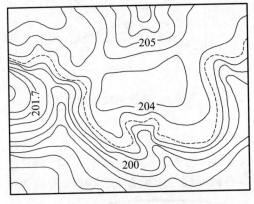

图 9.7　整理成水平面

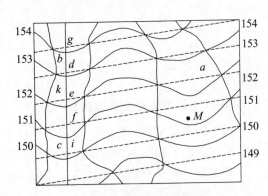

图 9.8　整理成倾斜平面

倾斜平面上的等高线是等距的平行线。为了确定填挖边界线，需在地形图上画出设计等高线。首先，求出 ab、bc、ac 三线中任一线上设计等高线的位置。以图中 bc 线为例，在 bc 线上用内插法得到高程为 153 m、152 m 和 151 m 的点 d、e、f；同法再内插出与 A 点同高程（152.3 m）的点 k，连接 ak，此线即是倾斜平面上高程为 152.3 m 的等高线。通过 d、e、f 各点作与 ak 平行的直线，就得到倾斜平面上的设计等高线。这些等高线在图中是用虚线表示的。

在图上定出设计等高线与原地面上同高程等高线的交点，即得到不填不挖点（也称为零点），用平滑的曲线连接各零点，即得到填挖边界线。图 9.8 中有阴影的部分表示应填土的区域，而其余部分表示应挖土的区域。

每处需要填土的高度或挖土的深度是根据实际地面高程与设计高程之差确定的，如在 M 点，实际地面高程为 151.2 m，而该处设计高程为 150.6 m，因此 M 点必须挖深 0.6 m。

9.2.5　体积计算

在工程建设中，经常要进行土石方量的计算，这实际上是体积计算的问题。由于各种建筑工程类型的不同，地形复杂程度不同，因此需计算体积的形体是复杂多样的。下面介绍体积计算中常用的等高线法、断面法和方格法。

1. 根据等高线计算体积

在地形图上，可利用图上等高线计算体积，如山丘体积、水库库容等。图 9.9 所示为一土丘，欲计算 100 m 高程以上的土方量。首先量算各等高线围成的面积，各层的体积可分别按台体和锥体的公式计算。将各层体积相加，即得总的体积。

设 F_0、F_1、F_2、F_3 为各等高线围成的面积，h 为等高距，h_k 为最上一条等高线至山顶的高度。则

$$
\left.
\begin{aligned}
V_1 &= \frac{1}{2}(F_0 + F_1)h \\
V_2 &= \frac{1}{2}(F_1 + F_2)h \\
V_3 &= \frac{1}{2}(F_2 + F_3)h \\
V_4 &= \frac{1}{3}F_3 h_k \\
V &= \sum_{i=1}^{n} V_i
\end{aligned}
\right\}
\qquad (9\text{-}7)
$$

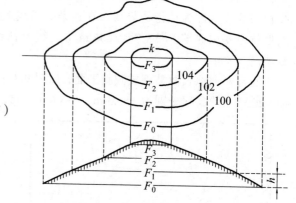

图 9.9　按等高线量算体积

2. 带状土工建筑物土石方量算

在地形图上求路基、渠道、堤坝等带状土工建筑物的开挖或填筑土（石）方，可采用断面法。根据纵断面线的起伏情况，将基本一致的坡度划分为若干同坡度路段，各段的长度为 d_i。过各分段点作横断面图，如图 9.10 所示，量算各横断面的面积为 S_i，则第 i 段的体积为

$$
V_i = \frac{1}{2}d_i(S_{i-1} + S_i) \qquad (9\text{-}8)
$$

则带状土工建筑物的总体积为

$$
V = \frac{1}{2}\sum_{i=1}^{n}d_i(S_{i-1} + S_i) \qquad (9\text{-}9)
$$

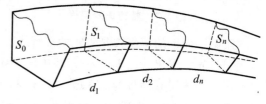

图 9.10　断面法计算体积

3. 土地平整的填挖土石方计算

根据地形图，采用方格法来量算平整土地区域的填挖土石方。首先，在平整土地的范围内按一定间隔 d（一般为 5～20 m）绘出方格网，如图 9.11 所示；然后，量算方格点的地面高程，注在相应方格点的右上方。为使挖方与填方大致平衡，可取各方格点高程的平均值作为设计高程 H_0，则各方格点的施工高程 h_i 为

$$
h_i = H_0 - H_i
$$

将施工高程注在地面高程的下面，负号表示挖土，正号表示填土。

在图上按设计高程确定填挖边界线，根据方格四个角点的施工高程符号不同，可选择以下四种情况之一计算各方格的填挖方量。

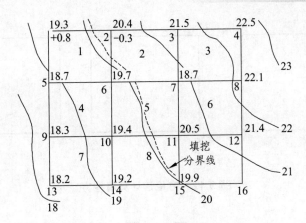

图 9.11　方格法量算填挖土石方

（1）四个角点均为填方或均为挖方，此时有

$$V = \frac{h_a + h_b + h_c + h_d}{4} \cdot d^2 \qquad (9\text{-}10)$$

（2）相邻两个角点为填方，另外相邻两个角点为挖方，如图 9.12（a）所示，则

$$\left.\begin{aligned} V_{挖} &= \frac{d^2}{4}\left(\frac{h_a^2}{h_a + h_b} + \frac{h_c^2}{h_c + h_d}\right) \\ V_{填} &= \frac{d^2}{4}\left(\frac{h_b^2}{h_a + h_b} + \frac{h_d^2}{h_c + h_d}\right) \end{aligned}\right\} \qquad (9\text{-}11)$$

（3）三个角点为挖方，一个角点为填方，如图 9.12（b）所示，则

$$\left.\begin{aligned} V_{挖} &= \frac{2h_b + 2h_c + h_d - h_a}{6} \cdot d^2 \\ V_{填} &= \frac{h_a^3}{6(h_a + h_b)(h_a + h_c)} \cdot d^2 \end{aligned}\right\} \qquad (9\text{-}12)$$

如果三个角点为填方，一个角点为挖方，则上、下两计算公式等号右边的算式对调。

（4）相对两个角点为连通的填方，另外相对两个角点为独立的挖方，如图 9.12（c）所示，则

$$\left.\begin{aligned} V_{挖} &= \frac{2h_b + 2h_d - h_b - h_c}{6} \cdot d^2 \\ V_{填} &= \left(\frac{h_b^3}{(h_b + h_a)(h_b + h_d)} + \frac{h_c^3}{(h_c + h_a)(h_c + h_d)}\right) \cdot \frac{d^2}{6} \end{aligned}\right\} \qquad (9\text{-}13)$$

如果相对两个角点为连通的挖方，另外相对两个角点为独立的填方，则上、下两计算公式的右式对调。

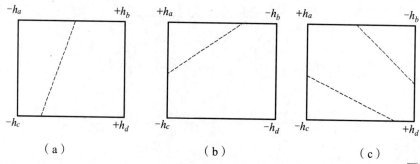

图 9.12　方格法计算填挖方

习　题

1. 简述地形图的基本应用 —— 点位坐标的表示、直线距离的表示、角度的表示方法。
2. 简述应用地形图绘制纵断面图的方法。
3. 简述应用地形图确定汇水面积的方法。
4. 简述应用地形图进行土方量的计算方法。

手机自测
巩固基础

第 10 章　施工测量的基本工作

本章重点： 施工测量的意义；施工控制测量的方法；施工测量的基本工作 —— 角度测设、距离测设、高程测设；点的平面位置放样方法；已知坡度直线的测设方法。

10.1　概　述

10.1.1　施工测量概述

施工测量的主要任务是将图纸上设计好的建筑物或构筑物的平面位置和高程，按照设计的要求，以一定的精度在实地上标定出来，作为施工的依据。

施工测量应遵循"先整体后局部，先控制后碎部"的原则。施工测量的主要工作包括施工控制测量和施工放样。首先应根据勘测设计部门提供的测量控制点，在整个建筑区建立统一的施工控制网，作为后续建筑物定位放样的依据；然后在熟悉建筑物的总体布置图和细部结构设计图的基础上，找出主要轴线和主要点的设计位置以及各部件之间的几何关系；再结合现场的条件、控制点的分布和现有的仪器设备，确定放样的方法。

在各项、分项、各部分工程施工之后，还要进行竣工验收，检查施工是否符合设计要求；并根据实测验收的记录，编绘竣工图和资料，作为验收时鉴定工程质量和工程交付后管理、维修、扩建、改建的依据。

施工测量贯穿于整个施工测量的全过程。对于一些大型的重要建筑物，还需要进行变形观测，便于及时发现和解决问题，以保证施工和建筑物的安全；同时也作为鉴定工程质量和验证工程设计、施工是否合理的依据。另外，在施工期间尤其是基坑开挖期间，还需要测绘大比例尺地形图，为工程土石方估算、景观设计等提供必要的图纸资料。

10.1.2　施工测量的精度

施工测量的精度要求比测绘地形图的精度要求更复杂。它包括施工控制网的精度、建筑物轴线测设的精度和建筑物细部放样的精度三个部分。

控制网的精度是由建筑物的定位精度和控制范围的大小所决定的，当定位精度要求较高和施工现场较大时，则需要施工控制网具有较高的精度。

建筑物轴线测设的精度是指建筑物定位轴线的位置对控制网、周围建筑物或建筑红线的精度。对这种精度的要求一般不高。

建筑物细部放样的精度是指建筑物内部各轴线对定位轴线的精度。这种精度的高低取决于建（构）筑物的大小、材料、性质、用途及施工方法等因素。

一般来说，高层建筑物的放样精度要求高于低层建筑物；钢结构建筑物的放样精度要求高于钢筋混凝土结构建筑物；永久性建筑物的放样精度要求高于临时性建筑物；连续性自动化生产车间的放样精度要求高于普通车间；工业建筑的放样精度要求高于一般民用建筑；吊装施工方法对放样精度的要求高于现场浇灌施工方法。

施工测量的精度应遵循我国现行标准执行，如《混凝土结构工程施工及验收规范》、《钢筋混凝土高层建筑结构设计与施工规程》、《建筑安装工程施工及验收技术规范》等。对于有特殊要求的工程项目，应根据设计对限差的要求，确定放样的精度。

10.2 施工控制测量

10.2.1 平面控制测量

施工平面控制网的布设，应根据总平面设计和施工地区的地形条件来确定。对于起伏较大的山岭地区（如水利枢纽）及跨越江河的工程（如大桥），过去一般采用三角测量（或边角测量）的方法建网；对于地形平坦但测设比较困难的地区，如扩建或改建的工业场地，多采用导线网；对于建筑物多为矩形且布置比较规则和密集的工业场地，可将施工控制网布置成规则的矩形格网，即建筑方格网。现阶段，测设中多采用 GPS 网。对于高精度的施工控制网，则将 GPS 网与地面的边角网或导线网相结合，使两者优势互补。

施工平面控制网有如下特点：

（1）控制的范围较小，控制点的密度较大，精度要求较高。

施工控制测量的控制范围一般较小，对于大型的水利枢纽工程，控制面积也不过十几平方千米；对于中小型水利枢纽工程，通常不超过几平方千米；而对于一般的工业建设场地，多在 1 km^2 以下。由于各种建筑物的分布错综复杂，故要求控制点密度较大，否则无法满足施工放样的需求。施工控制网的精度要求较高，因为施工控制网的主要作用是放样建筑物的轴线，这些轴线的位置，其偏差都有一定的限制，如工业厂房主轴线定位的精度为 2 cm；4 km 以下的山岭隧道，相向开挖时两中线的最大横向偏差不能超过 10 cm。

（2）使用频繁。

在施工过程中，控制点常直接用于放样，使用很频繁。这就对控制点的稳定性、使用的方便性以及点位在施工期间保存的可能性提出了较高的要求。有时在控制点上设置观测墩或采用顶面带有金属标板的混凝土桩，以使放样工作简化。

（3）受施工干扰大。

现代化施工多采用交叉作业法，各建筑物的施工高度有时相差悬殊，施工场地的人员和机械错综复杂，会妨碍控制点的通视，因此，施工控制网的布设应作为整个工程施工设计的一部分，必须考虑施工场地的布置情况以及施工的程序、方法。点的位置应分布恰当，密度也应较大，为了防止控制点的标桩被破坏，所布设的点位应画在施工设计的总平面图上。

（4）控制网的坐标系与施工坐标系一致。

施工坐标系，就是以建筑物的主要轴线作为坐标轴而建立起来的局部直角坐标系统。在设计总平面图上，建筑物的平面位置用施工坐标系的坐标来表示。例如：水利枢纽工程通常用大坝轴线作为坐标轴；大桥用桥轴线作为坐标轴；隧道用中心线或其切线作为坐标轴；工业建设场地则采用主要车间或主要生产设备的轴线作为坐标轴，建立施工直角坐标系。布设施工控制网时应尽可能将这些主要轴线作为控制网的一条边。当施工控制网与测图控制网发生联系时，应进行坐标换算。

（5）投影面与工程的平均高程面一致。

施工控制网不需要投影到平均海平面或参考椭球所对应的高斯平面上。对工业建筑场地，一般是将施工控制网投影到厂区平均高程面上，但有的工程要求投影到定线放样精度要求最高的平面上，以保证设备、构建的安装精度；桥梁控制网要求化算到桥墩顶的高程面上；隧道控制网则应投影至隧道平均高程面上。

（6）有时分两级布网，次级网可能比首级网的精度高。

一个工程往往是各种建筑物、构筑物、铁路、公路的综合体，各个项目对放样的精度要求不同，各项目轴线之间的几何联系要求，比之细部相对于各自轴线的要求来说，精度要低得多，因此，施工控制网有时采用两级布网方式。首先建立第一级控制网，用以放样各建筑物的主要轴线；其次根据各个工程项目放样的具体要求建立第二级控制网。第二级控制网的精度并不一定比第一级低（如工业建筑场地）。

10.2.2　高程控制测量

施工高程控制网：通常也分为两级布设，即布满整个施工场地的基本高程控制网与根据各施工阶段放样需要而布设的加密网。首级高程控制网通常采用三等水准测量施测，加密高程控制网则用四等水准测量。高程控制网点布设时应距建筑物、构筑物不小于 25 m，距回填土边缘不小于 15 m 的地方。加密网点一般均为临时水准点，布设在建筑物近旁的不同高度上，如直接在岩石露头上画记号作为临时水准点。这些水准点一开始作为沉陷的观测点使用，当所浇筑的混凝土块的沉陷基本停止后，即可作为临时水准点使用。

对于起伏较大的山岭地区（如水利枢纽地区），平面和高程控制网通常单独布设；对于平坦地区（如工业场地），平面控制点通常兼作高程控制点。

10.3　施工测量的基本工作

施工测量的主要任务是测设或放样，即根据控制点或已有建筑物特征点与待测设点之间的角度、距离和高差等几何关系，应用测绘仪器和工具标定出来。因此，测设已知的水平距离、水平角、高程是施工测量的基本工作。

10.3.1　测设已知水平距离

测设已知水平距离是从地面一已知点开始，沿已知方向测设出给定的水平距离以定出第二个端点的工作。根据地形情况和精度要求不同，距离放样可选用不同的方法和工具。通常，精度要求不高时，可采用钢尺或皮尺量距放样；精度要求较高时，可用全站仪或测距仪放样。

1. 用钢尺测设已知水平距离

（1）一般方法。

如图 10.1 所示，在地面上由已知点 A 开始，沿给定方向，用钢尺量出已知水平距离 d，定出 B' 点。为了校核与提高测设精度，在起点 A 处改变读数，按同法量已知距离 D，定出 B'' 点。由于量距有误差，B' 与 B'' 两点一般不重合，其相对误差在允许范围内时，则取两点的中点 B 作为最终位置。

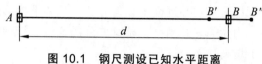

图 10.1　钢尺测设已知水平距离

（2）精确方法。

当水平距离的测设精度要求较高时，在按上述的一般方法在地面测设出水平距离的基础上，还应再加上尺长、温度和高差 3 项改正，但改正数的符号与精确量距时的符号相反。即

$$S = D - \Delta_l - \Delta_t - \Delta_h$$

式中　S——实地测设的距离；

　　　D——待测设的水平距离；

　　　Δ_l——尺长改正数，$\Delta_l = \dfrac{\Delta l}{l_0} \cdot D$，$l_0$ 和 Δl 分别是所用钢尺的名义长度和尺长改正数；

　　　Δ_t——温度改正数，$\Delta_t = \alpha \cdot D \cdot (t - t_0)$，$\alpha$ 为钢尺的线膨胀系数 $(\alpha = 1.25 \times 10^{-5})$，$t$ 为测设时的温度，t_0 为钢尺的标准温度，一般为 20℃；

　　　Δ_h——倾斜改正数，$\Delta_h = -\dfrac{h^2}{2D}$，$h$ 为线段两端点的高差。

【例 10.1】　如图 10.2 所示，欲测设水平距离 AB，所使用钢尺的尺长方程式为

$$l_t = 30.000\text{m} + 0.003\text{m} + 1.2 \times 10^{-5} \times 30(t - 20℃)\text{m}$$

测设时的温度为 5℃，A、B 两点之间的高差为 1.2 m，试求计算测设时在实地应量出的长度是多少？

解：根据精确量距公式算出 3 项改正：

尺长改正　　$\Delta_l = \dfrac{\Delta l}{l_0} \cdot D = \dfrac{0.003}{30} \cdot 60 = 0.006$ (m)

温度改正　　$\Delta_t = \alpha \cdot D \cdot (t - t_0) = 60 \times 1.2 \times 10^{-5} \times (5 - 20) = -0.011$ (m)

倾斜改正　　$\Delta_h = -\dfrac{h^2}{2D} = -\dfrac{1.2^2}{2 \times 60} 0.012$ (m)

则实地测设水平距离为

$$S = D - \Delta_l - \Delta_t - \Delta_h = 60 - 0.006 + 0.011 + 0.012 = 60.017 \text{ (m)}$$

测设时，自线段的起点 A 沿给定的 AB 方向量出 S，定出终点 B，即得设计的水平距离 D。为了检核，通常需再放样一次，若两次放样之差在允许范围内，则取平均位置作为终点 B 的最后位置。

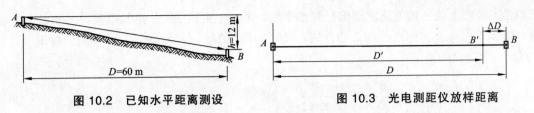

图 10.2　已知水平距离测设　　　　　图 10.3　光电测距仪放样距离

2. 光电测距仪测设已知水平距离

用光电测距仪测设已知水平距离与用钢尺测设方法大致相同。如图 10.3 所示，光电测距仪安置于 A 点，反光镜沿已知方向 AB 移动，使仪器显示的距离大致等于待测设距离 D，定出 B' 点，再计算出 D' 与需要测设的水平距离 D 之间的改正数 $\Delta D = D - D'$。根据 ΔD 的符号在实地沿已知方向用钢尺由 B' 点量 ΔD 定出 B 点，AB 即为测设的水平距离 D。若放样精度要求不高，此时即可钉设标桩表示出放样的点位。

若精度要求较高，将反光镜安置在 B 点，多次测量 AB 的水平距离，取其平均值作为 AB 的实际距离 D'，再根据 $\Delta D = D - D'$ 进行改正，直至在允许范围之内为止。

由于钢尺量距受地形条件影响较大，尤其在距离较长时，量距工作量大、效率低，而且很难保证量距精度，而全站仪或测距仪放样具有适应性强、速度快、精度高等优点，因而在工程施工放样中得到广泛的应用。

10.3.2　测设已知水平角

测设已知水平角，就是根据一已知方向测设出另一方向，使它们的夹角等于给定的设计角值。按测设精度要求不同，采用的方法有一般方法和精确方法。

1. 一般方法

当测设水平角精度要求不高时，可采用一般方法，即用盘左、盘右取平均值的方法。如图 10.4 所示，设 OA 为地面上已有方向，欲测设水平角 β，在 O 点安置经纬仪，以盘左位置瞄准 A 点，配置水平度盘读数为 0。转动照准部使水平度盘读数恰好为 β 值，在视线方向定出 B_1 点。然后用盘右位置，重复上述步骤定出 B_2 点，取 B_1 和 B_2 的中点 B，则 $\angle AOB$ 即为测设的 β 角。

该方法也称为盘左盘右分中法。

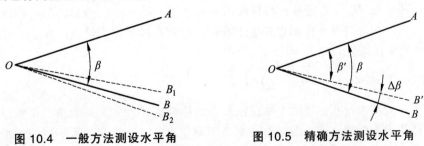

图 10.4　一般方法测设水平角　　　　图 10.5　精确方法测设水平角

2. 精确方法

当测设精度要求较高时，可采用精确方法测设已知水平角。如图 10.5 所示，安置经纬仪

于 O 点，按照上述一般方法测设出已知水平角 $\angle AOB'$，定出 B' 点。接着较精确地测量 $\angle AOB'$ 的角值，采用多个测回取平均值的方法，设平均角值为 β，测量出 OB' 的距离。按下式计算 B' 点处 OB' 线段的垂距：

$$B'B = \frac{\Delta\beta''}{\rho''} \cdot OB' = \frac{\beta - \beta'}{206\,265''} \cdot OB' \tag{10-1}$$

然后，从 B' 点沿 OB' 的垂直方向调整垂距 $B'B$，$\angle AOB$ 即为 β 角。如图 10.5 所示，若 $\Delta\beta > 0$ 时，则从 B' 点往内调整 $B'B$ 至 B 点；若 $\Delta\beta < 0$ 时，则从 B' 点往外调整 $B'B$ 至 B 点。

10.3.3　测设已知高程

测设已知高程，就是根据已知点的高程，通过引测，把设计高程标定在固定的位置上。高程位置的标定措施可根据工程要求及现场条件确定，土石方工程一般用木桩标定放样高程的位置，在木桩侧面画水平线或标定在桩顶上；混凝土及砌筑工程一般用红漆作记号，标定在面壁或模板上。

如图 10.6 所示，已知高程点 A 的高程为 H_A，需要在 B 点标定出已知高程为 H_B 的位置。具体方法是：在 A 点和 B 点中间安置水准仪，精平后读取 A 点的标尺读数为 a，则仪器的视线高程为 $H_i = H_A + a$，由图可知测设已知高程为 H_B 的 B 点标尺读数应为

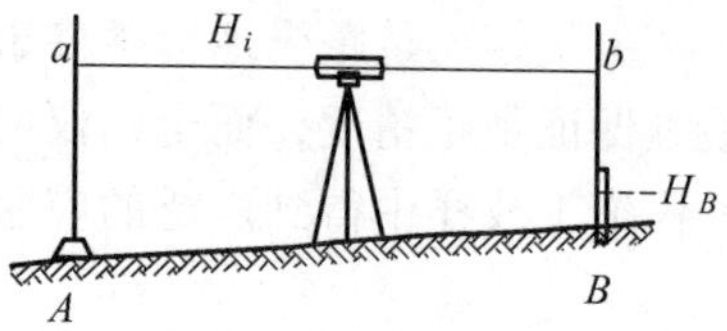

图 10.6　已知高程测设

$$b = H_A + a - H_B = H_i - H_B \tag{10-2}$$

将水准尺紧靠 B 点木桩的侧面上下移动，直到尺上读数为 b 时，沿尺底画一横线，此线即为设计高程 H_B 的位置。注意：测设时应始终保持水准管气泡居中。

在建筑设计和施工中，为了计算方便，通常把建筑物的室内设计地坪高程用 ±0 高程表示，建筑物的基础、门窗等高程都以 ±0 为依据进行测设。因此，先要在施工现场利用测设已知高程的方法测设出室内地坪高程的位置。

当待测设点与已知水准点的高差较大时，可以采用悬挂钢尺的方法进行测设。

如图 10.7 所示，当基坑开挖较深时，可将钢尺悬挂在支架上，零端向下并挂一重物。A 点为已知高程为 H_A 的水准点，欲在 B 点定出高程为 H_B 的位置（H_B 应根据放样时基坑实际开挖深度选择，通常取 H_B 比基底设计高程高出一个定值，如 1m）。放样时最好用两台水准仪同时观测，在地面和待测设点位附近安置水准仪，分别在标尺和钢尺上读数 a_1、b_1 和 a_2，则 B 点处水准尺的应该读数为

$$b_2 = H_A + a_1 - (b_1 - a_2) - H_B \tag{10-3}$$

上下移动 B 处的水准尺，直到水准仪在尺上的读数恰好为 b_2 时，紧靠尺在地面上标定点位。为了控制基坑开挖深度，一般需要在基坑四周定出若干个高程均为 H_B 的点位。如果 H_B 比基底设计高程高出一个定值 ΔH，施工人员就可用长度为 ΔH 的木条方便地检查基底高程是否达到了设计值；基础砌筑中，还可用于基础顶面高程设置。

同样，图 10.8 所示情形也可以采用类似方法进行测设，即计算出前视读数：

$$b_2 = H_A + a_1 - (a_2 - b_1) - H_B \qquad (10\text{-}4)$$

然后根据 b_2 放样出设计高程的位置。

当放样的精度要求较高时，对使用的钢尺应加入尺长、温度、拉力、钢尺自身重量等改正。

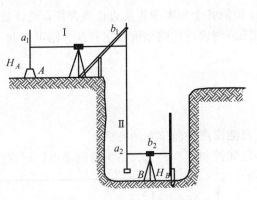

图 10.7　深基坑的高程放样

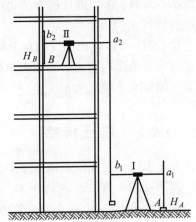

图 10.8　高建筑物的高程放样

10.4　平面点位的测设方法

点的平面位置测设是根据已布设好的控制点的坐标和待测设点的坐标，反算出测设数据，即控制点和待测设点之间的水平距离和水平角，再利用上述测设方法标定出设计点位。根据所用的仪器设备、控制点的分布情况、测设场地地形条件及测设点精度要求等条件，常采用以下几种方法进行测设工作。

10.4.1　直角坐标法

直角坐标法是建立在直角坐标原理基础上测设点位的一种方法。当建筑场地已建立有相互垂直的主轴线或建筑方格网时，一般采用此法。

如图 10.9 所示，A、B、C、D 为建筑方格网或建筑基线控制点，点 1、2、3、4 为待测设建筑物轴线的交点，建筑方格网或建筑基线分别平行或垂直待测设建筑物的轴线。根据控制点的坐标和待测设点的坐标可以计算出两者之间的坐标增量。下面以测设点 1、2 为例，说明此测设方法。

首先计算出点 A 与点 1 之间的坐标增量，即

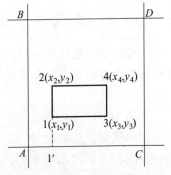

$$\left. \begin{array}{l} \Delta x_{A1} = x_1 - x_A \\ \Delta y_{A1} = y_1 - y_A \end{array} \right\} \qquad (10\text{-}5)$$

图 10.9　直角坐标法测设平面点位

同理，也可计算出 A 点与点 2 之间的坐标增量。测设点 1、2 平面位置时，在 A 点安置经纬仪，照准 C 点，沿此视线方向从 A 沿 C 方向测设水平距离 Δy_{A1} 定出点 $1'$。再安置经纬仪于点 $1'$，盘左照准 C 点（或 A 点），转 90°定出视线方向，沿此方向分别测设出水平距离 Δx_{A1} 和 Δx_{12} 定 1、2 两点。同法，以盘右位置再定出 1、2 两点，取 1、2 两点盘左和盘右的中点即得所求点位置。采用同样的方法也可以测设点 3、4 的位置。为检核测设点位是否正确，应对其进行检核。

检核时，可以在已测设的点上架设经纬仪，检测各个角度和各条边长是否符合设计要求，误差在允许范围内即可，否则需重新测设。如果待测设点位的精度要求较高，则可以利用精确方法测设水平距离和水平角。

10.4.2　极坐标法

极坐标法是在控制点根据水平角和水平距离测设点平面位置的方法。

如图 10.10 所示，$A(x_A, y_A)$、$B(x_B, y_B)$ 为已知控制点，$P(x_P, y_P)$ 为待测设点。根据已知点坐标和测设点坐标，按坐标反算方法求出测设数据 D_{AP} 和 β，即

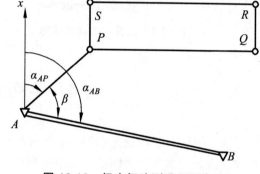

$$\left.\begin{array}{l} D_{AP} = \sqrt{(x_P - x_A)^2 + (y_P - y_A)^2} \\ \beta = \alpha_{AB} - \alpha_{AP} \end{array}\right\} \quad (10\text{-}6)$$

式中，$\alpha_{AB} = \arctan \dfrac{y_B - y_A}{x_B - x_A}$

$\alpha_{AP} = \arctan \dfrac{y_P - y_A}{x_P - x_A}$

图 10.10　极坐标法测设平面点位

测设时，经纬仪安置在 A 点，后视 B 点，置度盘为零，按盘左盘右分中法测设水平角 β，定出 AP 方向，沿此方向测设水平距离 D_{AP}，则可以在地面标定出设计点位 P 点。

检核时，可以采用 A 点测站点来测设 P 点，其方法同上，在地面上标定 P 点，若实地测设两点之间的差值，在误差允许范围内即可，否则需重新测设。如果待测设点精度要求较高，可以利用前述的精确方法测设水平角和水平距离。

10.4.3　角度交会法

角度交会法是在两个控制点上分别安置经纬仪，依据相应的水平角测设出相应的方向，再根据两个方向交会定出点位的一种方法。此法适用于测设点离控制点较远或量距有困难的情况。

如图 10.11（a）所示，A、B、C 为已知平面控制点，P 为待测设点，现根据 A、B、C 三点，用角度交会法测设 P 点。根据已知数据按坐标反算公式，分别计算出 α_{AB}、α_{AP}、α_{BP}、α_{CB} 和 α_{CP}，并求出水平角 β_1、β_2 和 β_3。

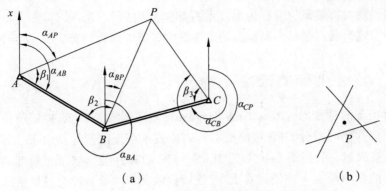

（a）　　　　　　　　　　　　（b）

图 10.11　角度交会法放样平面点位

放样时，分别在 A、B、C 点安置经纬仪测设水平角 β_1、β_2 和 β_3。在 P 点附近沿 AP、BP、CP 方向线各打两个小木桩，桩顶分别用小钉确定方向，用细线拉紧确定出方向线，三条方向线的交点即为待测设点 P 的位置。

由于测设过程中存在误差，三条方向线一般不会正好交于一点，而是形成一个很小的三角形，称为"误差三角形"或"示误三角形"，如图 10.11（b）所示。当误差三角形的边长在允许范围内时，可取误差三角形的重心作为 P 点的点位；若误差三角形有一条边长超过容许值时，则应按照上述方法重新进行方向交会。

10.4.4　距离交会法

距离交会法是从两个控制点利用两段已知距离进行交会定点的方法。当建筑场地平坦且便于量距时，用此法较为方便。

如图 10.12 所示，A、B 为控制点，点 1 为待测设点。首先，根据控制点和待测设点的坐标反算出测设数据 D_A 和 D_B；然后，用钢尺从 A、B 两点分别测设两段水平距离 D_A 和 D_B，其交点即为所求点 1 的位置。

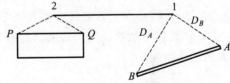

图 10.12　距离交会法测设平面点位

同样，点 2 的位置可以由附近的地形点 P、Q 交会出。

检核时，可以实地丈量 1、2 两点之间的水平距离，并与 1、2 两点设计坐标反算出的水平距离进行比较。

10.4.5　全站仪坐标测设法

全站仪不仅具有测设精度高、速度快的特点，而且可以直接测设点的位置；同时，在施工放样中受天气和地形条件的影响较小，从而在生产实践中得到了广泛应用。

全站仪坐标测设法，就是根据控制点和待测设点的坐标定出点位的一种方法。首先，将仪器安置在控制点上，设置仪器为测设模式；然后，输入控制点和测设点的坐标，一人持反光棱镜立在待测设点附近，用望远镜照准棱镜，按坐标测设功能键，仪器自动解算立镜点的坐标，同时全站仪显示棱镜位置与测设点的坐标差。根据坐标差值，移动棱镜位置，直到坐标差值等于零，此时，棱镜位置即为测设点的点位。

为了能够发现错误，在每个测设点的位置确定以后，可以再测定其坐标作检核用。

10.4.6　GPS 坐标测设法

GPS 实时动态测量技术（Real Time Kinematic），简称 RTK。RTK 定位技术是以载波相位观测值为依据的实时差分 GPS 定位技术。RTK 技术系统配置包括以下三部分：基准站接收机、移动站接收机、数据链（电台或 GPRS）。在 RTK 作业模式下，基准站接收机设置在具有已知坐标的参考点上（或任意点上），连续接收所有可视 GPS 卫星信号，并将测站的坐标、观测值、卫星跟踪状态及接收机工作状态信息通过数据链一起传送给移动站。移动站不仅通过数据链接收来自基准站的数据，还要采集 GPS 观测数据，并在系统内组成差分观测值进行实时处理；同时，通过输入测区投影参数和联测测区内已有的测量控制点求得的坐标转换参数，实时得到移动站的三维坐标及精度值。目前，该技术广泛应用于施工测量。其测设步骤如下：

1. 基准站位置的选定

基准站位置的合理选择是顺利进行 RTK 测量的关键，如果基准站位置选择不好，移动站无发接收到基准站数据链，移动站与基准站同步卫星偏少，则 RTK 就不能正常工作。此外，RTK 定位中，移动站随着基准站距离的不断增大，初始化时间延长，精度也将降低。所以，在选址时应注意以下几点：

（1）基准站设置除满足 GPS 静态观测的条件外，还应设在地势较高、四周开阔之处，以便于数据链的发射；应避免选择在无线电干扰强烈的地区。

（2）基准站数据链电台发射天线必须具有一定的高度（用 GPRS 时不考虑）。

（3）为防止数据链丢失以及多路径效应的影响，周围无 GPS 信号反射物（如大面积水域、大型建筑物等）。

2. 转换参数的求取

RTK 测量的坐标为 WGS—84 坐标成果，而在实际工作中需要的是"1954 年北京坐标系"或"1980 年西安坐标系"（或工程坐标系）。具体作业时，在测区范围内选择 3 个或 3 个以上测量控制点，利用 RTK 移动站观测其 WGS—84 坐标后，求取整个测区的转换参数。因此，在 RTK 测量过程中，转换参数对 RTK 测量成果的影响非常明显，如果转换参数误差较大，无论外业观测的效果多么好，其成果的误差仍然是很大的。

3. 点位放样

在 GPS 电子手簿中选择放样工作，将移动站（对中杆）置于放样点位的附近，该对中杆（GPS 移动站）即可快速测量该点的实时的三维坐标。同时，电子手簿中的放样程序按极坐标算法解算出该点与待放样点（设计）的距离和方位，并把对中杆（GPS 移动站）与待放样点（设计）的距离和方位显示在电子手簿屏幕上，放样时即可根据手簿屏幕的箭头方向和距离提示进行实地点位放样。

10.5   已知坡度直线的测设

已知坡度线的测设，就是在地面上定出一条直线，其坡度值等于已给定的设计坡度。在交通线路工程、排水管道施工和敷设地下管线等项工作中经常涉及该类问题。根据地面坡度的大小，坡度线的测设可选用下列两种方法进行：

1. 水平视线法

如图 10.13 所示，A、B 为设计坡度线的两端点，A 点设计高程为 H_A，为了施工方便，每隔距离 d 需设定一木桩，并要求在木桩上标定设计坡度为 i 的坡度线。

施测前，先沿 AB 方向根据距离 d_i 打下木桩标定出点 1、2、3···的位置，并按照公式：

$$H_{i设} = H_A + i \times d_i \tag{10-7}$$

计算出 1、2、3···各点在坡度线上的高程。式中 d_i 分别指 A 点至 1、2、3···点的水平距离。计算各点高程时，注意坡度 i 的正、负取值。

放样时，安置水准仪于已知水准点附近，按高程放样的方法，算出各桩点在水准尺上的读数 $b_i = H_视 - H_{i设}$，然后依次测设出各桩点的高程位置，则各高程位置的连线即为设计坡度线。

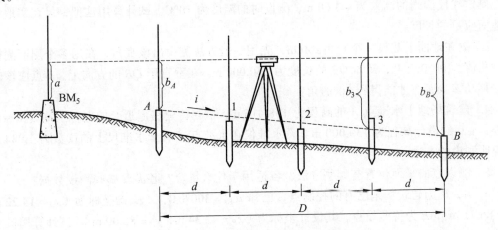

图 10.13   水平视线法测设已知坡度线

2. 倾斜视线法

倾斜视线法是根据视线与设计坡度线平行时，其竖直距离处处相等的原理，以确定设计坡度线上各点高程位置的一种方法。这种方法适用于坡度较大，且设计坡度与地面自然坡度较一致的地段。

如图 10.14 所示，放样时先用高程测设的方法将坡度线两端点的设计高程标定在地面的木桩上，然后将水准仪安置在 A 点上并量取仪器高 i。安置仪器时，使一个脚螺旋在 AB 方向上，另两个脚螺旋的连线大致与 AB 线垂直；再旋转 AB 方向的脚螺旋和微倾螺旋，使视线在 B 尺上的读数为仪器高 i，此时视线与设计坡度线平行，当各桩号 1、2、3···点的尺上读数都为 i 时，则各尺底的连线就是设计坡度线。采用此法时也可以用经纬仪施测。

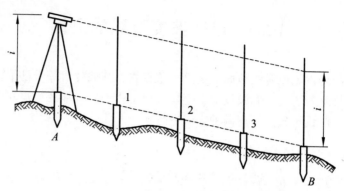

图 10.14 倾斜视线法测设已知坡度线

习 题

1. 测设的基本工作有哪几项？测设与测量有何不同？

2. 要在坡度一致的倾斜地面上测设水平距离为 126.000 m 的线段，所用钢尺的尺长方程式为

$$l_t = 30 \text{ m} - 0.007 \text{ m} + 1.25 \times 10^{-5}(t - 20 \text{ °C}) \times 30 \text{ m}$$

预先测定线段两端的高差为 + 3.60 m，测设时的温度为 10℃。试计算用这把钢尺在实地沿倾斜地面应量的长度。

3. 欲在地面上测设一个直角 ∠AOB，先用一般方法测设出该直角，在用多个测回测得其平均角值为 90°00′54″，又知 OB 的长度为 150.000 m。在垂直于 OB 的方向上，B 点应该向何方向移动多少距离才能得到 90°的角？

4. 建筑场地上水准点 A 的高程为 138.416 m，欲在待建房屋近旁的电杆上测设出 ±0 的高程，±0 的设计高程为 139.000 m。设水准仪在水准点 A 所立水准尺上的读数为 1.034 m，试说明测设的方法。

5. 测设点的平面位置有哪些方法？各适用于什么场合？各需要哪些测设数据？

6. A、B 为建筑场地已有的控制点，已知 $\alpha_{AB} = 300°04′$，A 点的坐标为（$x_A = 14.22$ m，$y_A = 86.71$ m），P 为待测设点，其设计坐标为（$x_P = 42.34$ m，$y_P = 85.00$ m）。试计算用极坐标法从 A 点测设 P 点所需的数据。

手机自测
巩固基础

第 11 章　工业与民用建筑施工测量

本章重点：工业与民用建筑测量的目的；建立施工控制网的一般方法；工程建筑物施工放样数据的计算和放样方法；一般工程的放样方法简介；竣工总平面图的绘制。

11.1　概　述

工业与民用建筑测量的目的是把设计图纸上的各种工业与民用建筑物、构筑物，按照设计的要求测设到相应的地面上，并设置各种标志，作为施工的依据，以衔接和指挥各工序的施工，保证建筑工程符合设计要求。

在工业与民用建筑施工中，测量工作贯穿于整个施工过程的各个阶段。在勘测设计阶段，主要测绘各种比例尺地形图，另外还要为工程、水文地质勘探以及水文测验等进行测设。在施工建设阶段，首先要根据工地的地形、地质情况，工程性质及施工组织计划等，建立施工控制网；然后按照施工的要求，采用不同的方法，将图纸上所设计的抽象几何实体在现场标定出来，使其成为具体的几何实体，也就是施工放样。在工程建筑物运营期间，为了监视工程的安全和稳定情况，了解设计是否合理，验证设计理论是否正确，需要定期对工程的动态变形，如水平位移、沉陷、倾斜、裂缝以及震动、摆动等进行监测，即通常所说的变形观测。为了保证大型机器设备的安全运行，要进行经常性的检测和调校；为了对工程进行有效的维护和管理，要建立变形监测系统和工程管理信息系统。

本章主要介绍工程施工阶段的测量工作。本阶段的测量工作除了建立施工控制网和施工放样以外，在施工期间还要进行施工质量控制，主要指建筑物、构筑物的几何尺寸控制，如高耸建筑物的竖直度、曲线、曲面形建筑的形态等。为了监测工程进度，测绘人员要进行土石方测量，此外还要进行竣工测量、变形观测以及设备的安装测量等。再者，机器和设备的安装往往需要达到计量级精度，为此，往往需要研究专门的测量方法并研制专用的测量仪器和工具。施工中的各种测量工作是施工管理的关键，工程质量、工程施工措施的制定乃至施工设计的部分变更都需要测量提供实时、可靠的数据。

11.2　施工控制测量

工业与民用建筑测量同样遵循"由控制到碎部"的原则和工作程序，先建立施工控制网，再进行具体的施工测量工作。由于在勘察设计期间已经建立了测图控制网，但其并未考虑施工的需求，所以测图控制点的分布、密度和精度，都难以满足施工测量的要求；另外，在施工平整场地时，大多控制点被破坏，因此施工前必须在建筑场地上建立施工控制网。施工控制网由平面控制网和高程控制网组成，是施工测量的基准。施工控制网与测图控制网相比，具有控制范围小、控制点密度大、精度要求高及使用频繁等特点。对于施工控制点，应注意保存并保持点位的稳定性。

施工平面控制网的布设形式，应根据施工场地的地形条件、建筑物的大小和结构性质等因素来确定。施工平面控制网可以布设成三角网、导线网、建筑方格网和建筑基线四种形式。

（1）三角网。对于地势起伏较大，通视条件较好的施工场地，可采用三角网。

（2）导线网。对于地势平坦，通视又比较困难的施工场地，可采用导线网。

（3）建筑方格网。对于建筑物多为矩形且布置比较规则和密集的施工场地，可采用建筑方格网。

（4）建筑基线。对于地势平坦且又简单的小型施工场地，可采用建筑基线。

对于三角网和导线网，在相关章节已作详细介绍，这里不再详述，在此主要介绍建筑基线和建筑方格网。

11.2.1　施工场地的平面控制测量

1. 建筑基线

建筑基线是建筑场地的施工控制基准线，一般在邻近建筑物附近、平行于主要建筑物的轴线布设一条或几条轴线。它适用于建筑面积不大又不十分复杂的建筑场地。

（1）建筑基线的布设形式。

建筑基线的布设形式，应根据建筑物的分布、施工场地地形等因素来确定。常用的布设形式有"一"字形、"L"形、"T"形和"十"字形，如图 11.1 所示。

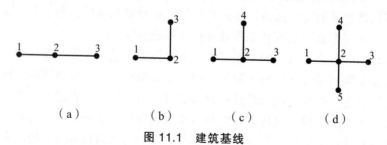

（a）　　　　（b）　　　　（c）　　　　（d）

图 11.1　建筑基线

（2）建筑基线的布设要求。

① 建筑基线应尽可能靠近拟建的主要建筑物，并与其主要轴线平行，以便使用比较简单的直角坐标法进行建筑物的定位。

② 建筑基线上的基线点应不少于 3 个，以便相互检核。

③ 建筑基线应尽可能与施工场地的建筑红线相连。

④ 基线点位应选在通视良好和不易被破坏的地方；为能长期保存，要埋设永久性的混凝土桩。

（3）建筑基线的测设方法。

根据施工场地的条件不同，建筑基线的测设方法有以下两种：

① 根据建筑红线测设建筑基线。

由城市测绘部门测定的建筑用地界定基准线，称为建筑红线。在城市建设区，建筑红线可用作建筑基线测设的依据。如图 11.2 所示，AB、AC 为建筑红线，1、2、3 为建筑基线点。利用建筑红线测设建筑基线的方法具体如下：

首先，从 A 点沿 AB 方向量取 d_2 定出 P 点，沿 AC 方向量取 d_1 定出 Q 点。

然后，过 B 点作 AB 的垂线，沿垂线量取 d_1 定出点 2，作出标志；过 C 点作 AC 的垂线，沿垂线量取 d_2 定出点 3，作出标志；用细线拉出直线 $P3$ 和 $Q2$，两条直线的交点即为点 1，作出标志。

最后，在点 1 安置经纬仪，精确观测 $\angle 213$，其与 90° 的差值应不超过 ±20″。

② 根据附近已有控制点测设建筑基线。

在新建筑区，可以利用建筑基线的设计坐标和附近已有控制点的坐标，用极坐标法测设建筑基线。如图 11.3 所示，A、B 为附近已有控制点，1、2、3 为选定的建筑基线点。测设方法具体如下：

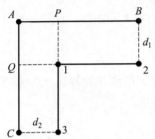

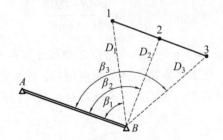

图 11.2　根据建筑红线测设建筑基线　　　　图 11.3　根据控制点测设建筑基线

首先，根据已知控制点和建筑基线点的坐标，计算出测设数据 β_1、D_1、β_2、D_2、β_3、D_3。然后，用极坐标法测设点 1、2、3。

由于存在测量误差，测设的基线点往往不在同一直线上，且点与点之间的距离与设计值也不完全相符。为了将所测设的基线点调整在一条直线上，应在点 2 安置经纬仪，精确测量 $\angle 123$ 的角值 β 和距离，计算出 $\Delta\beta = \beta - 180°$；当 $\Delta\beta$ 超过允许误差，应对基线点进行调整。

a. 调整一端点。

如图 11.4 所示，将点 1 往点 2、3 连线方向移动 δ，得点 1′，使三点成一条直线，其调整值 δ 可按下式计算：

$$\delta = \frac{|\beta - 180°|}{\rho''} \cdot a \tag{11-1}$$

式中　a——点 1 与点 2 的水平距离。

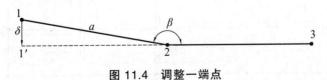

图 11.4　调整一端点

b. 调整中点

如图 11.5 所示，将中点 2 往点 1、3 连线方向移动调整值 δ，使三点成为一条直线，其调

整值 δ 可按下式计算：

$$\delta = \frac{ab}{a+b} \cdot \frac{|\beta - 180°|}{\rho''} \qquad （11-2）$$

式中　a，b——点 1 与点 2 和点 2 与点 3 的水平距离。

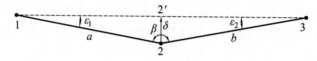

图 11.5　调整中点

c. 调整三点。

如图 11.6 所示，点 1、2、3 均调整 δ 值，但点 1、3 和点 2 的移动方向相反，其调整值 δ 可按下式计算：

$$\delta = \frac{ab|\beta - 180°|}{2(a+b)\rho''} \qquad （11-3）$$

式中　a，b——点 1 与点 2 和点 2 与点 3 的水平距离。

按上述方法调整基线点位后，还需要再测量 $\angle 1'2'3'$ 角值并计算出 $\Delta\beta$；如果 $\Delta\beta$ 仍然超过允许误差，则还需要进行调整，直至在允许范围内为止。

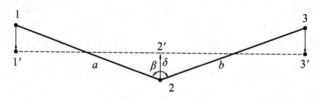

图 11.6　调整三点

2. 建筑方格网

在新建的大中型建筑场地上，施工控制网一般布设成矩形或正方形格网形式，称建筑方格网，如图 11.7 所示。建筑方格网适用于按矩形布置的建筑群或大型建筑场地。

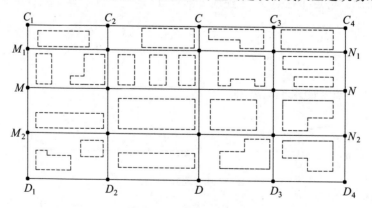

图 11.7　建筑方格网

（1）建筑方格网的布设。

布设建筑方格网时，应根据总平面图上各建（构）筑物、道路及各种管线的布置情况，结合现场的地形条件来确定。如图 11.7 所示，设计时应先选定建筑方格网的主轴线 MN 和 CD，再加密一些平行于主轴线的辅轴线，如 C_1D_1、C_2D_2、C_3D_3、M_1N_1、M_2N_2 等。

（2）建筑方格网的测设。

① 主轴线测设。

主轴线测设与建筑基线测设方法相似。首先准备测设数据，然后测设两条互相垂直的主轴线 MON 和 COD。当采用前述方法精确测设出主轴线 MON 后，将经纬仪安置于 O 点，测设主轴线 COD。如图 11.8 所示，测设时望远镜后视 M 点，分别向左、右测设 90°；在地面上定出 C、D 两点，精确观测 $\angle MOC$ 和 $\angle MOD$，分别计算其与 90°的差值 δ_1、δ_2，按下式确定调整值：

$$\left.\begin{array}{l} l_1 = \dfrac{D_1\delta_1}{\rho''} \\[2mm] l_2 = \dfrac{D_2\delta_2}{\rho''} \end{array}\right\} \qquad （11\text{-}4）$$

式中　　D_1，D_2 ——OC、OD 的水平距离。

将 C、D 点分别沿与 $C'D'$ 垂直的方向调整 l_1、l_2 值，定出 C'、D' 点。最后还必须精确观测 $\angle C'OD'$，其角值与 180°不应超过限差的规定。建筑方格网的主要技术要求如表 11.1 所示。

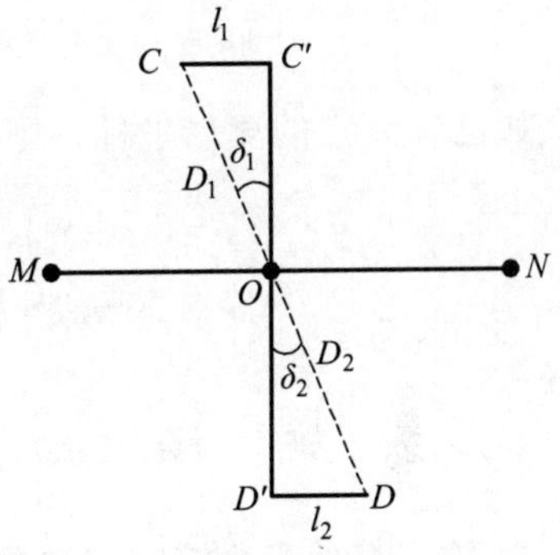

图 11.8　方格网垂向主点的测设

表 11.1　建筑方格网的主要技术要求

等级	边长/m²	测角中误差	边长相对中误差	测角检测限差	边长检测限差
Ⅰ 级	100 ~ 300	5″	1/30 000	10″	1/15 000
Ⅱ 级	100 ~ 300	8″	1/20 000	16″	1/10 000

② 方格网点测设。

如图 11.8 所示，主轴线测设后，分别在主点 M、N 以及 C、D 安置经纬仪，后视主点 O，向左右测设 90°水平角，即可交会出田字形方格网点。随后再作检核，测量相邻两点间的距离，看是否与设计值相等，测量其角度是否为 90°。要求误差均应在允许范围内，并埋设永久性标志。

建筑方格网轴线与建筑物轴线平行或垂直，因此，可用直角坐标法进行建筑物的定位，计算简单，测设比较方便，而且精度较高。其缺点是必须按照总平面图布置，点位易被破坏，而且测设工作量也较大。由于建筑方格网的测设工作量大，测设精度要求高，因此可委托专业测量单位进行。

3. 施工坐标系与测量坐标系的坐标换算

施工坐标系又称建筑坐标系，其坐标轴与主要建筑物主轴线平行或垂直，以便用直角坐标法进行建筑物的放样。

施工控制测量的建筑基线和建筑方格网一般采用施工坐标系，而施工坐标系与测量坐标系往往不一致，因此，施工测量前常常需要进行施工坐标系与测量坐标系的坐标换算。

如图 11.9 所示，设 xOy 为测量坐标系，$x'O'y'$ 为施工坐标系，(x_0, y_0) 为施工坐标系的原点 O' 在测量坐标系中的坐标，α 为施工坐标系的纵轴 $O'x'$ 在测量坐标系中的坐标方位角。设已知 P 点的施工坐标为 (x'_P, y'_P)，则可按下式将其换算为测量坐标：

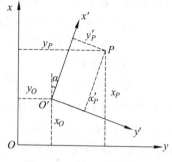

图 11.9 施工坐标系与
测量坐标系的换算

$$x_P = x_0 + x'_P \cos\alpha - y'_P \sin\alpha \\ y_P = y_0 + x'_P \sin\alpha + y'_P \cos\alpha \quad\quad (11\text{-}5)$$

如已知 P 点的测量坐标，则可按下式将其换算为施工坐标：

$$x'_P = (x_P - x_0)\cos\alpha + (y_P - y_0)\sin\alpha \\ y'_P = -(x_P - x_0)\sin\alpha + (y_P - y_0)\cos\alpha \quad\quad (11\text{-}6)$$

11.2.2　施工场地的高程控制测量

1. 施工场地高程控制网的建立

建筑施工场地的高程控制测量应与国家高程控制系统联测，以便建立统一的高程系统，并在施工场地内建立可靠的水准点，形成水准网。

在建筑施工场地上，水准点的间距应小于 1 km，水准点距离建筑物、构筑物不宜小于 25 m，距离回填土边线不宜小于 15 m。水准点的密度，应尽可能满足安置一次仪器即可测设出所需。而测图时敷设的水准点往往是不够的，因此，还需增设一些水准点。在一般情况下，建筑基线点、建筑方格网点以及导线点也可兼作高程控制点（只要在平面控制点桩面上中心点旁边，设置一个突出的半球状标志即可）。

为了便于检核和提高测量精度，施工场地高程控制网应布设成闭合路线或附合路线。当场地较大时，高程控制网可分为首级网和加密网，相应的水准点称为基本水准点和施工水准点。

2. 基本水准点

基本水准点应布设在土质坚实、不受施工影响、无震动和便于实测的地方，并埋设永久性标志。一般情况下，按四等水准测量的方法测定其高程，而对于为连续性生产车间或地下管道测设所建立的基本水准点，则需按三等水准测量的方法测定其高程。

3. 施工水准点

施工水准点是用来直接测设建筑物高程的。为了测设方便和减少误差，施工水准点应靠近建筑物。此外，由于设计建筑物常以底层室内地坪高±0 高程为高程起算面，为了施工引测设方便，常在建筑物内部或附近测设±0 水准点。±0 水准点的位置，一般选在稳定的建筑物墙、柱的侧面，用红漆绘成顶为水平线的"▼"形，其顶端表示±0 位置。

11.3 民用建筑施工测量

11.3.1 施工测量前的准备工作

民用建筑是指居民住宅、办公楼、食堂、俱乐部、医院和学校等建筑物。民用建筑施工测量的主要任务是建筑物的定位与放线、基础工程施工测量、墙体工程施工测量以及高层建筑施工测量等。进行施工测量之前，应按照施工测量规范要求，选定所用测量仪器和工具，并对其进行检验校正。除此以外，还必须做好以下工作：

1. 熟悉设计图纸

设计图纸是施工测量的主要依据，在测设前，应熟悉建筑物的设计图纸，了解施工建筑物与相邻地物的相互关系，理解设计意图，并仔细核对各设计图纸的有关尺寸，以免出现差错。与测设有关的设计图纸主要包括以下几项：

（1）总平面图（见图 11.10）：可以查取或计算设计建筑物与原有建筑物或测量控制点之间的平面尺寸和高差，作为测设建筑物总体位置的依据。

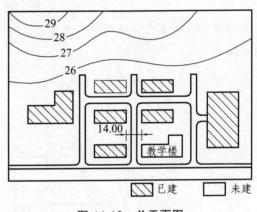

图 11.10 总平面图

（2）建筑平面图（见图 11.11）：可以查取建筑物的总尺寸以及内部各定位轴线之间的关系尺寸，是施工测设的基本资料。

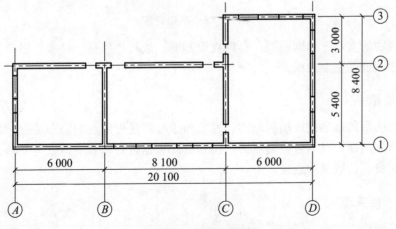

图 11.11 建筑平面图

（3）基础平面图（见图 11.12）：可以查取基础边线与定位轴线的平面尺寸，是测设基础轴线的必要数据。

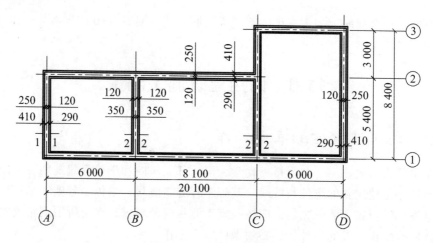

图 11.12　基础平面图

（4）基础详图（见图 11.13）：可以查取基础立面尺寸和设计高程，是基础高程测设的依据。

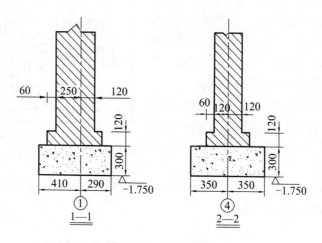

图 11.13　基础详图

（5）建筑物的立面图和剖面图：可以查取基础、地坪、门窗、楼板、屋架和屋面等设计高程，是高程测设的主要依据。

2. 现场踏勘

现场踏勘的目的是掌握现场的地物、地貌和原有测量控制点的分布情况，弄清与施工测量相关的一系列问题，对测量控制点的点位和已知数据进行认真的检查与复核，为施工测量获得正确的测量起始数据和点位。

3. 施工场地整理

平整和清理施工场地，以便进行测设工作。

4. 制订测设方案

根据设计要求、定位条件、现场地形和施工方案等因素，制订测设方案，包括测设方法、测设数据计算和绘制测设略图，如图 11.14 所示。

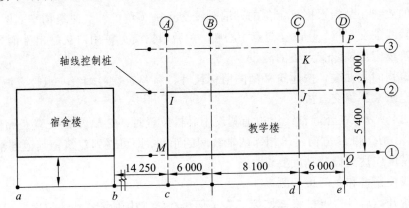

图 11.14　建筑物的定位放样图

11.3.2　建筑物的定位和放线

1. 建筑物的定位

建筑物的定位，就是将建筑物外廓各轴线交点（简称角桩）测设在地面上，作为基础放样和细部放样的依据。由于设计方案常根据施工场地条件来选定，不同的设计方案，其定位方法也不一样。主要有以下几种情况：

（1）根据原有建筑物的关系定位。

① 如图 11.14 所示，用钢尺沿宿舍楼的东、西墙，延长出一小段距离 l 得 a、b 两点，作出标志。

② 在 a 点安置经纬仪，瞄准 b 点，并从 b 沿 ab 方向量取 14.250 m（因为教学楼的外墙厚 370 mm，轴线偏里，离外墙皮 250 mm），定出 c 点，作出标志；再继续沿 ab 方向从 c 点起量取 14.100 m 和 20.100 m，定出 d、e 点，作出标志，cde 线就是测设教学楼平面位置的建筑基线。

③ 在 c、d、e 三点分别安置经纬仪，后视 a 点，并用正倒镜测设 90°，沿此视线方向量取距离 $l + 0.250$ m，定出 M、Q 两点；从 c、d 两点沿此视线方向再量取距离$(5.100 + 0.250)$m 定出 I、J 两点；从 d、e 两点沿此视线方向再量取距离 8.400 m 定出 K、P 两点。M、I、J、K、P 和 Q 六点即为教学楼外廓定位轴线的交点。打下木桩，桩顶钉小钉以表示点位。

④ 用钢尺检测各轴线交点的距离，并检核角度 $\angle N$ 和 $\angle P$ 是否等于 90°，要求误差应在允许范围内。

（2）根据建筑方格网或测量控制点定位。

在建筑场地上，如果已建立建筑方格网，且设计建筑物轴线与方格网边线平行或垂直，则可根据设计的建筑物拐角点和附近方格网点的坐标，用直角坐标法现场测设。

若在建筑场地附近有测量控制点，也可以根据测量控制点坐标及建筑物定位点的坐标，利用极坐标法或角度交会法将建筑物定位点测设到地面上。

2. 建筑物的放线

建筑物的放线，是指根据已定位的外墙轴线交点桩（角桩）及建筑物平面图，详细测设出建筑物各轴线的交点桩，并设置交点中心桩，然后根据交点桩用白灰撒出基槽开挖边界线。

（1）建筑物定位轴线交点桩的测设。

根据建筑物的主轴线，按建筑平面图所标尺寸，将建筑物各轴线交点位置测设于地面，并用木桩标定出来，称交点桩。

如图 11.14 所示，在外墙轴线周边上测设中心桩位置时，在 M、I 点安置经纬仪，瞄准 Q、J 点，用钢尺沿 MQ 和 IJ 方向量出相邻两轴线间的距离，即可得到建筑物其他各轴线的交点。注意：量距精度应达到设计精度要求。

（2）轴线控制桩和龙门板的测设。

由于基槽开挖后各交点桩将被挖掉，为了便于在施工中恢复各轴线位置，还须把各轴线延长到基槽外安全地点，并做好标志，以便施工时能恢复各轴线的位置。延长轴线的方法，一般有轴线控制桩法和龙门板法。

① 轴线控制桩法。

轴线控制桩设置在基槽外基础轴线的延长线上，离基槽外边线的距离可根据施工场地的条件来定。一般条件下，轴线控制桩离基槽外边线的距离可取 $2 \sim 4$ m，用木桩做点位标志，并在桩顶钉一小钉，如图 11.15 所示。如附近有建筑物，也可把轴线投测到建筑物上，用红漆作出标志，以代替轴线控制桩。

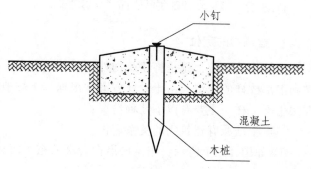

图 11.15 轴线控制桩

② 龙门板法。

在小型民用建筑施工中，常将各轴线引测到基槽外的水平木板上。水平木板称为龙门板，固定龙门板的木桩称为龙门桩，如图 11.16 所示。设置龙门板的步骤如下：

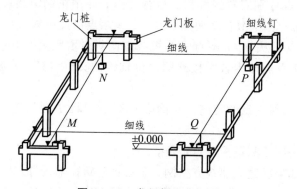

图 11.16 龙门板和龙门桩

a. 在建筑物四角与隔墙两端，基槽开挖边界线以外 $1.5 \sim 2$ m 处，设置龙门桩。龙门桩要钉得竖直、牢固，其外侧面应与基槽平行。

b. 根据施工场地的水准点，用水准仪在每个龙门桩外侧测设出该建筑物室内地坪设计高程线（即±0.000 高程线），并作出标志。沿龙门桩上±0.000 高程线钉设龙门板，这样龙门板顶面的高程就同在±0.000 的水平面上。然后，用水准仪校核龙门板的高程，如有差错应及时纠正，其允许误差为±5 mm。

c. 在 N 点安置经纬仪，瞄准 P 点，沿视线方向在龙门板上定出一点，用小钉作标志，纵转望远镜在 N 点的龙门板上也钉一个小钉。用同样的方法，将各轴线引测到龙门板上，所用小钉称为轴线钉。轴线钉定位误差应小于±5 mm。

d. 用钢尺沿龙门板的顶面，检查轴线钉的间距，其误差不超过 1/2 000。检查合格后，以轴线钉为准，将墙边线、基础边线、基础开挖边线等标定在龙门板上。

11.3.3　建筑物的基础施工测量

建筑物±0.000 高程以下的部分称为建筑物的基础。基础施工测量的主要内容是放样基槽开挖边线、测设基槽高程、垫层施工测设和基础墙测设等。

1. 基槽开挖边线的确定

基础开挖前，根据轴线控制桩或龙门板的轴线位置和基础宽度，并考虑基础开挖深度及应放坡的尺寸，在地面上标出记号，然后在记号之间拉一细线并沿细线撒上白灰放出基槽边线（也叫基础开挖线），即可按照白灰线的位置开挖基槽。

2. 基槽高程测设

为控制基槽的开挖深度，当快挖到槽底设计高程时（一般距槽底 0.3～0.5 m 时），应利用水准仪在槽壁上每隔 2～3 m 和拐角处钉一个水平桩，用以控制挖槽深度及作为清理槽底和铺设垫层的依据，如图 11.17 所示。水平桩的高程测设允许误差为±10 mm。

3. 垫层施工测设

基础垫层打好后，根据轴线控制桩或龙门板上的轴线钉，用经纬仪或用拉绳挂垂球的方法，把轴线投测到垫层上，如图 11.18 所示；用墨线弹出墙中心线和基础边线，作为砌筑基础的依据，并用水准仪检测各墙角垫层面高程。

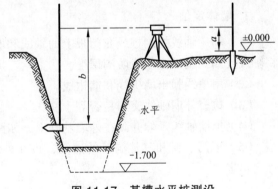

图 11.17　基槽水平桩测设

由于整个墙身砌筑均以此线为准，这是确定建筑物位置的关键环节，所以要经严格校核后方可进行砌筑施工。

4. 基础墙测设

房屋基础墙是指±0.000 m 以下的砖墙，它的高度是用基础皮数杆来控制的。

（1）基础皮数杆是一根木制的杆子，如图 11.19 所示，在杆上事先按照设计尺寸，将砖、灰缝厚度画出线条，并标明±0.000 m 和防潮层的高程位置。

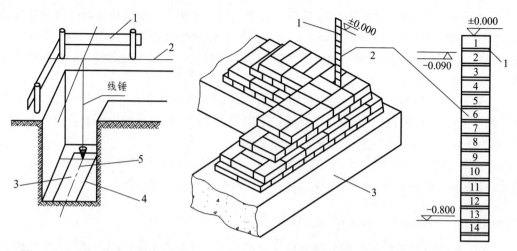

图 11.18　垫层中线的投测　　　图 11.19　基础墙高程的控制（单位：m）

1—龙门板；2—细线；3—垫层；　　　　　1—防潮层；2—皮数杆；3—垫层
4—基础边线；5—墙中线

（2）立皮数杆时，先在立杆处打一木桩，用水准仪在木桩侧面定出一条高于垫层某一数值（如 100 mm）的水平线，然后将皮数杆上高程相同的一条线与木桩上的水平线对齐，并用大铁钉把皮数杆与木桩钉在一起，作为标定基础墙高程的依据。

基础施工结束后，应检查基础面的高程是否符合设计要求（也可检查防潮层）。可用水准仪测出基础面上若干点的高程和设计高程作比较，允许误差为±10 mm。

11.3.4　墙体施工测量

1. 墙体定位

（1）利用轴线控制桩或龙门板上的轴线和墙边线标志，用经纬仪或拉细绳挂垂球的方法将轴线投测到基础面上或防潮层上。

（2）用墨线弹出墙中线和墙边线。

（3）检查外墙轴线交角是否等于 90°。

（4）把墙轴线延伸并画在外墙基础上，如图 11.20 所示，作为向上投测轴线的依据。

（5）把门、窗和其他洞口的边线，也在外墙基础上标定出来。

2. 墙体各部位高程控制

在墙体施工中，墙身各部位高程通常也是用皮数杆控制。

（1）在墙身皮数杆上，根据设计尺寸，按砖、灰缝的厚度画出线条，并标明 0.000 m、门、窗、楼板等的高程位置，如图 11.21 所示。

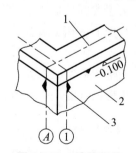

图 11.20　墙体定位

1—墙中心线；2—外墙基础；
3—轴线

（2）墙身皮数杆的设置与基础皮数杆相同，须使皮数杆上的±0.000 m 高程与房屋的室内地坪高程相吻合。在墙的转角处，每隔 10～15 m 设置一根皮数杆。

（3）在墙身砌起 1 m 以后，就在室内墙身上定出 + 0.500 m 的高程线，作为该层地面施工和室内装修用。

（4）第二层以上墙体施工中，为了使皮数杆在同一水平面上，要用水准仪测出楼板四角的高程，取平均值作为地坪高程，并以此作为立皮数杆的标志。

框架结构的民用建筑，墙体砌筑是在框架施工后进行的，故可在柱面上画线代替皮数杆。

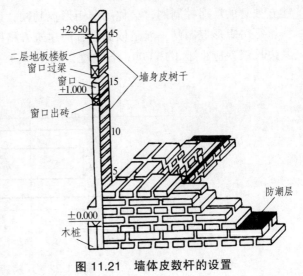

图 11.21　墙体皮数杆的设置

3. 建筑物的高程传递

在多层建筑施工中，要由下层向上层传递高程，以便楼板、门窗口等的高程符合设计要求。高程传递的方法有以下几种：

（1）利用皮数杆传递高程。

一般建筑物可用墙体皮数杆传递高程。具体方法参照"墙体各部位高程控制"。

（2）利用钢尺直接丈量。

对于高程传递精度要求较高的建筑物，通常用钢尺直接丈量来传递高程。对于二层以上的各层，每砌高一层，就从楼梯间用钢尺从下层的" + 0.500 m"高程线，向上量出层高，测出上一层的" + 0.500 m"高程线。这样用钢尺逐层向上引测。

（3）吊钢尺法。

用悬挂钢尺代替水准尺，用水准仪读数，从下向上传递高程。具体方法参照第 12 章相关内容。

11.4　工业厂房施工测量

工业建筑中以厂房为主体，一般工业厂房大多采用预制构件在现场装配的方法施工。厂房的预制构件有柱子（也有现场浇筑的）、吊车梁、吊车车轨和屋架等。因此，工业厂房建筑施工测量的主要工作是保证这些预制构件安装到位。其主要工作包括厂房矩形控制网放样、厂房柱列轴线放样、基础施工放样、厂房预制构件安装放样等。

11.4.1　厂房矩形控制网的建立

工业厂房内部柱列轴线之间要求有较高的测设精度，故常在现场施工控制网的基础上，建立独立的厂房控制网，又称厂房矩形控制网，以作为柱列轴线测设的依据。

厂房矩形控制网一般是依据已有的建筑方格网按直角坐标法来建立的，如图 11.22 所示，其边长误差应小于 1/10 000，各角度误差不超过±10″。

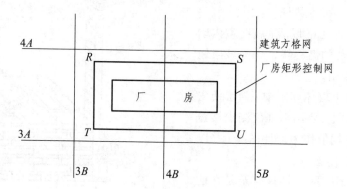

图 11.22　厂房矩形控制网

11.4.2　厂房柱列轴线与柱基施工测量

1. 厂房柱列轴线测设

根据柱列中心线与矩形控制网的尺寸关系，把柱列中心线一一测设到矩形控制网的边线上，如图 11.23 中的 1′、2′、…，并打入大木桩，桩顶用小钉标出点位，作为柱基测设和施工安装的依据。丈量时，应以相邻的两个距离指标桩为起点分别进行，以便检核。

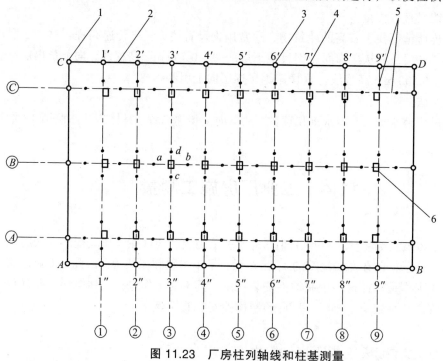

图 11.23　厂房柱列轴线和柱基测量

1—厂房控制桩；2—厂房矩形控制网；3—柱列轴线控制桩；4—距离指标桩；
5—定位小木桩；6—柱基础

2. 柱基定位和放线

柱列轴线桩确定之后，在两条互相垂直的柱列轴线控制桩上各安置一台经纬仪，沿轴线方向交会出柱基础的位置，并在距柱基挖土开口 0.5 ~ 1 m 处，打下 4 个定位小木桩，桩顶上钉小钉标明，作为修坑和竖立模板的依据，并按柱基础图上的尺寸用白灰线标出挖坑范围。

在进行柱基测设时，应注意柱列轴线不一定都是柱基的中心线，而一般立模、吊装等习惯用中心线，此时，应将柱列轴线平移，定出柱基中心线。

3. 柱基施工测量

当基坑挖到一定深度时，应在基坑四壁离基坑底设计高程 0.3 ~ 0.5 m 处，测设水平桩，作为检查基坑底高程和控制垫层的依据。此外，还应在基坑内测设垫层的高程，即在坑底设置小木桩，如图 11.24（a）所示，使桩顶高程恰好等于垫层的设计高程。

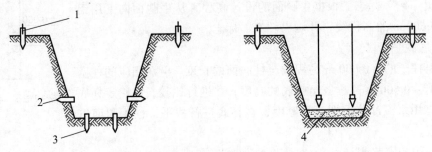

图 11.24　基坑测设

1—定位小木桩；2—水平桩；3—垫层高程桩；4—垫层

4. 基础模板的定位

基础垫层打好后，根据基坑周边定位小木桩，用拉线吊垂球的方法，把柱基定位线投测到垫层上，弹出墨线，用红漆画出标记，作为柱基立模板和布置基础钢筋的依据，如图 11.24（b）。立模时，将模板底线对准垫层上的定位线，并用垂球检查模板是否垂直，最后将柱基顶面设计高程测设在模板内壁，作为浇灌混凝土的高度依据。

11.4.3　厂房预制构件安装测量

1. 柱子安装测量

（1）柱子安装应满足的基本要求。

柱子中心线应与相应的柱列轴线一致，允许偏差为 ±5 mm。牛腿顶面和柱顶面的实际高程应与设计高程一致，柱高 5 m 以下限差为 ±5 mm，柱高在 5 m 以上限差为 ±8 mm。对于柱身垂直允许误差：当柱高不大于 5 m 时，为 ±5 mm；当柱高 5 ~ 10 m 时，为 ±10 mm；当柱高超过 10 m 时，则为柱高的 1/1 000，但不得大于 20 mm。

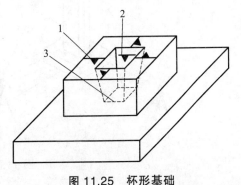

图 11.25　杯形基础

1—柱中心线；2——60 cm 高程线；
3—杯底

（2）柱子安装前的准备工作。柱子安装前的准备工作有以下几项：

① 在柱基顶面投测柱列轴线。

柱基拆模后，用经纬仪根据柱列轴线控制桩，将柱列轴线投测到杯口顶面上，如图 11.25 所示，并弹出墨线，用红漆画出"▶"标志，作为安装柱子时确定轴线的依据。如果柱列轴线不通过柱子的中心线，应在杯形基础顶面上加弹柱中心线。用水准仪在杯口内壁测设一条一般 – 0.600 m 的高程线（一般杯口顶面的高程为 – 0.500 m），并画出"▼"标志，如图 11.25 所示，作为杯底找平的依据。

② 柱身弹线。

柱子安装前，应将每根柱子按轴线位置进行编号。如图 11.26 所示，在每根柱子的三个侧面上弹出柱中心线，并在每条线的上端和下端近杯口处画出"▶"标志。根据牛腿面的设计高程，从牛腿面向下用钢尺量出 – 0.600 m 的高程线，并画出"▼"标志。

③ 杯底找平。

先量出柱子的 – 0.600 m 高程线至柱底面的长度，再在相应的柱基杯口内量出 – 0.600 m 高程线至杯底的高度，并进行比较，以确定杯底找平厚度。用水泥沙浆根据找平厚度，在杯底进行找平，使牛腿面符合设计高程。

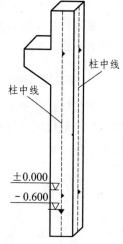

图 11.26　柱身弹线

（3）柱子的安装测量。

柱子安装测量的目的是保证柱子平面和高程符合设计要求，柱身铅直。

① 预制的钢筋混凝土柱子吊入杯口后，应使柱子三面的中心线与杯口中心线对齐，如图 11.27（a）所示，然后用木楔或钢楔进行临时固定。

② 柱子立稳后，立即用水准仪检测柱身上的±0.000 m 高程线，其容许误差为±3 mm。

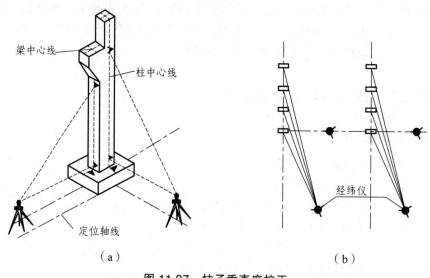

（a）　　　　　　　　　　（b）

图 11.27　柱子垂直度校正

③ 如图 11.27（a）所示，将两台经纬仪分别安置在柱基纵、横轴线上，要求离柱子的距

离不小于柱高的 1.5 倍。先用望远镜瞄准柱底的中心线标志，固定照准部后，再缓慢抬高望远镜观察柱子偏离十字丝竖丝的方向；用钢丝绳拉直柱子，直至从两台经纬仪上观测到的柱子中心线都与十字丝竖丝重合为止。

④ 在杯口与柱子的缝隙中浇入混凝土以固定柱子的位置。

⑤ 在实际安装时，一般是一次性把许多柱子都竖起来，然后进行垂直校正。这时，可把两台经纬仪分别安置在纵横轴线的一侧，一次可校正几根柱子，如图 11.27（b）所示。但仪器偏离轴线的角度，应在 15°以内。

（4）柱子安装测量的注意事项。

所使用的经纬仪必须严格校正，操作时，应使照准部水准管气泡严格居中。校正时，除注意柱子垂直外，还应随时检查柱子中心线是否对准杯口柱列轴线标志，以防柱子安装就位后，产生水平位移。在校正变截面的柱子时，经纬仪必须安置在柱列轴线上，以免产生差错。在日照下校正柱子的垂直度时，应考虑日照使柱顶向阴面弯曲的影响，为避免此种影响，宜在早晨或阴天校正。

2. 吊车梁安装测量

吊车梁安装测量主要是保证吊车梁中线位置和吊车梁的高程满足设计要求。

（1）吊车梁安装前的准备工作。

① 在柱面上量出吊车梁顶面高程。

根据柱子上的±0.000 m 高程线，用钢尺沿柱面向上量出吊车梁顶面设计高程线，作为调整吊车梁面高程的依据。

② 在吊车梁上弹出梁的中心线。

如图 11.28 所示，在吊车梁的顶面和两端面上，用墨线弹出梁的中心线，作为安装定位的依据。

③ 在牛腿面上弹出梁的中心线。

吊车梁中心线

图 11.28　在吊车梁上弹出梁的中心线

根据厂房中心线，在牛腿面上投测出吊车梁的中心线。其具体投测方法如下：

如图 11.29（a）所示，利用厂房中心线 A_1A_1，根据设计轨道间距，在地面上测设出吊车梁中心线（也是吊车轨道中心线）$A'A'$ 和 $B'B'$。在吊车梁中心线的一个端点 A'（或 B'）上安置经纬仪，瞄准另一个端点 A'（或 B'），固定照准部，抬高望远镜，即可将吊车梁中心线投测到每根柱子的牛腿面上，并用墨线弹出梁的中心线。

（2）吊车梁的安装测量。

安装时，使吊车梁两端的梁中心线与牛腿面梁中心线重合，即吊车梁初步定位。采用平行线法对吊车梁的中心线进行检测，校正方法如下：

① 如图 11.29（b）所示，在地面上，由吊车梁中心线向厂房中心线方向量出长度 a（1 m），得到平行线 $A''A''$ 和 $B''B''$。

② 在平行线一端点 A''（或 B''）上安置经纬仪，瞄准另一端点 A''（或 B''），固定照准部，抬高望远镜进行测量。

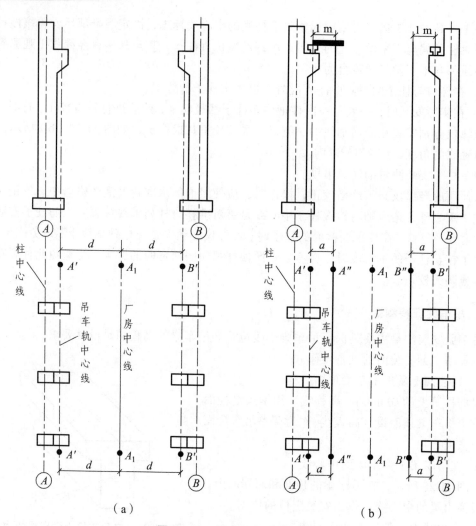

（a）　　　　　　　　　　　　（b）

图 11.29　吊车梁的安装测量

③ 此时，另外一人在梁上移动横放的木尺，当视线正对准尺上 1 m 刻划线时，尺的零点应与梁面上的中心线重合；如不重合，可用撬杠移动吊车梁，使吊车梁中心线到 $A''A''$（或 $B''B''$）的间距等于 1 m 为止。

吊车梁安装就位后，先按柱面上定出的吊车梁设计高程线对吊车梁面进行调整，然后将水准仪安置在吊车梁上，每隔 3 m 测一点的高程，并与设计高程比较，要求误差在 3 mm 以内。

3. 屋架安装测量

（1）屋架安装前的准备工作。

屋架吊装前，用经纬仪或其他方法在柱顶面上，测设出屋架定位轴线。在屋架两端弹出屋架中心线，以便进行定位。

（2）屋架的安装测量。

屋架吊装就位时，应使屋架的中心线与柱顶面上的定位轴线对准，允许误差为 5 mm。

屋架的垂直度可用垂球或经纬仪进行检查。用经纬仪
检校方法如下：

① 如图 11.30 所示，在屋架上安装三把卡尺，
一把卡尺安装在屋架上弦中点附近，另外两把分别安
装在屋架的两端。自屋架几何中心沿卡尺向外量出一
定距离，一般为 500 mm，作出标志。

② 在地面上，距屋架中线同样距离处，安置经
纬仪，观测三把卡尺的标志是否在同一竖直面内，如
果屋架竖向偏差较大，则用机具校正，最后将屋架固
定。垂直度允许偏差：对于薄腹梁，为 5 mm；对于
桁架，为屋架高的 1/250。

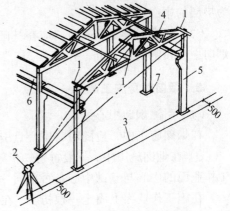

图 11.30　屋架的安装测量

1—卡尺；2—经纬仪；3—定位轴线；4—屋架；
5—柱；6—吊车梁；7—柱基

11.4.4　烟囱、水塔施工测量

烟囱和水塔的施工测量相似，现以烟囱为例加以说明。烟囱是截圆锥形的高耸构筑物，其
特点是基础小、主体高。烟囱的施工测量工作主要是严格控制其中心位置，保证其主体竖直。

1. 烟囱的定位、放线

（1）烟囱的定位。

烟囱的定位主要是定出基础中心的位置。其定位方法如下：

① 按设计要求，利用与施工场地已有控制点或建筑物的尺寸关系，在地面上测设出烟囱
的中心位置 O（即中心桩）。

② 如图 11.31 所示，在 O 点安置经纬仪，任选一
点 A 作后视点，并在视线方向上定出 a 点，倒转望远
镜，通过盘左、盘右分中投点法定出 b 和 B；然后，
顺时针测设 90°，定出 d 和 D，倒转望远镜，定出 c
和 C，得到两条互相垂直的定位轴线 AB 和 CD。

③ A、B、C、D 四点至 O 点的距离为烟囱高度的
1～1.5 倍。a、b、c、d 是施工定位桩，用于修坡和确
定基础中心，应设置在尽量靠近烟囱而不影响桩位稳
固的地方。

（2）烟囱的放线。

以 O 点为圆心，以烟囱底部半径 r 加上基坑放坡

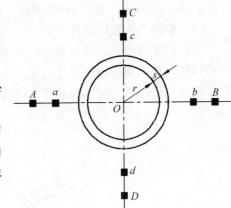

图 11.31　烟囱的定位、放线

宽度 s 为半径，在地面上用皮尺画圆，并撒出灰线，作为基础开挖的边线。

2. 烟囱的基础施工测量

（1）当基坑开挖接近设计高程时，在基坑内壁测设水平桩，作为检查基坑底高程和打垫
层的依据。

（2）坑底夯实后，从定位桩拉两根细线，用垂球把烟囱中心投测到坑底，钉上木桩，作

为垫层的中心控制点。

（3）浇灌混凝土基础时，应在基础中心埋设钢筋作为标志。根据定位轴线，用经纬仪把烟囱中心投测到标志上，并刻上"＋"字，作为施工过程中控制筒身中心位置的依据。

3. 烟囱筒身施工测量

（1）引测烟囱中心线。

在烟囱施工中，应随时将中心点引测到施工的作业面上。

① 在烟囱施工中，一般每砌一步架或每升模板一次，就应引测一次中心线，以检核该施工作业面的中心与基础中心是否在同一铅垂线上。引测方法如下：

在施工作业面上固定一根枋子，在枋子中心处悬挂 8 ~ 12 kg 的垂球，逐渐移动枋子，直到垂球对准基础中心为止。此时，枋子中心就是该作业面的中心位置。

② 烟囱每砌筑完 10 m，必须用经纬仪引测一次中心线。引测方法如下：

如图 11.34 所示，分别在控制桩 A、B、C、D 上安置经纬仪，瞄准相应的控制点 a、b、c、d，将轴线点投测到作业面上，并作出标记。然后，按标记拉两条细绳，其交点即为烟囱的中心位置，并与垂球引测的中心位置比较，以作校核。烟囱的中心偏差一般不应超过砌筑高度的 1/1 000。

③ 对于高大的钢筋混凝土烟囱，烟囱模板每滑升一次，就应用激光铅垂仪进行一次烟囱的铅直定位。定位方法如下：

在烟囱底部的中心标志上，安置激光铅垂仪，在作业面中央安置接收靶。在接收靶上显示的激光光斑中心，即为烟囱的中心位置。

④ 在检查中心线的同时，以引测的中心位置为圆心，以施工作业面上烟囱的设计半径为半径，用木尺画圆，如图 11.32 所示，以此检查烟囱壁的位置。

（2）烟囱外筒壁收坡控制。

烟囱筒壁的收坡，是用靠尺板来控制的。靠尺板的形状如图 11.33 所示，其两侧的斜边应严格按设计的筒壁斜度制作。使用靠尺板时，把斜边贴靠在筒体外壁上，若垂球线恰好通过下端缺口，说明筒壁的收坡符合设计要求。

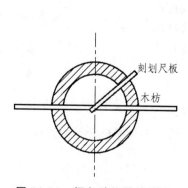

图 11.32　烟囱壁位置的检查

图 11.33　坡度靠尺板

（3）烟囱筒体高程的控制。

一般是先用水准仪在烟囱底部的外壁上测设出 ＋ 0.500 m（或任一整分米数）的高程线，

以此高程线为准，用钢尺直接向上量取高度。

11.5　高层建筑施工测量

高层建筑物施工测量中的主要问题是控制垂直度，即将建筑物的基础轴线准确地向高层引测，并保证各层相应轴线位于同一竖直面内，控制竖向偏差，使轴线向上投测的偏差值不超限。轴线向上投测时，要求竖向误差在本层内不超过 5 mm，全楼累计误差值不应超过 $2H/10\,000$（H 为建筑物总高度），且不应大于：30 m < H ≤ 60 m 时，10 mm；60 m < H ≤ 90 m 时，15 mm；90 m < H 时，20 mm。高层建筑物轴线的竖向投测方法，主要有外控法和内控法两种，下面分别介绍这两种方法。

11.5.1　外控法

外控法是利用测量仪器在建筑物外部轴线控制点上进行轴线传递工作。根据轴线传递仪器的不同，外控法可分为经纬仪投点法、全站仪坐标法和 GPS 坐标法。其中，经纬仪投点法是根据建筑物轴线控制桩来进行轴线的竖向投测，又称为"经纬仪引桩投测法"。其具体操作方法如下：

（1）在建筑物底部投测中心轴线位置。

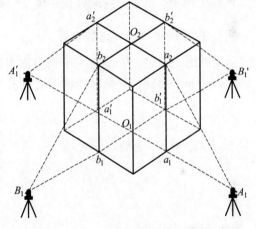

高层建筑的基础工程完工后，将经纬仪安置在轴线控制桩 A_1、A_1'、B_1 和 B_1' 上，把建筑物主轴线精确地投测到建筑物的底部，并设立标志，如图 11.34 中的 a_1、a_1'、b_1 和 b_1'，以供下一步施工与向上投测之用。

（2）向上投测中心线。

图 11.34　经纬仪投测中心轴线

随着建筑物不断升高，要逐层将轴线向上传递。如图 11.34 所示，将经纬仪安置在中心轴线控制桩 A_1、A_1'、B_1 和 B_1' 上，严格整平仪器，用望远镜瞄准建筑物底部已标出的轴线 a_1、a_1'、b_1 和 b_1' 点，用盘左和盘右分别向上投测到每层楼板上，并取其中点作为该层中心轴线的投影点，如图 11.35 中的 a_2、a_2'、b_2 和 b_2'。

（3）增设轴线引桩。

当楼层逐渐增高，而轴线控制桩距建筑物又较近时，望远镜的仰角较大，操作不便，投测精度也会降低。为此，要将原中心轴线控制桩引测到更远的安全地方或者附近大楼的屋面。

具体做法是：将经纬仪安置在已经投测上去的较高层（如第 10 层）楼面轴线 $a_{10}a_{10}'$ 上，如图 11.35 所示，瞄准地面上原有的轴线控制桩 A_1 和 A_1' 点，用盘左、盘右分中投点法，将轴线延长到远处 A_2 和 A_2' 点，并用标志固定其位置，A_2、A_2' 即为新投测的 A_1A_1' 轴的控制桩。

对于更高各层的中心轴线，可将经纬仪安置在新的引桩上，按上述方法继续进行投测。

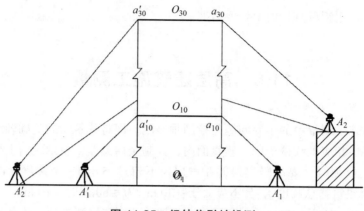

图 11.35　经纬仪引桩投测

11.5.2　内控法

内控法，即在建筑物内±0平面设置轴线控制点，并预埋标志，之后在各层楼板相应位置上预留 200 mm×200 mm 的传递孔，在轴线控制点上直接采用吊线坠法或激光铅垂仪法，通过预留孔将其点位垂直投测到任一楼层，如图 11.37 和图 11.38 所示。

1. 内控法轴线控制点的设置

基础施工完毕，在±0首层平面上适当位置设置与轴线平行的辅助轴线。辅助轴线距轴线500～800 mm 为宜，并在辅助轴线交点或端点处埋设标志，如图 11.36 所示。

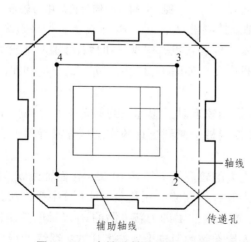

图 11.36　内控法轴线控制点的设置

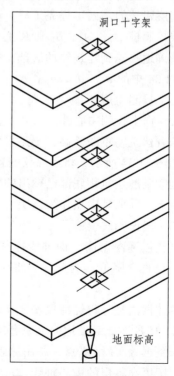

图 11.37　吊线坠法投测轴线

2. 吊线坠法

吊线坠法是利用钢丝悬挂重垂球的方法，进行轴线竖向投测。这种方法一般用于高度在 50～100 m 的高层建筑施工中，垂球的质量为 10～20 kg，钢丝的直径为 0.5～0.8 mm。投测方法如下：

如图 11.37 所示，在预留孔上面安置十字架，挂上垂球，对准首层预埋标志。当垂球线静止时，固定十字架，并在预留孔四周作出标记，作为以后恢复轴线及放样的依据。此时，十字架中心即为轴线控制点在该楼面上的投测点。

用吊线坠法实测时，要采取一些必要措施，如用铅直的塑料管套着坠线或将垂球沉浸于油中，以减少摆动。

3. 激光铅垂仪法

（1）激光铅垂仪简介。

激光铅垂仪是一种专用的铅直定位仪器，适用于高层建筑物、烟囱及高塔架的铅直定位测量。

激光铅垂仪的基本构造如图 11.38 所示，主要由氦氖激光管、精密竖轴、发射望远镜、水准器、基座、激光电源及接收屏等部分组成。

激光器通过两组固定螺钉固定在套筒内。激光铅垂仪的竖轴是空心筒轴，两端有螺扣，上、下两端分别与发射望远镜和氦氖激光器套筒（二者位置可对调）相连接，构成向上或向下发射激光束的铅垂仪。仪器上设置有两个互成 90°的管水准器，仪器配有专用激光电源。

图 11.38　激光铅垂仪

（2）激光铅垂仪投测轴线。

图 11.39 所示为激光铅垂仪进行轴线投测的示意图，具体投测方法如下：

① 在首层轴线控制点上安置激光铅垂仪，利用激光器底端（全反射棱镜端）所发射的激光束进行对中，通过调节基座整平螺旋，使管水准器气泡严格居中。

楼板预留垂准孔
30 cm×30 cm

铅垂线

激光垂准仪

底层投测点

图 11.39　激光铅垂仪投测轴线

② 在上层施工楼面预留孔处，放置接收靶。

③ 接通激光电源，启辉激光器发射铅直激光束，通过发射望远镜调焦，使激光束会聚成红色耀目光斑，投射到接收靶上。

④ 移动接收靶，使靶心与红色光斑重合，固定接收靶，并在预留孔四周作出标记，此时，靶心位置即为轴线控制点在该楼面上的投测点。

11.6　建筑竣工总平面图的编绘

11.6.1　编制竣工总平面图的目的

工业与民用建筑工程是根据设计总平面图施工的。在施工过程中，由于各种原因，使建（构）筑物竣工后的位置与原设计位置不完全一致，所以需要编绘竣工总平面图。编制竣工总平面图的目的：一是全面反映竣工后的现状；二是为以后建（构）筑物的管理、维修、扩建、改建及事故处理提供依据；三是为工程验收提供依据。竣工总平面图的编绘包括竣工测量和资料编绘两方面的内容。

11.6.2　竣工测量

建（构）筑物竣工验收时进行的测量工作，称为竣工测量。在每一个单项工程完成后，必须由施工单位进行竣工测量，并提出该工程的竣工测量成果，作为编绘竣工总平面图的依据。

1. 竣工测量的内容

（1）工业厂房及一般建筑物。测定各房角坐标、几何尺寸，各种管线进出口的位置和高程，室内地坪及房角高程，并附注房屋结构层数、面积和竣工时间。

（2）地下管线。测定检修井、转折点、起终点的坐标，井盖、井底、沟槽和管顶等的高程，附注管道及检修井的编号、名称、管径、管材、间距、坡度和流向。

（3）架空管线。测定转折点、结点、交叉点和支点的坐标，以及支架间距、基础面高程等。

（4）交通线路。测定线路起终点、转折点和交叉点的坐标，以及路面、人行道、绿化带界线等。

（5）特种构筑物。测定沉淀池的外形和四角坐标，圆形构筑物的中心坐标，基础面高程，构筑物的高度或深度等。

2. 竣工测量的方法与特点

竣工测量的基本测量方法与地形测量相似，区别在于以下几点：

（1）图根控制点的密度。一般竣工测量图根控制点的密度，要大于地形测量图根控制点的密度。

（2）碎部点的实测。地形测量中，一般采用视距测量的方法测定碎部点的平面位置和高程；而竣工测量中，一般采用经纬仪测角、钢尺量距的极坐标法测定碎部点的平面位置，采用水准仪或经纬仪视线水平测定碎部点的高程，也可用全站仪进行测绘。

（3）测量精度。竣工测量的测量精度，要高于地形测量的测量精度。地形测量的测量精度要求满足图解精度，而竣工测量的测量精度一般要满足解析精度，应精确至 cm。

（4）测绘内容。竣工测量的内容比地形测量的内容更丰富。竣工测量不仅测地面的地物和地貌，还要测地下各种隐蔽工程，如上、下水管及热力管线等。

11.6.3　竣工总平面图的编绘

1．编绘竣工总平面图的依据

（1）设计总平面图、单位工程平面图，纵、横断面图，施工图及施工说明。

（2）施工放样成果、施工检查成果及竣工测量成果。

（3）更改设计的图纸、数据、资料（包括设计变更通知单）。

2．竣工总平面图的编绘方法

（1）在图纸上绘制坐标方格网。绘制坐标方格网的方法、精度要求与地形测量绘制坐标方格网的方法、精度要求相同。

（2）展绘控制点。坐标方格网画好后，将施工控制点按坐标值展绘在图纸上。展点对所邻近的方格而言，其容许误差为±0.3 mm。

（3）展绘设计总平面图。根据坐标方格网，将设计总平面图的图面内容，按其设计坐标用铅笔展绘于图纸上作为底图。

（4）展绘竣工总平面图。对凡按设计坐标进行定位的工程，应以测量定位资料为依据，按设计坐标（或相对尺寸）和高程展绘。对原设计进行变更的工程，应根据设计变更资料展绘。对凡有竣工测量资料的工程，若竣工测量成果与设计值之差不超过所规定的定位容许误差，按设计值展绘；否则，按竣工测量资料展绘。

3．竣工总平面图的整饰

（1）竣工总平面图的符号应与原设计图的符号一致。有关地形图的图例应使用国家地形图图示符号。

（2）对于厂房，应使用黑色墨线绘出该工程的竣工位置，并应在图上注明工程名称、坐标、高程及有关说明。

（3）对于各种地上、地下管线，应用各种不同颜色的墨线绘出其中心位置，并应在图上注明转折点及井位的坐标、高程及有关说明。

（4）对于没有进行设计变更的工程，用墨线绘出的竣工位置应与按设计原图用铅笔绘出的设计位置重合，但其坐标及高程数据与设计值比较可能稍有出入。

随着工程的进展，逐渐在底图上将铅笔线都绘成墨线。

此外，对于直接在现场指定位置进行施工的工程、以固定地物定位施工的工程以及多次变更设计而无法查对的工程等，需要进行现场实测。这样测绘出的竣工总平面图，称为实测竣工总平面图。

习 题

本章复习重难点
试题及答案

1. 为什么要建立专门的厂房控制网？厂房控制网是如何建立的？
2. 如何控制墙身的竖直位置和砌筑高度？
3. 柱子吊装测量中有哪些主要工作？
4. 简述竣工测量的内容。
5. 简述竣工总平面图的编绘目的、方法。

第 12 章　道路工程测量

本章重点：道路线形的组成；铁路的完整测量过程；公路测量一般方法；直线测设方法；曲线测设方法介绍；高程测设方法。

12.1　概　述

道路工程包括铁路、公路、工矿企业的专用道路以及为农业生产服务的农村道路等。道路的路线以平、直最为理想，但是由于受地形、地质、技术条件等的限制和经济发展的需要，道路线路的方向要不断改变。为了保持线路圆顺，在改变方向的两相邻直线间需用曲线连接起来，这种曲线称平面曲线。道路平面曲线有两种形式，即圆曲线和缓和曲线。线路平面组成见图 12.1。

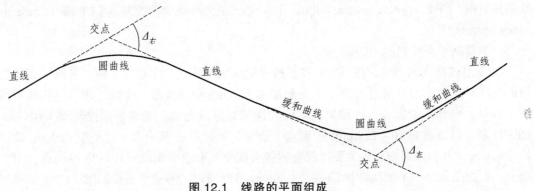

图 12.1　线路的平面组成

道路在勘测设计、施工建设和管理阶段所进行的测量工作称为道路工程测量。道路勘测设计一般分阶段进行，其中对于铁路和高等级公路，分为初测和定测两个阶段，称为两阶段勘测。对于一般道路，也可以进行一阶段勘测，就是对路线作一次性定测。道路初测的目的是对线路方案研究中所确定的线路方向进行控制测量，在控制点的基础上测量路线方案的带状地形图，为初步设计进行纸上定线之用。道路初测的内容包括道路控制测量、带状地形图测绘等。道路定测是对批准的初步设计所选定的线路方案，利用带状地形图上初测导线和纸上线路的几何关系，将选定的线路测设到实地上去。其内容包括中线测量、曲线测设、纵横断面测量以及局部地形测绘等，可为施工技术设计提供重要资料。道路工程的测量工作除了上述的内容之外，还包括工程建设阶段的测量工作和竣工测量等。

12.2　铁路勘测设计阶段的测量工作

铁路是一种以钢轨引导列车的运输方式。它是建造在大地上的一种线形工程构造物，主要承受车辆荷载的重复作用并经受各种自然因素的长期影响和侵蚀。因此铁路不仅要有平顺的线形、缓和的纵坡，而且还要有坚实及稳定的路基、平整的轨（路）面、牢固及耐用的桥涵以及其他人工构造物及附属设备，以保证交通的安全。铁路主要由路基、轨（路）面、涵洞、桥梁、隧道等基本构造物组成，此外还包括线路交叉工程、路基防护工程和排水工程等附属工程。

12.2.1　初　测

铁路线路初测工作包括：选点埋石、平面控制测量、高程控制测量、地形测量、断面测量以及其他勘测测量。初测在一条线路的全部勘测工作中占有重要地位，它决定着线路的基本方向。

1. 平面控制测量

铁路工程建设的平面控制网应沿线路走向分级布网。线路平面控制网在线路起点、终点与其他铁路平面控制网衔接地段必须有两个以上的控制点相重合。铁路平面控制网分级控制顺序为三级：首级为基础平面控制网（CPⅠ）（basic horizontal control points Ⅰ）；第二级为线路控制网（CPⅡ）（route control points Ⅱ）；第三级为导线测量控制网（CPⅢ）（base-piles control points Ⅲ）。

（1）基础平面控制网（CPⅠ）。

CPⅠ沿线路走向布设，按 GPS 静态相对定位原理建立，为全线（段）各级平面控制测量的基准。基础平面控制网（CPⅠ）一般按 B 级 GPS 测量要求，全线（段）一次性布网，统一测量，整体平差完成，一般应在航测控制测量阶段完成。基础平面控制网（CPⅠ）的 GPS 控制点沿线路每 10 ~ 15 km 设一组点（至少 3 个点），点间距离不宜小于 800 m，最短不小于 600 m，并相互通视。在主要比较方案接头或交叉附近应布设一对 GPS 控制点。GPS 控制点一般选在沿线路方向离线路中线不超过 1 000 m 的范围内。基础平面控制网（CPⅠ）采用边联结方式构网，形成线性锁或大地四边形图形的带状网。

基础平面控制网（CPⅠ）应与附近的不低于国家二等的大地点或 GPS 点联测，一般每 50 km 联测一个国家大地点，联测国家大地点的总数不得少于 3 个，特殊情况下不得少于 2 个。当联测点数为 2 个时，应尽量分布在网的两端；当联测点数为 3 个及以上时，一般在网中均匀分布。

（2）线路控制网（CPⅡ）。

CPⅡ在基础平面控制网（CPⅠ）上沿线路布设，为勘测、施工阶段的线路平面控制和无砟轨道施工阶段基桩控制网起闭的基准。其测量实施以 C 级 GPS 规范要求为准；若以导线进行测量，则以四等导线规范要求为准。

线路控制网（CPⅡ）一般为全线一次性布网，按 D 级 GPS 测量要求施测，并同基础平面控制网（CPⅠ）联测，统一平差。对新建铁路采用无砟轨道结构，线路控制网（CPⅡ）一般按 C 级 GPS 测量要求施测。GPS 线路控制测量一般在定测开始前或定测前期完成，在补定测阶段也可能由于线路方案变化，增加部分插点或插网。当采用一阶段布设线路控制网（CPⅡ）时，GPS 线路控制测量在航测外控测量阶段完成。

速度目标值不小于 160 km/h 的新建铁路，GPS 控制点沿线路每 3 ~ 5 km 设一组点（至少 3 个点）；速度目标值小于 160 km/h 的新建铁路，GPS 控制点沿线路每 5 ~ 10 km 设一组点（至少 3 个点）。点间距离一般为 600 ~ 1 000 m 并相互通视。在长大桥梁、隧道等重点工程两端一般各布设一对 GPS 控制点。

线路控制网（CPⅡ）采用边联结方式构网，形成线性锁或大地四边形图形的带状网。线路控制网（CPⅡ）要求附合在基础平面控制网（CPⅠ）上，以基础平面控制网（CPⅠ）控制点对其进行约束平差；对于部分插网，必须联测 3 个以上附近基础平面控制网（CPⅠ）的控制点。采用一阶段布设线路控制网（CPⅡ）时，联测要求与基础平面控制网（CPⅠ）相同。若新建铁路采用无砟轨道结构，且线路控制网（CPⅡ）按 C 级 GPS 测量要求施测，则可考虑利用主干网的联测资料与主干网的 GPS 点统一进行平差。

线路控制网（CPⅡ）应尽量与附近的已知水准点联测，一般至少 10 km 左右联测一个水准点。线路 GPS 控制网在线路起点、终点或与其他铁路平面控制网衔接地段，应按插点方式与 2 个以上其他平面控制网的控制点联测。

（3）基桩控制网（CPⅢ）。

CPⅢ沿线路布设的三维控制网，起闭于基础平面控制网（CPⅠ）或线路控制网（CPⅡ），一般在线下工程施工完成后施测，作为无砟轨道铺设和运营维护的基准。一般以五等导线规范要求实施。

CPⅢ控制点在 CPⅡ 的基础上采用导线测量方法施测。CPⅢ控制点边长一般为 150 ~ 200 m，并根据施工控制的需要进行选点埋石和做点之记。

CPⅢ导线测量的技术要求应满足下列要求：

① 导线点间的距离不应小于 50 m，地形平坦且视线清晰时不大于 1 000 m。导线相邻边长之比不小于 1：3；当导线平均边长较短时，应控制导线边数。

② 导线水平角应使用 DJ$_2$ 级以上或精度相等的全站仪观测。水平角观测用测回法测量右角，观测一个测回。

③ 导线边长可采用全站仪、光电测距仪等测量，读数取位至 mm。距离和竖直角往返各观测两个测回。测距较差符合要求时取平均值，平均值中应加入气象改正。边长应采用往返测平均值。

④ 导线测量外业中如果采用电子记录设备，应具有数据采集、限差实时检验、自动存储等功能。

导线测量水平角观测应符合表 12.1 的规定。

表 12.1　导线测量水平角观测技术要求

控制网等级	仪器等级	测回数	半测回归零差	2c 较差	同一方向各测回间较差
CPⅢ	DJ$_1$	2	6″	9″	6″
	DJ$_2$	4	8″	13″	9″

CPⅢ导线在方位角闭合差及导线全长相对闭合差满足要求后，需进行严密平差计算。在坐标换带附近地段的导线，应分别计算两带相应的导线点坐标成果。

2. 高程控制测量

高程控制测量是为铁路工程建立一个精度统一、便于工程建设各阶段水准测量使用的高程控制网，也是各级高程控制测量的基础。对于速度目标值不小于 160 km/h 的新建铁路，按三等或三等以上水准测量建立高程控制网；对于速度目标值小于 160 km/h 的新建铁路，按四等水准测量建立高程控制网。高程控制网在初测工作开展前完成，一般要求全线一次性布网测量，整体以严密平差完成。

高程控制网的水准路线沿线路主要方向或走向附近敷设，与线路中线的距离不超过 500 m，起闭于国家高等级水准点。一般情况下，三等水准路线每 80 km 联测一次高等级水准点；四等水准路线每 50 km 联测一次高等级水准点，并形成附合水准路线或闭合路线。

高程控制点布设的一般要求如下：

（1）高程控制点沿线路走向每 5 ~ 10 km 设一组点（至少 2 个），高程控制点一般与平面控制点共桩，在线路主要比较方案的起点附近以及特大桥、长隧道等重点工程附近需增设一组高程控制点。当主要比较方案大于 10 km、距线路大于 1 000 m 时，也应按上述要求设置高程控制点。

（2）高程控制点一般选在土质坚实、安全僻静、观测方便和利于长期保存的地方。

三等高程控制测量一般采用水准测量；四等高程控制测量根据地形情况，在平原地区一般采用水准测量，在进行水准测量确有困难的山岳、丘陵以及沼泽、水网地区可采用电磁波测距三角高程测量方法。采用电磁波测距三角高程测量时，可结合平面导线测量同时进行。

线路跨越江河、深沟时，在视线长度为 200 m 以内时，可用一般方法施测；在视线长度大于 200 m 时，应用相应等级的跨河水准测量方法和精度施测，或者采用电磁波测距三角高程测量方法施测。

每完成一条水准线路的测量，应按测段进行往返测（或左右路线）高差不符值及每千米水准测量高差偶然中误差 M_Δ 的计算（不足 20 测段的路线，不单独计算 M_Δ，但应与网中其他路线合并计算）；对于附合水准路线或闭合环线的测量，应进行附合水准路线或闭合环线的闭合差及每千米水准测量全中误差的计算。当这两项值满足要求时，才能进行平差计算。

高程控制测量中，一般在全线测量贯通后进行整体平差。平差计算过程中，高差取位至 0.1 mm，平差计算高程成果取位至 1 mm。

3. 带状地形图的测绘

线路 1∶2 000 地形图测量一般采用航测成图。在线路方案变化致使线路偏出航测制图范围或当重点工程根据专业需要进行地形图补充测绘时，可进行实地测图补充。但其技术指标和精度应满足相关规定要求，并能与航测图接边。采用航测地形图时，应在现场进行核对、修正，必要时还应进行现场补测。

野外实测地形一般采用全站仪数字化测图方法施测。地形测量采用全站仪数字化测图并用软件自动生成地形图时，应在现场生成地形图，以便现场核对，及时发现错误。对于因条件限制或其他原因不能现场生成地形图时，应现场绘制草图，记录地形特征，以便对室内生成的地形图进行核对、检查。

12.2.2 定 测

铁路定测阶段的测量工作主要有线路平面位置的测设、线路纵断面测量、线路横断面测量。

1. 线路平面位置的测设

线路平面位置的测设可分为放线和中线测设两项内容。

（1）放线。

放线的任务是把图纸上设计好的线路中心线或在野外实地选定的线路中心线的控制桩（交点、转点）测设到地面上，以标定中线的位置。线路放线测量常用的方法有拨角法、支距法、极坐标法和 GPS（RTK）法。

① 穿线法放线。

这种方法的基本原理是先根据控制导线定出直线上的转点，然后检查这些点是否在一条直线上，并延长相邻直线得到直线的交点，从而达到定线的目的。其过程如下：

a. 图上定转点。

如图 12.2 所示，根据初测导线和线路中线的布设情况选择线路中线转点的位置。转点位置一般选在地势高、能互相通视的地方，并且保证一条直线上至少有 3 个以上转点，以便校核。

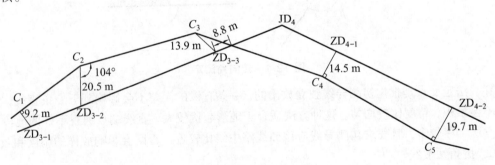

图 12.2 穿线法放线

b. 实地放样。

根据导线点坐标和直线上转点的坐标计算出放样数据；也可在图上量取相应的角度和距离，再采用极坐标法、交会法或支距法等，在实地测设出转点的位置。

c. 穿线。

由于放样中的误差等使得本该在同一条直线上的各转点在放样后不在一条直线上，因此必须进行调整，使它们严格在一条直线上。

d. 线路交点的确定。

当确定了线路中线上两相邻直线段后，即可根据调整后的两直线段上的转点，定出其交点。如图 12.3 所示，ZD_2 上安置经纬仪，照准 ZD_1 正倒镜分中，在直线的延长线上的 JD 两侧（可大概估计出）设立 a、b 两个桩（俗称骑马桩），其上钉小钉并拉细线。同理，延长另一条直线可得 JD。

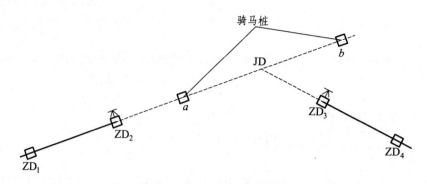

图 12.3 正倒镜分中打骑马桩定交点

e. 测定转向角。

当定出交点后，要在实地测定转向角，即线路由一个方向偏转到另一方向时所夹的水平角，如图 12.4 所示。通常观测线路的右角，按下式计算转向角 α：

$$\left. \begin{array}{l} \beta_{右}<180°时，\alpha_{右}=180°-\beta_{右} \quad（右偏）\\ \beta_{右}>180°时，\alpha_{右}=\beta_{右}-180° \quad（左偏）\end{array}\right\} \qquad (12\text{-}1)$$

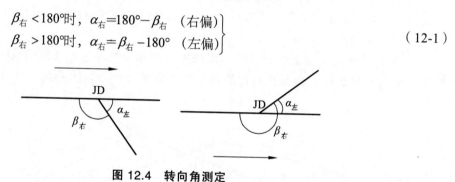

图 12.4 转向角测定

穿线法定交点是根据初测导线独立放出的，一条直线的误差不会影响到下一条直线，测量误差不会累积，精度比较均匀。这种方法适合于地形起伏较大、直线端点通视不好的地段。但此种方法工序较多，且要求初测导线应该离线路中线比较近，否则会影响放样的精度和效率。

② 拨角法放线。

拨角放线法是根据纸上定线交点的坐标，预先在内业中计算出两交点间的距离及直线的转向角，然后根据计算资料在现场放出各个交点，定出中线位置，见图 12.5。

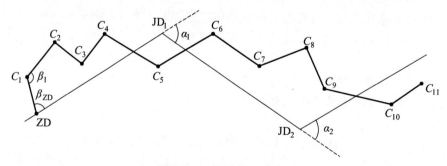

图 12.5 图拨角法放线

a. 在图纸上或数字地形图上量取 ZD、JD_1、JD_2 的坐标，再利用导线点 C_1 的坐标，计算出放样要素 β_{C_1}、β_{ZD}、S_0、S_1、α_1、S_2、α_2 等。

b. 现场放线。根据 β_{C_1}、S_0 定出 ZD，再根据 β_{ZD}、S_0 定出 JD_1，利用 α_1、S_2 可以定出 JD_3，依次类推。

c. 连续测设 3～5 km 后与初测导线符合一次，并进行检查。

拨角放线法较其他方法工作量小、效率高，并且放线点间的距离和方向均采用实测值，放样中线的相对精度不受初测值的影响，可减少初测导线的工作量和提高放样中线的质量，但存在误差积累。这种方法适用于无初测导线的任何测区。

③ 全站仪极坐标法。

全站仪极坐标法就是利用导线点坐标放出中线上的各转点。这种方法简单灵活，但放样工作量大，放样到实地上的中线相对精度不高，最后也要通过穿线来确定直线段的位置。而且由于此法是直接利用初测导线点来放样各转点，故对初测导线点的密度和精度要求比其他方法要高。

④ GPS（RTK）法。

a. 基准站一般设置于 GPS 控制点或导线点上，导线点相对精度应优于 1/20 000，基准站间距以 3～5 km 为宜。当初测 GPS 控制点或导线点的精度和分布不能满足要求时，应采用 GPS 静态测量方法按 E 级及以上 GPS 网要求建立 GPS 控制网，作为放线测量的基准站。

b. 在点校正求解基准转换参数过程中，公共点平面残差应控制在 1.5 cm 以内，高程残差应控制在 3 cm 以内；如超限，应分析原因，剔除误差较大的点后重新解算。如果残差普遍偏大，应检查公共点间的相对精度是否满足要求，求解转换参数的测段划分是否过长。

c. 在进行 GPS RTK 放线作业前，流动站必须完成初始化。

d. 在 GPS RTK 测放线路控制桩过程中，流动站必须整平、对中并使用支撑架。

e. 在进行 GPSRTK 放线作业前，几台流动站都应对同一个点（最好是已知点）进行测量并存储，平面互差应小于 1.5 cm，高程互差应小于 3 cm。若超限，应检查对中杆是否弯曲，水准气泡是否完好、准确，以及流动站参数设置是否正确。

f. 每天进行 GPS RTK 放线作业前，都应对前一天的最后两个中线控制桩进行复测并记录，平面互差应小于 2.5 cm，高程互差应小于 5 cm。超过限差时，应重测并查明原因。

g. 每天应在中线控制桩复测合格后，方能进行 GPS RTK 中桩放线作业。当中线控制桩和中桩分别测设并且还没有进行中线控制桩测设时，应复测并记录前一天测设的最后两个中桩，点位平面互差应小于 10 cm，高程互差应小于 10 cm。超过限差时，应重测并查明原因。

h. 每次更换基准站后，都应对前一基准站测量的最后两个中线控制桩进行复测并记录，平面互差应小于 2.5 cm，高程互差应小于 5 cm。

i. 测设中线控制桩时，点位理论位置与实测位置差应控制在 1 cm 以内。测设中桩时，点位理论位置与实测位置差应控制在 10 cm 以内。

j. 流动站在中线控制桩上的测量时间应大于 60 s，并且控制器屏幕上显示的平面精度应在 1 cm 内，高程精度应在 2 cm 内。

k. 流动站在中桩上的测量时间大于 10 s，并且控制器屏幕上显示的平面精度应在 3 cm 内，高程精度应在 5 cm 内。

1. 在测设中线控制桩时应加强检核，可采用多个不同的流动站对中线控制桩进行重新观测，点位互差应小于 3 cm，高程互差应小于 5 cm。

（2）中线测设。

中线测设的任务是根据放线中已定出的线路控制点详细地测设直线和曲线，即在地面详细钉出中线桩。中线桩标明了线路的位置和长度，并可据此进行线路纵断面和横断面测量。中线桩也是施工的依据。中线测设包括直线和曲线的测设。

① 圆曲线测设。

道路上的圆曲线指具有固定半径的一段圆弧。已知圆曲线的半径为 R（由设计给出），转向角为 α（现场测出）。

a. 曲线要素及主点里程计算。

如图 14-6 所示，圆曲线的主点有：直圆点（ZY）、曲中点（QZ）、圆直点（YZ）。

圆曲线的曲线要素包括：半径 R、转向角 α、切线长 T、曲线长 L、外矢距 E_0 和切曲差 q。计算公式如下：

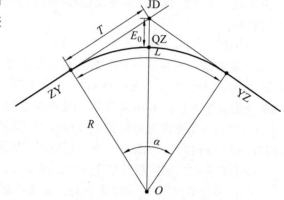

$$\left. \begin{array}{l} T = R\tan\dfrac{\alpha}{2} \\[2mm] L = \alpha R\dfrac{\pi}{180°} \\[2mm] E = R\left(\sec\dfrac{\alpha}{2} - 1\right) \\[2mm] q = 2T - L \end{array} \right\} \qquad (12\text{-}2)$$

图 12.6　圆曲线及其要素

主点里程计算是根据计算出的曲线要素，由一已知点里程来推算，并沿道路前进的方向由 ZY→QZ→YZ 进行推算。注意：不能沿切线计算，只有把终点里程算出后，才能计算下一直线上的里程。

【例 12.1】　已知：$R = 1\,000$ m，$\alpha = 15°35'26''$，JD 的里程为 DK32＋352.48。求各主点的里程。

由式（12-2）可得 $T = 136.90$ m，$L = 272.11$ m，$E = 9.33$ m，$q = 1.69$ m，则主点里程的推算过程如下：

JD	32+352.48		JD	32+352.48
− T	136.90		+T	136.90
ZY	32+215.58			32+489.38
+$L/2$	136.06		− q	1.69
QZ	32+351.64		YZ	32+487.69 (校核)
+$L/2$	136.05			
YZ	32+487.69			

b. 圆曲线主点测设。

主点测设时从交点 JD 沿两切线方向量取切线长 T，可定出 ZY 和 YZ 点，沿切线向曲线内侧拨角 $\dfrac{180° - \alpha}{2}$，得外矢距方向，从 JD 沿外矢距方向量距 E_0 即得 QZ 点。切线长度应往返丈量，其相对误差不大于 1/2 000；QZ 点的放样应采用正倒镜分中。

c. 圆曲线详细测设。

·偏角法。

圆曲线的偏角即为弦切角，如图 12.7 所示。设 P_i 是圆曲线上任一点，其偏角可用如下公式计算：

$$\delta_i = \frac{l}{R} \cdot \frac{180°}{\pi} \qquad （12-3）$$

式中　l——弧长；

　　　R——圆曲线半径。

放样时，可将仪器置于 ZY 或 YZ 点，后视切线方向，拨角 δ_1 可定 P_1 点方向，沿视线方向量取第一段弧长即可得 P_1 点；继续拨角 δ_2 定出 P_2 点方向，从 P_1 点量取第二段弧长与视线相交，即定出 P_2 点。依次类推，到 QZ 点后即可检核。

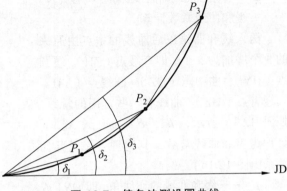

图 12.7　偏角法测设圆曲线

偏角法放样的计算和操作方法都比较简单、灵活，且可以自行检核，但距离误差累积较大，所以通常要分段进行。

·切线支距法。

这种方法是利用直角坐标设置曲线上的各点，此时切线方向为 x 轴，垂直于切线方向的线作为 y 轴，原点在曲线起点或终点，如图 12.8 所示。在此坐标系中，曲线上任一点 P 的坐标为可用如下公式计算：

$$\left.\begin{array}{l} \varphi = \dfrac{180° \times l}{\pi R} \\ x = R \sin \varphi \\ y = R(1 - \cos \varphi) \end{array}\right\} \qquad （12-4）$$

式中　l——某一测点到曲线起点或终点的弧长。

放样的时候即可根据切线（X 轴）以及 x、y 采用支距法测设出相应的点位。

② 带有缓和曲线的曲线测设。

缓和曲线是连接直线与圆曲线间的过渡曲线，其曲率半径由无穷大逐渐变化到圆曲线的半径。铁

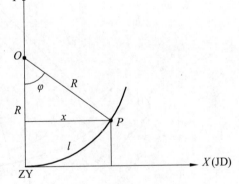

图 12.8　切线支距法测设曲线

路干线的平面曲线都应加设缓和曲线，而地方和厂矿专用线在行车速度不高时，可不设缓和曲线。

缓和曲线的性质：曲率半径是从∞逐渐变到圆曲线半径 R 的变量，如图 12.9 所示，在直线端其曲率半径为∞，在圆曲线端曲率半径为圆曲线半径 R，中间各点满足曲率与该点到曲线起点里程成反比：

$$\rho \propto \frac{1}{l} \quad 即 \quad \rho l = C \ （其中 C = Rl_0） \qquad （12-5）$$

式（12-5）中，R 为设计的圆曲线半径，l_0 为设计的缓和曲线长。我国均采用辐射螺旋

线作为缓和曲线。缓和曲线在不改变直线方向和圆曲线半径的情况下，插入到直线段和圆曲线之间。

a. 带有缓和曲线的曲线要素及里程计算。

·缓和曲线常数计算。

插入缓和曲线以后曲线的主点由原来的 3 个增加为 5 个，即直缓点（ZH）、缓圆点（HY）、曲中点（QZ）、圆缓点（YH）和缓直点（HZ）。曲线有一些常用的常数，如图 12.10 所示，β_0、δ_0、m、p、x_0、y_0 等称为缓和曲线常数，其物理含义及几何关系由图 12.10 可知：

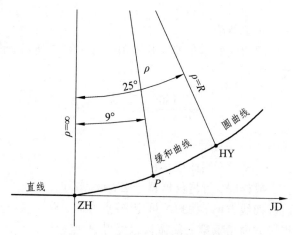

图 12.9　弯道中插入缓和曲线

β_0——缓和曲线的切线角，即 HY（或 YH）点的切线与 ZH（或 HZ）点切线的交角，也是圆曲线一端延长部分所对应的圆心角；

δ_0——缓和曲线的总偏角；

m——切垂距，即 ZH（或 HZ）到圆心 O 向切线所作垂线垂足的距离；

p——圆曲线的内移量，为垂线长与圆曲线半径 R 之差。

注：x_0、y_0 的计算见式（12-8），其他常数的计算公式如下：

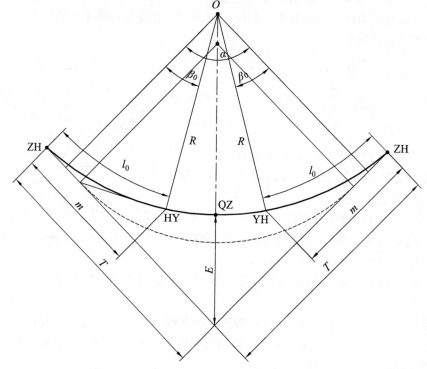

图 12.10　缓和曲线常数物理含义及几何关系

缓和曲线常数计算公式如下：

$$\left.\begin{array}{l} \beta_0 = \dfrac{l_0}{2R} \cdot \dfrac{180°}{\pi} \\[3mm] \delta_0 = \dfrac{1}{3}\beta_0 = \dfrac{l_0}{6R} \cdot \dfrac{180°}{\pi} \\[3mm] m = \dfrac{l_0}{2} - \dfrac{l_0^3}{240R^2} \\[3mm] p = \dfrac{l_0^2}{24R} - \dfrac{l_0^4}{2\,688R^3} \approx \dfrac{l_0^2}{24R} \end{array}\right\} \qquad (12\text{-}6)$$

· 缓和曲线的方程。

以 $\rho l = C$ 为必要条件，以直缓点（ZH）或缓直点（HZ）为坐标原点，通过该点的缓和曲线切线为 x 轴，如图 12.11 所示，在该坐标系下缓和曲线的泰勒展开式如下：

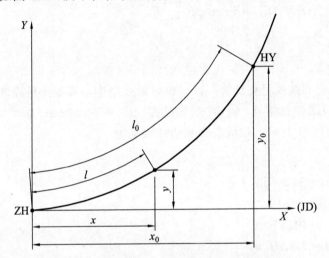

图 12.11　线路坐标系中缓和曲线上各点坐标

$$\left.\begin{array}{l} x = l - \dfrac{l^5}{40C^2} + \dfrac{l^9}{3456C^4} + \cdots \\[3mm] y = \dfrac{l^3}{6C} - \dfrac{l^7}{336C^3} + \dfrac{l^{11}}{42\,240C^5} \cdots \end{array}\right\} \qquad (12\text{-}7)$$

式中　x, y ——缓和曲线上任一点的直角坐标；

　　　l ——缓和曲线上任意一点 P 到 ZH（或 HZ）的曲线长；

　　　l_0 ——缓和曲线总长度。

当 $l = l_0$ 时，即当点到直缓点相对里程为缓和曲线长时，就得到下一个主点缓圆点坐标和方向值。

当 $l = l_0$ 时，则 $x = x_0$，$y = y_0$，代入式（12-7）得

$$\left.\begin{array}{l} x_0 = l_0 - \dfrac{l_0^5}{40C^2} + \dfrac{l_0^9}{3\,456C^4} + \cdots \\[3mm] y_0 = \dfrac{l_0^3}{6C} - \dfrac{l_0^7}{336C^3} + \dfrac{l_0^{11}}{42\,240C^5} \cdots \end{array}\right\} \qquad (12\text{-}8)$$

式中　x_0，y_0——缓圆点（HY）或圆缓点（YH）相应坐标系中的坐标。

式（12-7）即为缓和曲线的方程，在使用的过程中通常取前面的一到两项，略去高次项。

·曲线综合要素计算。

在直线和圆曲线之间插入缓和曲线后，曲线的要素有：半径 R、转向角 α、缓和曲线长 l_0、切线长 T、曲线长 L、外矢距 E_0 和切曲差 q。由图 12.11 可知，曲线综合要素计算公式如下：

$$\left.\begin{array}{ll} 切线长 & T=m+(R+p)\cdot\tan\dfrac{\alpha}{2} \\[2mm] 曲线长 & L=2l_0+\dfrac{\pi R(\alpha-2\beta)}{180°}=l_0+\dfrac{\pi R\alpha}{180°} \\[2mm] 外矢距 & E_0=(R+p)\cdot\sec\dfrac{\alpha}{2}-R \\[2mm] 切曲差 & q=2T-L \end{array}\right\} \qquad (12\text{-}9)$$

·主点里程计算。

主点里程计算与圆曲线里程计算一样，也是沿线路中心线并按里程增加的方向由 ZH→→HY→QZ→YH→HZ 进行推算。例如：已知某曲线已知 $R=600$ m，$l_0=70$ m，$\alpha=29°32'20''$，按（12-6）和式（12-9）计算的曲线常数和曲线要素为

$$\left.\begin{array}{l} P=0.340 \text{ m} \\ m=34.996 \text{ m} \\ \beta_0=3°20'32'' \\ T=193.270 \text{ m} \\ L=379.360 \text{ m} \\ E_0=20.853 \text{ m} \\ q=7.18 \text{ m} \end{array}\right\}$$

ZH 里程为 DK18 + 321.343，则各主点里程计算如下：

ZH	18+321.343			
$+l_0$	70		ZH	18+321.343
HY	18+391.343		$+2T$	386.540
$+L/2-l_0$	119.680			18+707.883
QZ	18+511.023		$-q$	7.180
$+L/2-l_0$	119.680		HZ	18+700.703 (校核)
YH	18+630.703			
$+l_0$	70			
HZ	18+700.703			

当计算出放样数据后，即可根据相应的数据测设出曲线的五大桩。

b. 主点测设。

首先在 JD 上安置仪器，从 JD 沿两切线方向上分别量取切线长 T 定出 ZH 点和 HZ 点；

在丈量切线长的同时，从 JD 沿两切线方向分别量取 $T - x_0$，即可得 HY 或 YH 点在切线上的垂足点；仪器在 JD 上后视切线方向，向曲线内侧拨角 $\dfrac{180° - \alpha}{2}$，得 QZ 点方向，从 JD 沿 QZ 点方向量取 E_0 即得 QZ 点。然后将仪器分别搬至 HY 点和 YH 点在切线上的垂足点上，分别后视切线，拨出切线的垂线方向，从垂足点向曲线内侧分别量取 y_0，得 HY 点和 YH 点。在放样时，距离丈量都应往返丈量，精度达到 1/2 000；QZ、HY、YH 点的放样都应采用正、倒镜分中来设置。

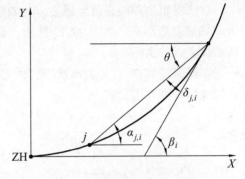

图 12.12　缓和曲线上的偏角

c. 加缓和曲线后曲线的详细测设。

· 偏角法。

缓和曲线上的偏角计算，由图 12.12 可知：

$$\delta_{i,j} = \beta_i - \alpha_{j,i}$$

$$\beta_i = \frac{1}{2Rl_0}l_i^2, \quad \alpha_{j,i} \approx \tan\alpha_{j,i} = \frac{y_i - y_j}{x_i - x_j}$$

当 R 比较大时，$\alpha_{j,i}$ 较小，则

$$x_i \approx l_i, \quad y_i \approx \frac{1}{6Rl_0}l_i^3 \quad ; \quad x_j \approx l_j, \quad y_j \approx \frac{1}{6Rl_0}l_j^3$$

则

$$\alpha_{j,i} \approx \frac{y_i - y_j}{x_i - x_j} = \frac{1}{6Rl_0}(l_i^2 + l_il_j + l_j^2)$$

$$\delta_{i,j} = \frac{1}{6Rl_0}(l_i - l_j)(2l_i + l_j) \tag{12-10}$$

若 j 点位于 i 点与缓和曲线终点之间，则

$$\delta_{i,j} = \frac{1}{6Rl_0}(l_j - l_i)(2l_i + l_j) \tag{12-11}$$

则一般表达式为

$$\delta_{i,j} = \frac{|l_i - l_j|}{6Rl_0}(2l_i + l_j) \cdot \frac{180°}{\pi} \tag{12-12}$$

铁路缓和曲线每隔 10 m 测设一点，曲线点序号为

$$i = \frac{l_i}{10\text{m}}, j = \frac{l_j}{10\text{m}}$$

设

$$\delta_{10} = \frac{10^2}{6Rl_0} \cdot \frac{180°}{\pi} \quad （缓和曲线基本角）$$

则

$$\delta_{i,j} = \delta_{10}|i - j|(2i + j) \tag{12-13}$$

当 i 点位于缓和曲线起点即 ZH 或 HZ 点时，$i = 0$，则上式可化简为

$$\delta_{0,j} = j^2\delta_{10} \tag{12-14}$$

当计算出缓和曲线上各点偏角后，即可按偏角法放样圆曲线的方法放样出缓和曲线上各点。

圆曲线部分的偏角计算公式同前，在放样时需找出置镜点的切线后即可按偏角法放样的程序来进行。

·切线支距法。

切线支距法亦即直角坐标法，以 ZH 点或 HZ 点为坐标原点，以 ZH 或 HZ 点的切线方向为 x 轴建立坐标系，如图 12.13 所示。该法同圆曲线的放样过程，但需分别计算缓和曲线和圆曲线上点的坐标。

根据式（12-7），舍去高次项，缓和曲线上点的坐标计算常用公式为

$$\left.\begin{array}{l} x = l - \dfrac{l^5}{40R^2 l_0^2} \\[3mm] y = \dfrac{l^3}{6R l_0} \end{array}\right\} \quad （12\text{-}15）$$

圆曲线部分坐标计算（见图 12.13）：

$$\left.\begin{array}{l} \alpha_i = \beta_0 + \dfrac{180° \times (l - l_0)}{\pi R} \\[2mm] x_i = m + R \sin \alpha_i \\[2mm] y_i = (R + p) - R \cos \alpha_i \end{array}\right\} \quad （12\text{-}16）$$

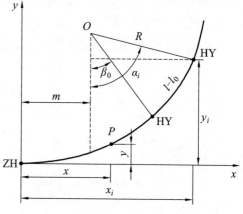

图 12.13 曲线点坐标计算

当计算出曲线上各点坐标后，放样方法同圆曲线。

d. 测量坐标系中曲线点坐标计算。

在切线支距法中曲线点坐标计算均是在线路坐标系中进行的，也就是说每条曲线对应的是独立的坐标系，在用全站仪或 GPS（RTK）进行放样时，需将线路坐标系下的坐标转换至测量坐标系中来，建立统一的坐标系。

·缓和曲线 ZH—HY 段测量坐标系坐标计算。

在测量坐标系中，当设计给定曲线交点 JD 的坐标（x_{JD}，y_{JD}），由两点的导线测量坐标反算得到 ZH 至 JD 的方位角 α_{ZH-JD} 时，根据曲线的切线长 T 和其坐标方位角即可求得 ZH 点在测量坐标系中的坐标。利用前述缓和曲线的计算公式可计算出缓和曲线上各点在线路坐标系中的坐标，再考虑曲线的左、右偏情况（用 k 表示，$k = -1$ 表示左偏，$k = +1$ 表示右偏），这样就可以通过坐标旋转和平移公式，求得 i 点在路线导线测量坐标系中的坐标（x_i，y_i）和该点切线的方位角 α_i，计算公式如下：

$$\left.\begin{array}{l} x_i = x_0 + x_i \cos \alpha_{ZH-JD} - k \cdot y_i \sin \alpha_{ZH-JD} \\[2mm] y_i = y_0 + x_i \sin \alpha_{ZH-JD} + k \cdot y_i \cos \alpha_{ZH-JD} \\[2mm] \alpha_i = \alpha_{ZH-JD} + k \cdot \beta \end{array}\right\} \quad （12\text{-}17）$$

式中，$x_0 = x_{JD} + T \cos(\alpha_{ZH-JD} + 180°)$，$y_0 = y_{JD} + T \sin(\alpha_{ZH-JD_0} + 180°)$

·带缓和曲线的圆曲线 HY—YH 段测量坐标系坐标计算。

若 i 在 HY—YH 段上，按切线支距法求出 i 点在 ZH 点切线坐标系中的坐标（x_i，y_i）及

i 点切线的倾角：

$$\beta = \int_0^l \mathrm{d}\beta = \int_0^l \frac{l\mathrm{d}l}{Rl_0} = \frac{l^2}{2Rl_0} \qquad (12\text{-}18)$$

然后，按式（12-17）计算 P 点在路线导线测量坐标系中的坐标（x_i，y_i）和该点切线的方位角 α_i。

·缓和曲线 YH—HZ 段测量坐标系坐标计算。

若 i 在 YH—HZ 段上，其 i 点在以 HZ 为原点的线路坐标系中的坐标（x_i，y_i）及 P 点切线的倾角 β 计算同前节。这时缓和曲线 YH—HZ 段测量坐标系坐标计算为

$$\left. \begin{aligned} x_i &= x_0 + x_i \cos(\alpha_{\mathrm{ZH-JD}} + \alpha) + k \cdot y_i \sin(\alpha_{\mathrm{ZH-JD}} + \alpha) \\ y_i &= y_0 + x_i \sin(\alpha_{\mathrm{ZH-JD}} + \alpha) - k \cdot y_i \cos(\alpha_{\mathrm{ZH-JD}} + \alpha) \\ \alpha_i &= \alpha_{\mathrm{ZH-JD}} + \alpha + 180° - k \cdot \beta \end{aligned} \right\} \qquad (12\text{-}19)$$

其中，

$$\left. \begin{aligned} x_0 &= x_{\mathrm{JD}} + T\cos(\alpha_{\mathrm{ZH-JD}} + \alpha) \\ y_0 &= y_{\mathrm{JD}} + T\sin(\alpha_{\mathrm{ZH-JD}} + \alpha) \\ l_i &= L - (L_i - L_{\mathrm{ZH}}) \end{aligned} \right\} \qquad (12\text{-}20)$$

由此可求得线路上任意点 i 点在测量坐标系中的坐标（x_i，y_i）和该点切线的方位角 α_i。

e. 全站仪中线测量。

中线控制桩的测设，一般使用 Ⅱ 级测距精度的全站仪、测距仪直接观测定点，并钉设方桩及标志桩，最后对测点应观测两测回，取平均值，计算测点实测坐标，以便中线加桩测量。

中线控制桩一般应从导线（或 GPS）点直接测设，特殊困难情况下不能通视时，可以从导线（或 GPS）点上转 1 个站（转点要返测），并观测 2 个测回测设。中线控制桩测设的水平角角值较差应符合表 12.2 的规定。

表 12.2　水平角角值较差的限差（单位：″）

仪器型号	光学测微器 2 次重合读数之差	同一测回的 2 个半测回间角值较差的限差或各测回同方向 2 倍视轴差（2c）的互差	不同测回间角值较差的限差或各测回同方向值互差
DJ$_1$	1	9	6
DJ$_2$	3	13	10

中线控制桩测设距离和竖直角各项限差应符合表 12.3 要求。

表 12.3　距离和竖直角观测限差

测距仪精度等级	测距中误差 /mm	同一侧回各次读数互差 /mm	测回间读数互差/mm	竖直角指标差较差/″	竖直角测回间较差/″	往返测平距较差 /mm
Ⅰ	<5	5	7	10	10	2m$_D$
Ⅱ	5 ~ 10	10	15			

采用全站仪直接放线，不测设交点桩，其偏角、间距和桩号均以理论计算资料为准。放线时，应一次性放出中桩与加桩。

测站转移前，应观测核对相邻控制点的方位角；测站转移后，应对前一测站所放中桩重放 1~2 个桩点以资校核，点位允许偏差为 ±100 mm，超限时应认真分析原因，进行重测。采用支导线敷设中桩时，只限于两次传递，超过两次则应与控制点闭合。点位闭合允许偏差为 ±100 mm，超限时必须从起始控制点开始进行重测。采用支导线敷设中桩时转点桩一般和中线控制桩重合，通视困难时可以钉设在中线外。当 GPS 点、导线控制点离中线在 300 m 以上，可以先设导线点，再放中线。

2. 线路纵断面图的测绘

当线路中桩测定之后，即可进行线路的纵断面测量，也叫中平测量，以求得各中桩的地面高程，并绘制纵断面图。纵断面图表示了沿中线方向的地势起伏形状，设计中用于研究线路空间线形的起伏布置。

（1）观测方法。

线路的纵断面测量，一般使用一台仪器单向观测，从一个线路水准点开始，沿中线测出各中桩的高程，到另一个水准点进行闭合检查，其精度要求为 $\pm50\sqrt{L}$(mm)。

测量时，如图 12.14 所示，将仪器安置于测站点 I，读出后视 BM_1 点的水准尺读数，然后依次读取各中桩的尺上读数。由于这些点上的读数是独立的，不传递高程，故称为中视读数。由于仪器安置一站只能读取一段中线上中桩的读数，因此每测一段需选择合适的转点，即前视。为了防止仪器下沉影响精度，可在读完后视读数之后，立即读前视读数，最后再读中视读数。由于转点起传递高程的作用，所以前、后视读数应读至毫米位，而中视读到厘米位即可。

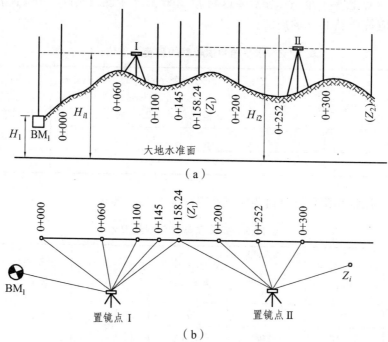

（a）

（b）

图 12.14　线路纵断面测量

（2）记录计算（见表 12.4）。

表 12.4　中桩水准测量记录

测点	水准尺读数/m			仪器高程/m	计算高程/m	附注
	后视	中视	前视			
BM$_1$	3.769			56.229	52.460	
0 + 000		2.21			54.02	
+ 060		0.58			55.65	
+ 100		1.52			54.71	
+ 145		2.45			53.78	
+ 158.24（Z1）	0.659		0.415	56.473	55.814	BM$_1$ 点原有高程 52.460 m，BM$_2$ 点原有高程 55.463 m
+ 200		1.37			55.10	
+ 252		2.79			53.68	
+ 300		1.80			54.67	
Z2	1.458		2.610	55.321	53.863	
⋮	⋮	⋮	⋮	⋮	⋮	
2 + 046.15	3.978		2.410	56.696	52.718	
BM$_2$			1.246		55.450	
Σ	30.559		27.609			

表 12.4 中相应的计算公式如下：

$$仪器高程 = 后视点高程 + 后视读数$$
$$中视点地面高程 = 仪器高程 - 中视读数$$
$$前视点地面高程 = 仪器高程 - 前视读数$$

高差闭合差为

$$f_h = 55.450 - 55.463 = -0.013 \text{ (m)}$$

限差为

$$F_h = \pm 50\sqrt{L} = \pm 50 \times \sqrt{2.046} = \pm 72 \text{ (mm)}$$

测量合格。

（3）线路纵断面图绘制。

线路纵断面图是沿线路中心线的垂直剖面图，如图 12.15 所示。纵断面图绘制时，横向为线路里程，比例尺一般为 1∶10 000；纵向为高程，比例尺一般采用 1∶1 000，高程比例尺比水平比例尺大 10 倍，以突出地面的起伏变化。纵断面图应按线路里程增加方向从左向右绘制。

绘制纵断面图时，须按照图左边所规定的横栏位置，根据外业记录资料，将里程、加桩按比例由左至右标注在里程、加桩栏内。方格的粗线为百米桩的位置，加桩栏内的竖线表示加桩的位置，旁边的数字表示与前一个百米桩的距离。

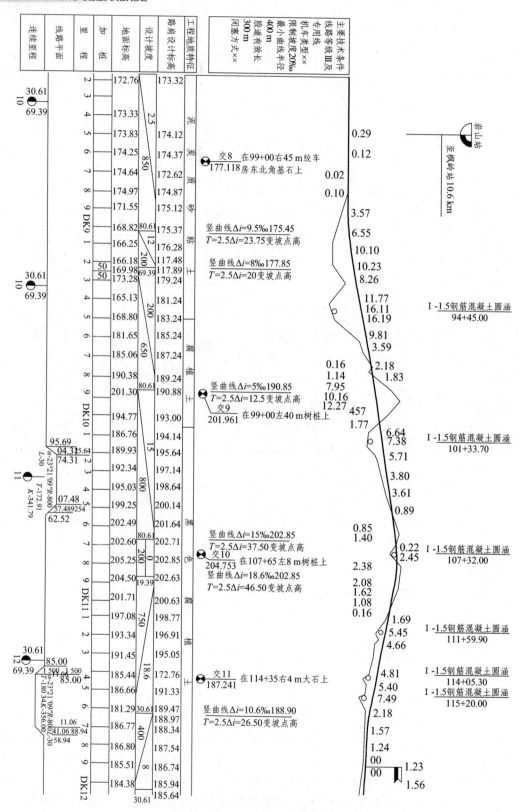

图 12.15　线路纵断面图绘制

将各桩的高程填注在地面高程栏内，并在图的上部按规定的比例尺绘制出位置，连接所绘出的各点，即得线路纵断面的地面线。

由于线路局部改线或分段测设，使得线路里程不连续，发生重叠或间断，称为断链。若里程重叠，称为长链；若里程断开，则称为短链。出现断链时，两相邻百米桩的间距不等于100 m，为了在绘制断面图时使后续的百米桩也落在方格纸的厘米分划线上，断链前后两百米桩的间距不按比例绘制，但需在断链处加绘断链标志，并予以说明。

在设计坡度栏内，竖线表示变坡点的位置，斜线表示坡度的方向，斜线上方的数字表示坡度的千分率（‰），斜线下方的数字表示坡段长度。

路肩设计高程，即设计的路基肩部高程。根据变坡的路肩高程和设计坡度，计算出所有位于该坡段上的中桩处的路肩设计高程，并标注在该栏内。

工程地质特性，根据地质调查或钻探结果填写沿线地质情况。

线路平面，上凸折线表示线路曲线向右转，下凸折线表示线路曲线向左转，折线中间的水平线表示圆曲线，中央两端的斜线表示缓和曲线，直线表示线路的直线段，曲线起终点的里程只标志百米以下的尾数，即该点与上一百米桩的距离。

连续里程指消除了断链以后，从线路起点开始连续计算的里程。用短竖线表示公里标的位置，其下的数字表示公里数，短线左侧的数字表示公里标与上一个相邻百米桩的距离。

3. 线路横断面图测绘

横断面施测宽度和密度，应根据地形、地质情况和设计需要确定。一般应在曲线控制桩、百米桩和线路纵、横向地形明显变化处测绘横断面。在大中桥头、隧道洞口、挡土墙等重点工程地段及不良地质地段，横断面应按专业设计需要适当加密。

（1）横断面测量的方法。

① 经纬仪视距法。

将经纬仪安置在中线上，利用视距方法直接测出横断面上各地形变化点相对于测站的距离和高差。这种方法速度快、精度亦可满足设计要求，尤其在横向坡度较陡地区，其优点更明显，所以成为铁路线路横断面常用的测量方法。

② 水准仪法。

水准仪法中用方向架定方向，如图 12.16 所示，用皮尺量距，用水准仪测高差。这种方法精度较高，但仅适用于地形比较平坦的地段；但安置一次仪器，可测多个断面。

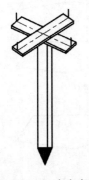

图 12.16 方向架

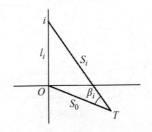

图 12.17 光电测距仪或全站仪测量横断面

③ 光电测距仪或全站仪测量法。

如图 12.17 所示，安置仪器于点 T，将棱镜安置在中线桩 O 点：照准后将水平度盘设置为 $0°00'00''$，测定 T 到 O 的水平距离 s_0 和高差 h_{T0}；再将棱镜安置在横断面方向上的 i 点，测定水平角 β_i、水平距离 s_i、高差 h_{Ti}，设棱镜高为 v，仪器高为 i，测站高程为 H_T，则

断面点高程 $\quad H_i = H_T + H_{Ti} + i - v$ （14-21）

中桩高程 $\quad H_0 = H_T + H_{T0} + i - v$ （12-22）

两式相减得观测点 i 相对于中桩的高差：

$$h_i = H_i - H_0 = H_{Ti} - H_{T0}$$ （12-23）

而测点 i 相对于中桩的水平距离 l_i，由余弦定理得

$$l_i = \sqrt{s_0^2 + s_i^2 - 2s_0 s_i \cos \beta_i}$$ （12-24）

利用光电测距仪或全站仪测量横断面，不仅速度快、精度高，而且安置一次仪器可以测多个断面。

（2）横断面测量的精度要求。

《铁路测量规范》规定，横断面检测限差如下：

高程 $\qquad \pm \left(\dfrac{h}{100} + \dfrac{l}{200} + 0.1 \right)$ （m） （12-25）

距离 $\qquad \pm \left(\dfrac{l}{100} + 0.1 \right)$ （m） （12-26）

式中 $\quad h$ ——检测点相对于中桩的高差；

$\quad l$ ——检测点至中桩的水平距离。

（3）横断面图绘制。

横断面图是根据各测点至中桩的距离和测点的高程来绘制的。绘制时，水平方向表示距离，竖直方向表示高程，绘制比例尺一般采用横 $1:200$。断面图一般绘在毫米方格纸上，绘制顺序为自下而上、从左到右，见图 12.18。

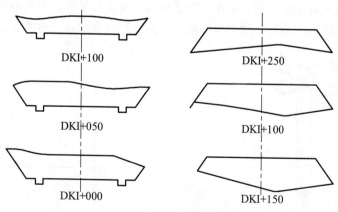

图 12.18 横断面图

12.3　铁路线路施工测量

铁路线路施工中,测量工作的主要任务是测设出作为施工依据的桩点的平面位置和高程。这些桩点是指标志线路中心位置的中线桩和标志路基施工界线的边桩。线路中线桩在定测时已标定在地面上,它是路基施工的主轴线,但由于施工与定测间相隔时间较长,往往会造成定测桩点的丢失、损坏或位移。因此在施工开始之前,必须进行中线的恢复工作和水准点的检验工作,检查定测资料的可靠性和完整性,这项工作称为线路复测。由于施工中经常需要找出中线位置,而施工过程中经常发生中线桩被碰动或丢失,为了迅速而准确地把中线恢复在原来位置,必须对交点、直线转点及曲线控制桩等主要桩点设置护桩。护桩设置一般是在线路复测后,路基施工前进行。

修筑路基之前,需要在地面上把路基施工界线标定出来,这些桩称为边桩,测设边桩的工作称为路基边坡放样。

12.3.1　线路复测

施工前,建设单位应组织设计单位向施工单位进行测量成果资料和现场桩橛交接,并履行交接手续,监理单位应按有关规定参加交接工作。设计单位应向施工单位提交下列资料:

(1) GPS 点、导线点、水准点成果表及点之记。

(2) 桩橛,包括 GPS 点、导线点、水准点等。

(3) 测量技术报告。

施工单位应对测量成果进行全面复测,复测内容如下:

(1) GPS 点的基线边长度。

(2) 导线点的转角、导线点间的距离。

(3) 水准点间的高差。

GPS 复测网构网应与勘测网一致:

(1) CP I 控制网按 C 级 GPS 控制网要求进行复测。基线边长度复测较差达到 1/80 000 时,应采用设计单位的勘测成果。

(2) CP II GPS 控制点按 D 级 GPS 控制网要求进行复测。基线边长度复测较差达到 1/50 000 时,应采用设计单位的勘测成果。

(3) CP II 导线点的施工复测应按四等导线的精度和要求进行。复测结果与设计单位勘测成果的不符值在下列规定范围内时,应采用设计单位的勘测成果。

水平角	检测较差 $5''$
闭合差	$5\sqrt{n}\ ''$
距离	导线边长 $2\sqrt{2}m_D$　(同一高程面)
相对闭合差	1/40 000

水准点复测应按三等水准测量要求进行,复测高差与设计单位勘测成果的不符值不大于 $20\sqrt{L}$(mm) 时,应采用设计单位的勘测成果。

当复测结果与设计单位提供的勘测成果不符时,必须重新复测。当确认设计单位的勘测资料有误或精度不符合规定要求时,应与设计单位协商对勘测成果进行改正。

施工控制网加密应符合下列规定：

（1）施工平面控制网加密按 CPⅢ 控制点的要求进行选点、埋石和测量。

（2）施工高程控制点加密测量按四等水准测量精度要求进行。

桥梁、隧道施工控制网的建立应根据桥轴线精度、隧道贯通精度建立独立的桥梁、隧道施工控制网。

施工放样测量应符合下列规定：

（1）施工放样前，应在 CPⅡ 复测的基础上，用附合导线加密施工控制点 CPⅢ，其平均边长在 200 m 左右为宜。

（2）施工放样时应置镜于 CPⅠ、CPⅡ、CPⅢ 控制点上，采用极坐标法测设。

（3）中线控制桩放样测量坐标与设计坐标之差不得大于 10 mm。中线控制桩包括曲线五大桩和长曲线上、直线上每 200 m 一个的中线控制桩。中桩和加桩放样测量坐标与设计坐标之差不得大于 30 mm。

（4）涵洞、200 m 以下中小桥、1 000 m 以下短隧道施工定位测量应满足涵洞中心、墩台中心、隧道洞口中线控制桩放样测量坐标与设计坐标之差不得大于 10 mm。放样测量完成后应进行检核测量，涵洞中心、墩台中心应与相邻中线控制桩闭合，闭合差不应超过 20 mm；隧道进出口中线控制点间应沿线路中线敷设导线闭合，闭合差不应超过 40 mm。

在施工复测中要增加或移设水准点、增测横断面等工作，一律按新线勘测的要求进行。由于施工阶段对土石方数量计算的要求比定测时要准确，所以横断面要测得密些，其间隔应根据地形情况和控制土石方数量需要的精度而定：一般平坦地区每 50 m 一个；在起伏大的地区，应每不大于 20 m 一个，同时中线上的里程桩也应加密。

12.3.2 护桩的设置

可采用图 12.19 中的任意一种进行护桩的设置。一般设两根交叉的方向线，交角不小于 60°，每一方向上的护桩应不少于 3 个，以便在有一个不能利用时，用另外两个护桩仍能恢复方向线。如遇护桩设置困难的地形，可用一根方向线加测精确距离，也可用三个护桩作距离交会。

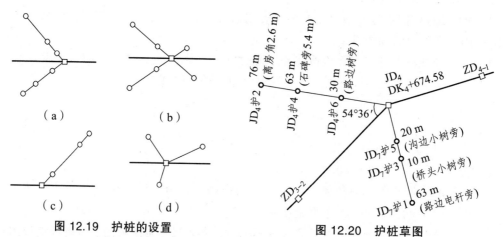

图 12.19 护桩的设置　　图 12.20 护桩草图

设置护桩时，将经纬仪置在中线控制桩上，选好方向后，以远点为准用正倒镜定出各护桩的点位；然后测出方向线与线路所构成的夹角，并量出各护桩间的距离。为便于寻找护桩，护桩的位置用草图及文字作详细说明，如图 12.20 所示。护桩的位置应选在施工范围以外，并考虑施工中桩点不至于被破坏，视线也不至于被阻挡。

12.3.3　路基边坡放样

路基横断面是根据中线桩的填挖高度和所用材料在横断面图上画出的。路基填方处称为路堤；挖方处称为路堑；填、挖方合计为零处，称为路基施工零点。

如图 12.21 所示，设相邻里程桩 A、B 之间的水平距离为 d，零点距邻近里程桩 A 的水平距离为 x，A 点挖深为 a，B 点填高为 b。

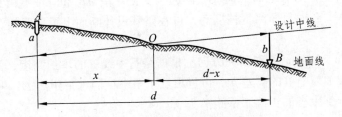

图 12.21　路基施工零点的确定

则
$$x = \frac{a}{a+b} \cdot d \qquad (12\text{-}27)$$

由此可自 A 点起沿中线方向量水平距离 x，即可测设出零点桩 O。

路基施工填挖边界线的标定，称为路基边坡放样。它是用木桩标出路堤坡脚线或路堑坡顶线到线路中线的位置，作为修筑路基填挖方开始的范围。

路基开挖边桩、挡土墙、抗滑桩的定位，可在中桩或加桩上按设计位置直接放样。测设边桩时，根据不同条件采用不同的方法。

1. 断面法

在较平坦的地区，当横断面的测量精度较高时，可以根据填挖高绘出路基断面图，由图上直接量出坡脚（或坡顶）到中线桩的水平距离。根据量得的平距，即可到实地放出边桩。这是测设边桩最常用的方法。

2. 计算法

如图 12.22 所示，图（a）为路堤，图（b）为路堑，若地形平坦，则可根据设计的路基填挖高，按式（12-28）来计算边桩到中线桩的水平距离：

$$D_1 = D_2 = \frac{b}{2} + m \cdot H \qquad (12\text{-}28)$$

式中　b ——路堤或路堑（包括侧沟）的宽度，根据设计决定；

　　　　m ——路基边坡坡度比例系数，依填挖材料而定；

　　　　H ——填挖高度。

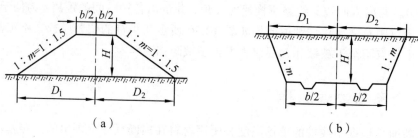

（a）　　　　　　　　　　　（b）

图 12.22　计算法定路基边坡

3. 试探法

在倾斜的地面上，随着地面横向坡度的起伏变化，使 D_1 和 D_2 不相等，因而不能用式（12-28）进行计算。若横断面测量精度高，可在路基设计断面上量取距离，否则应用试探法在现场测设。

如图 12.23（a）所示，先在断面方向上根据路基中线桩的填挖高度，大致估计出边桩 1 的位置，并测出点 1 与中桩的高差 h_1，再量出点 1 至中桩的水平距离 D'。根据高差 h_1，计算路堤上坡一侧的点到中桩的正确水平距离为

$$D_1 = \frac{b}{2} + m \times (H - h_1) \qquad\qquad (12\text{-}29)$$

在路堤下坡一侧，由于高差是负值，所以式（12-29）同样适用。若 $D_1 > D'$，说明边桩的位置在点 1 的外边；当 $D_1 < D'$ 时，说明边桩在点 1 的里边。根据 $\Delta D = D' - D_1$ 的数值，重新移动立尺点的位置再次测试，直至 $\Delta D < 0.1$ m 时，即可认为立尺点为边桩的位置。从图 12.23 中可以看出，为减少试测次数，在路堤下坡一侧移动尺子的距离要比算出的 ΔD 大些为好；而上坡一侧，尺子移动的距离要比算出的 ΔD 小些为好。

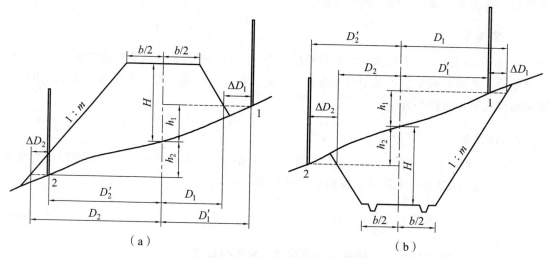

（a）　　　　　　　　　　　　　　　（b）

图 12.23　试探法测设路基边桩

测设路堑边桩时，方法同前，距离 D 的计算公式为

$$D_1 = \frac{b}{2} + m \times (H + h_1) \qquad\qquad (12\text{-}30)$$

4. 全站仪极坐标法

该方法就是计算出线路左右两侧边桩的坐标，利用全站仪来放样出边桩的位置。其计算式如下：

$$\left.\begin{aligned} x_{左边桩} &= x_i + d\cos(A_i - 90°) \\ y_{左边桩} &= y_i + d\sin(A_i - 90°) \end{aligned}\right\} \qquad (12\text{-}31)$$

$$\left.\begin{aligned} x_{右边桩} &= x_i + d\cos(A_i + 90°) \\ y_{右边桩} &= y_i + d\sin(A_i + 90°) \end{aligned}\right\} \qquad (12\text{-}32)$$

式中　x_i, y_i——对应中桩的坐标；

　　　　d——中桩距路基边桩的距离；

　　　　A_i——线路的方位角。

12.3.4　竖曲线测设

在线路相邻两坡段的变坡点处，为了保证行车的安全、平稳，对于Ⅰ、Ⅱ级铁路，相邻坡度相差大于3‰，Ⅲ级铁路大于4‰，相邻坡段均应用竖曲线连接。在线路纵断面图上和设计高程中一般不考虑竖曲线，在施工和计算填挖高度时均应考虑竖曲线，即在竖曲线范围内，路肩的设计高程以竖曲线的高程为准。在我国，竖曲线都采用圆曲线，Ⅰ、Ⅱ级铁路竖曲线半径为 10 000 m，Ⅲ级铁路竖曲线半径为 5 000 m。

竖曲线放样时，先标出竖曲线的起讫点，再在中桩测设的同时标出其填挖高度，施工时即以此为准。

竖曲线放样时需先计算出要素，如图 12.24 所示。

1. 变坡角 α 的计算

$$\alpha = \Delta_i = i_1 - i_2 \qquad\qquad (12\text{-}33)$$

式中　i_1, i_2——相邻的两坡度。

2. 竖曲线切线长 T 的计算

$$T = R \cdot \tan\frac{\alpha}{2}$$

由于 α 很小，则

$$\tan\frac{\alpha}{2} \approx \frac{\alpha}{2} = \frac{i_1 - i_2}{2}$$

故　　　　$$T = \frac{1}{2}R(i_1 - i_2) = \frac{R}{2}\Delta_i \qquad\qquad (12\text{-}34)$$

3. 竖曲线长度 L 的计算

因为 α 很小，故

$$L \approx 2T \tag{12-35}$$

4. 竖曲线上各点的高程及外矢距 E_0 的计算

因为 α 很小，故可认为 y 轴与半径方向一致，也可认为 y 值是切线与竖曲线的高差，如图 12.24 所示，则

$$(R+y)^2 = R^2 + x^2$$
$$2Ry = x^2 - y^2$$

由于 y 相对 x 来说很小，所以 y^2 可以忽略不计，于是有

$$y = \frac{x^2}{2R} \tag{12-36}$$

将各点切线上的高程加上（下坡）或减去（上坡）y，即得曲线上各点的高程。

从图 12.24 中还可以看出，$y_{\max} \approx E_0$，则

$$E_0 = \frac{T^2}{2R} \tag{12-37}$$

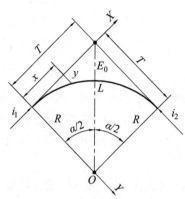

图 12.24　竖曲线要素

12.4　铁路线路竣工测量

在路基土石方工程完工之后，铺轨之前应当进行线路竣工测量。它的任务是最后确定线路中线位置，作为铺轨的依据；同时检查路基施工质量是否符合设计要求。线路竣工测量的内容包括中线测量、高程测量和横断面测量。

1. 中线测量

根据护桩将主要控制点恢复到路基上，进行线路中线贯通测量；在有桥、隧的地段，应从桥梁、隧道的线路中线向两端引测贯通。贯通测量后的中线位置，应符合路基宽度和建筑物接近限界的要求；同时，中线控制桩和交点桩应固桩。

对于曲线地段，应支出交点，重新测量转向角值；当新测角值与原来转向角之差在允许范围内时，仍使用原来的资料；测角精度与复测时相同。对曲线的控制点进行检查，曲线的切线长、外矢距等检查误差在 1/2 000 以内时，仍用原桩点；曲线横向闭合差不应大于 5 cm。

中线上，直线地段每 50 m、曲线地段每 20 m 测设一桩；道岔中心、变坡点、桥涵中心等处均需钉设加桩；全线里程自起点连续计算，消灭由于局部改线或假设起始里程而造成的里程不能连续的"断链"。

2. 高程测量

竣工测量时，应将水准点移设到稳固的建筑物上或埋设永久性混凝土水准点。其间距不应大于 2 km，其精度与定测时的要求相同，全线高程必须统一，消灭因采用不同高程基准而产生的"断高"。

中桩高程按复测方法进行，路基高程与设计高程之差不应超过 5 cm。

3. 横断面测量

主要检查路基宽度以及侧沟、天沟的深度，要求宽度与设计值之差不得大于 5 cm，路堤护道宽度误差不得大于 10 cm。若不符合要求且误差超限，应进行整修。

12.5　公路工程测量

与铁路工程相似，由于受自然条件和地物的限制，公路在平面和纵面上也均由直线和曲线组成。公路工程的线形与铁路工程基本相同，因此公路工程测量的工作与铁路工程大同小异。公路工程测量也包括勘测设计阶段、施工阶段的测量工作以及竣工测量。

12.5.1　公路勘测设计阶段的测量工作

公路勘测与铁路勘测均属于线路勘测，其勘测程序大体相同，任务也分为踏勘（初测）和定测。公路勘测分两阶段勘测和一阶段勘测两种。所谓两阶段勘测，就是对线路进行踏勘（初测）测量和详细（定测）测量；对于技术比较简单的工程项目可以进行一次定测的方法，也就是一阶段勘测。

1. 初测

公路初测的目的是对线路方案研究中所确定的线路方向进行导线测量和高程测量，在控制点的基础上测量路线方案的带状地形图，为初步设计进行纸上定线之用。公路初测的内容包括导线测量、高程测量、1∶5 000~1∶1 000 的带状地形图测绘等。

（1）导线测量。

线路初测的导线测量一般多采用附合导线的形式，导线应尽量沿路线方向贯通布设。导线点应选在土层良好、宜于保存之处，导线点间距不宜短于 50 m 和长于 400 m。采用全站仪导线时，间距可增至 1 000 m，但应在不远于 500 m 处钉设内分点或支导线点。

初测导线的水平角习惯上观测右角一测回。距离一般采用光电测距仪或全站仪测定。由于初测导线延伸距离比较长，为了校核，必须设法与国家控制点或其他单位不低于四等的控制点进行联测。一般要求在导线的起、终点以及在中间每隔不远于 30 km 处联测一次。当联测有困难时，应进行真北观测或用陀螺经纬仪定向以校核导线角度，其技术要求如表 12.5 所示。

表 12.5　公路初测导线的技术要求

线路名称	仪器编号	测回数	两半测回角差 /"	方位角闭合差			相对闭合差
				附合导线	两端测真北	一端测真北	
高等级公路	DJ_2	1	20	$30''\sqrt{n}$	$30\sqrt{n+10}$	$30\sqrt{n+5}$	1/2000
二级以下公路	DJ_6	1	60	$60''\sqrt{n}$			1/1000

注：n 为导线站数。

（2）高程控制测量。

线路初测阶段的高程测量，主要是沿线路方向设立高程控制点，也称为基平测量，可采用水准测量和三角高程测量的方法进行。当线路附近有国家等级水准点时，每 30 km 左右应联测。水准测量中一般采用 DS_3 级水准仪。水准点的布设一般 1～2 km 一点，较重要的附属设施及大型人工构筑物等处均应设置水准点。高程控制可以采用水准测量或测距三角高程测量，水准测量可用单仪器往返测法或双仪器同向测法，精度满足五等水准测量的要求，其高差不符值的限差如下：

平地与浅丘　　　$f_{h容} = \pm30\sqrt{L}$ mm 　　　　　　　　　　　　　（12-38）

地与深丘　　　　$f_{h容} = \pm9\sqrt{n}$ mm 　　　　　　　　　　　　　（12-39）

当高程控制采用电磁波测距三角高程测量时，测距应满足一级导线测量的要求，并进行往返观测。其主要技术要求应遵守五等电磁波测距三角高程的规定。

（3）带状地形测绘。

线路初测中要测绘带状地形图，地形图测绘宽度以能满足纸上定线需要为原则，一般沿路线两侧不应小于 200 m，特殊地段还应加宽。测图比例尺由 1：5 000～1：1 000 根据需要选用，精度要求较低的带状地形图可按小一级比例尺地地图的规定测绘。测绘地形时应尽量以导线点作为测站，在地形较复杂处，可以增设 1～2 个测站点。测图的仪器可先用经纬仪或全站仪。地形点的密度，应能反映地物、地貌的真实情况，满足正确内插等高线的要求。

2. 定测

公路定测是对批准的初步设计所选定的线路方案，利用带状地形图上初测导线和纸上线路的几何关系，将选定的线路测设到实地上去，内容包括线路平面位置的测设、纵横断面测量以及局部地形测绘等，可为施工技术设计提供重要资料。由于公路的线形与铁路基本相同，故公路定测阶段的工作与铁路基本相似，这里就不再赘述。

12.5.2　公路施工测量

在公路施工中，除了路面铺设不同于铁路施工外，其余的施工过程基本相似。公路施工测量包括：线路中线复测、路基边坡放样、竖曲线放样和路面放样。在这些测量工作中，线路中线的复测、路基边坡放样以及竖曲线的放样工作与铁路施工相似，这里只讨论路面施工放样过程。

公路路面施工放样分为路槽放样和路拱放样。

1. 路槽放样

在铺筑公路路面时，先放出路槽宽度、路槽底部高程及路面高程。利用设置的护桩在路基上部恢复线路中线的百米桩及加桩，并利用水准测量实测其高程，然后在线路中线上每隔 10m 采用高程放样的方法测设高程桩，使桩顶高程等于将来要铺筑的路面高程，并由各高程点沿横断面方向各量出一半路槽宽。根据路面横坡设计的路槽边桩高程标定出路槽边桩，并在上述各桩边挖一小坑，在坑中定桩，使桩顶等于考虑了横坡后槽底的高程，以指导路槽开挖，见图 12.25。

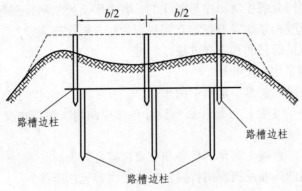

图 12.25　路槽放样

2. 路拱放样

为利于路面横向排水，通常将路面做成中间高、两边低的弧线形，称为路拱。路拱分为抛物线形拱和圆曲线形拱。

当路面为抛物线形拱时，如图 12.26 所示，以路拱中心为原点 O，以过 O 点并垂直于道路中心线的水平线为 x 轴，以过 O 点的铅垂线为 y 轴。由抛物线方程即可求出路拱不同点处的 y 坐标值。

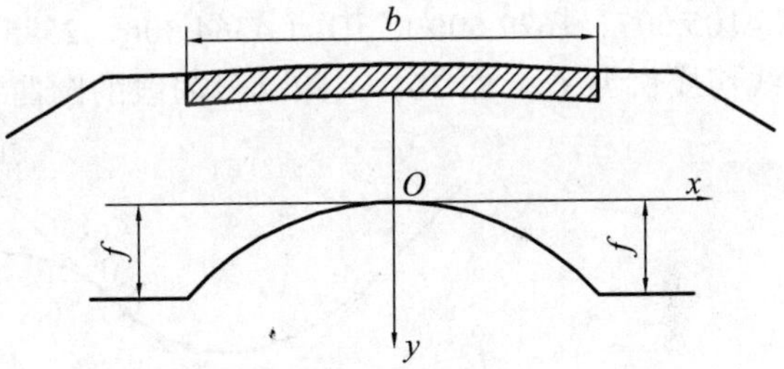

图 12.26　路拱放样

抛物线方程如下：

$$x^2 = 2py$$

当 $x = \dfrac{b}{2}$ 时，$y = f$（路拱高），由此可得 $p = \dfrac{b^2}{8f}$，则

$$y = \frac{x^2}{2p} = \frac{4f}{b^2}x^2 \tag{12-40}$$

根据各点的 x 坐标值和所对应的 y 值即可放样出横断面的细部。

当路面为两个斜面中间插入的圆曲线时，路拱的高度 f 可由下式计算：

$$f = \left(\frac{b}{2} - \frac{l_1}{4} \right) \cdot i_1 \tag{12-41}$$

式中　b ——路面的铺筑宽度；

　　　l_1 ——曲线段的水平投影距离。

公路路面横断面的放样是根据设计数据预先支撑路拱样板,以供施工人员使用。放样误差对于碎石路面不应超过 1 cm,对于沥青和混凝土路面不应超过 2 ~ 3 cm。

习　题

一、问答题

1. 新建铁路测量主要分为几个阶段?各阶段测量工作的主要内容是什么?

2. 铁路平面控制网分级控制顺序是怎样的?各级平面控制网分别起何作用?

3. 目前铁路测量坐标系的一般规定有哪些?为什么要这样规定?

4. 试述横断面测量的目的和主要方法。

5. GPS 在线路测量中有何作用?

6. 试述全站仪在线路初测、定测中的作用。

7. 铁路施工测量的主要任务是什么?设计单位应向施工单位提交哪些资料?施工单位应对哪些测量成果进行复测?

8. 铁路线路线下工程竣工测量的任务和主要内容是什么?

9. 既有铁路改造的外业勘测有何特点?其主要内容包括哪些?

二、计算题

1. 地面上 A 点高程为 H_A = 503.325 m,现要从 A 点沿 AB 方向修筑一条坡度为 – 1.5%的道路,AB 的水平距离为 180 m,若每隔 20 m 测设一个中桩,试计算各中桩点的设计高程。

2. 如图 12.27 所示,已知某铁路路线各交点的坐标 JD_1(3158.000,470.000)、JD_2(4105.007,1629.600)、JD_3(4364.306,2585.900),HZ(1)= K 556 + 866.028,第 1 号曲线切线长为 T = 382.361 m,第 2 号曲线的圆曲线半径 R = 2 000 m,缓和曲线长 $l_{s1} = l_{s2}$ = 300 m。

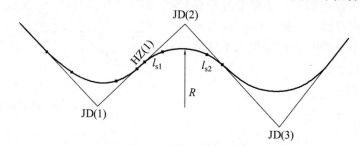

图 12.27　某铁路路线示意图

(1)试计算第 2 号曲线转角。

(2)试计算第 2 号曲线综合要素。

(3)试计算第 2 号曲线各主点里程。

3. 计算第 2 题中以(2)为坐标原点,通过该点的缓和曲线切线指向 JD(2)方向为 x 轴坐标系的线路坐标系中,前半曲线各曲线中桩点的坐标。

4. 第 2 题中,在测量测量坐标系中,线路在 HY(2)点的法线方位角若在该点线路边线点距中桩点距离为 30m,试求该点的坐标。

5. 计算第 2 题中在测量测量坐标系中,以 JD(2)为测站点、ZH(2)为后视点,测设 HY(2)点的测设元素。

手机自测
巩固基础

第 13 章　桥梁与隧道工程测量

本章重点：桥梁和隧道施工控制测量方法；桥梁墩台放样方法；桥梁的变形监测方法；隧道洞外平面和高程控制测量；联系测量；隧道贯通误差的估计方法。

13.1　概　述

随着我国交通的迅速发展，在交通工程中修建了大量的桥梁和隧道。桥梁包括铁路桥梁、公路桥梁、铁路公路两用桥梁，除此以外还包括立交桥和高架道路等；隧道按功能可分为公路隧道、铁路隧道、城市地下铁道隧道、联系地下工程隧道、地下给排水隧道以及矿山地下隧道等。

桥梁工程测量在桥梁的勘测设计、施工建设和运营管理期间都发挥着重要作用，具体包括桥位勘测、施工测量和竣工通车后的变形监测等。桥梁工程测量的主要任务：研究不同桥梁的勘测、设计、施工、管养对控制网、放样及变形监测等工作的精度要求、测量仪器和方法，以及成果的处理与分析技术，从而为桥梁勘察设计、施工、检测和监测提供满足技术要求的、安全可靠的测绘方案和测绘保障服务。桥梁勘测测量主要包括桥址选线测量中的桥址平面地形测绘、桥址纵断面及辅助断面测量等，地形图测绘和断面测量在前面的章节中已有介绍，本章主要介绍桥梁施工及变形测量。

隧道工程测量是在隧道工程建设中确定相关点位的测量工作。隧道工程测量的主要任务：在勘测设计阶段提供选址地形图和地质填图所需的测绘资料，以及定测时将隧道线路测设在地面上，即在洞门前后标定线路中线控制桩及洞身顶部地面上的中线桩；在施工阶段测设隧道中线的方向和高程，指导掘进方向，保证隧道相向开挖时能按规定的精度正确贯通，并放样洞室各细部的平面位置和高程，使建筑物的位置符合相关规定，不侵入建筑限界，以确保运营安全。

13.2　桥梁施工控制测量

桥梁控制测量包括桥梁平面控制测量和桥梁高程控制测量。在桥梁建设的各个阶段，桥梁控制测量的目的不同：在勘测设计阶段，桥梁控制测量的主要目的是测定桥长、联测两岸地形以及收集水文资料进行必要的水文测量，这阶段的测量工作主要为设计提供原始依据资料以及为施工准备提供各种比例尺的地形图。在施工阶段，控制测量主要是为保证桥轴线长度放样和桥梁墩台定位精度要求，控制网的测设精度要求较高，不仅要精确测定两桥台间（正桥部分）的距离，还要满足各桥墩、桥台的中心、钢梁纵横轴线、支座十字线等结构部件正确地按设计坐标在规范允许的误差范围内放样，以及考虑作为检查桥墩、桥台施工过程及竣工后的变形观测的控制依据。

桥梁高程控制网提供具有统一高程系统的施工控制点，使两端线路高程准确衔接，同时为高程放样提供依据。

13.2.1 桥梁平面控制测量

桥梁平面控制网建立的目的是测定桥轴线的长度和测设桥梁墩、台位置，同时也可以用于施工过程中的变形监测。在选定的桥梁中线两端埋设两个控制点，两控制点间的连线称为桥轴线。由于桥墩、桥台定位时主要以这两点为依据，所以桥轴线长度的精度直接影响着桥墩、桥台定位的精度。为了保证桥墩、桥台的定位精度要求，首先需要估算出桥轴线长度需要的精度，以便合理地拟订测量方案。

1. 桥轴线长度所需精度的估算

桥梁结构不同，则在制造、拼接和安装上存在的误差也不同，这些都会影响桥梁全长的误差。由桥梁结构因素引起的误差较为复杂，要全面、周密地考虑这些误差较为困难。一般用不同桥梁形式、长度及拼装上的综合误差作为依据，估算控制网精度。桥梁跨越结构的形式一般分为简支梁和连续梁。简支梁的一端在桥墩上设固定支座，另一端在桥墩上设活动支座；连续梁只在一个桥墩上设活动支座。在钢梁架设过程中，其最后长度误差来源于杆件加工装配时的误差和安装支座的误差。对长度相同的桥梁，因桥式及跨不同，精度要求也不相同。一般而言，连续梁比简支梁精度要求高，大跨度比小跨度精度要求高。

（1）钢筋混凝土简支梁。

$$m_L = \pm \frac{\Delta_D}{\sqrt{2}} \sqrt{N} \tag{13-1}$$

（2）钢板梁及短跨（ $l \leqslant 64 \text{ m}$ ）。设梁长制造误差为 1/5 000，则对于简支钢桁梁有：

单跨：

$$m_l = \pm \frac{1}{2} \sqrt{\left(\frac{l}{5\ 000} \right)^2 + \delta^2} \tag{13-2}$$

多跨等距：

$$m_L = \pm m_l \sqrt{N} \tag{13-3}$$

多跨不等距：

$$m_L = \pm \sqrt{m_{l1}^2 + m_{l2}^2 + \cdots + m_{ln}^2} \tag{13-4}$$

（3）连续梁及长跨（ $l \geqslant 64 \text{ m}$ ）。

对于简支钢桁梁有：

单联（跨）：

$$m_l = \pm \frac{1}{2} \sqrt{n\Delta_l^2 + \delta^2}$$ （13-5）

多联（跨）等联（跨）：

$$m_L = \pm m_l \sqrt{N}$$ （13-6）

多联（跨）不等联（跨）：

$$m_L = \pm \sqrt{m_{l1}^2 + m_{l2}^2 + \cdots + m_{ln}^2}$$ （13-7）

式中　m_L——桥轴线（两桥台间）长度中误差；

　　　l——梁长；

　　　N——联（跨）数；

　　　n——每联（跨）节间数；

　　　m_{ln}——单跨长度中误差；

　　　Δ_D——墩中心的点位放样限差（±10 mm）；

　　　Δ_l——节间拼装限差（±2 mm）；

　　　δ——固定支座安装限差（±7 mm）；

2. 平面控制网的精度估算

建立控制网的目的是满足施工放样桥轴线的架设误差和桥梁墩台定位的精度要求。对于保证桥轴线长度的精度来说，一般桥轴线作为控制网的一条边，只要控制网经过施测、平差后求得该边长度的相对误差小于设计要求即可。

为保证桥梁墩台定位的精度要求，既要考虑控制网本身的精度又要考虑利用建立控制网点进行施工放样的误差，在确定控制网和放样应达到的精度后，可根据控制网的网形、观测要素、观测方法以及仪器设备条件在控制网施测前估算出能否达到要求。根据"控制点误差对放样点点位不发生显著影响"的原则，当要求控制网点误差影响仅占总误差的 1/10 时，对控制网的精度分析如下：

设 M 为放样后所得点位的总误差，m_1 为控制点误差所引起的点位误差，m_2 为放样过程所产生的点位误差，则

$$M = \sqrt{m_1^2 + m_2^2} = m_2 \sqrt{1 + (m_1 / m_2)^2}$$ （13-8）

式中，$m_1 < m_2$。

将上式展开为级数，并略去高次项，则

$$M = m_2 \left(1 + \frac{m_1^2}{2m_2^2}\right)$$ （13-9）

若控制点误差影响仅使总误差增加 1/10，式（13-9）括号中第二项为 0.1，即得

$$m_1^2 = 0.2m_2^2$$

由上式解出 m_2 代入式（13-8），得

$$m_1 = 0.4M \qquad\qquad (13\text{-}10)$$

由此可见，当控制点误差所引起的放样误差为总误差的 0.4 倍时，则 m_1 使放样点位总误差仅增加 1/10，即控制点误差对放样点位不发生显著影响；同时可知 $m_2 = 0.9M$。

若考虑以桥墩中心在桥轴线方向的位置中误差不大于 2.0 cm 作为研究控制网必要精度的起算数据，由式（13-10）计算，要求 $m_1 < 0.4M \leqslant 0.4 \times 20 = 8$ mm。此即为放样桥梁墩台中心时控制网误差的影响应满足的要求。由此算出放样的精度 m_2 应达到的要求：

$$m_2 < 0.9M = 0.4 \times 20 = 18 \text{ mm} \qquad\qquad (13\text{-}11)$$

3. 桥梁平面控制网的建立

（1）桥梁平面控制网的布设。

大桥、特大桥专用施工平面控制网，按照观测要素的不同可布设成三角网、边角网、精密导线网以及 GPS 网等。根据桥梁跨越的河宽及地形条件，典型的桥梁平面控制网多布设成图 13.1 所示双三角形、大地四边形、双大地四边形的形式。

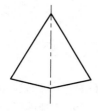  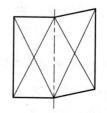

（a）双三角形　　　　　（b）大地四边形　　　　（c）双大地四边形

图 13.1　桥梁平面控制网常见布设形式

选择控制点时，应尽可能使桥的轴线作为三角网的一条边，以利于提高桥轴线的精度。对于控制点的要求，除了图形强度以外，还要求地质条件稳定，视野开阔，便于交会墩位，其交会角不致太大或太小。

（2）桥梁平面控制网坐标系和投影面的选择。

为了施工放样时计算方便，桥梁控制网一般采用独立坐标系统，其坐标轴采用平行于或垂直于桥轴线方向，坐标原点选在工地以外的西南角上，这样桥轴线上两点间的长度即可很方便地由坐标差求得。对于曲线形桥梁，坐标轴线可选为平行于或垂直于一岸轴线点（控制点）的切线。若施工控制网与测图控制网发生联系时，进行坐标换算，统一坐标系。

桥梁控制网一般选择桥墩的顶面作为投影面，以便平差计算获得放样需要的控制点之间的实际距离。在平差之前，起算边长、观测边长及水平角观测值都需要化算桥墩的平面上。

（3）桥梁平面控制测量的外业工作。

桥梁平面控制网经设计估算能达到施工放样的精度后，就可以进行控制网的外业测量工作。外业测量工作包括实地选点、造标埋石及水平角测量和边长测量等。按照桥轴线的精度要求，将三角网的精度分为五个等级，它们分别对测边和测角的精度作出了规定，如表 13.1所示。

表 13.1　三角网的测角和基线边的精度要求

三角网 等级	桥轴线 相对中误差	测角中误差/″	最弱边 相对中误差	基线 相对中误差
二	1/125 000	±1.0	1/100 000	1/300 000
三	1/75 000	±1.8	1/60 000	1/200 000
四	1/50 000	±2.5	1/40 000	1/100 000
五	1/30 000	±4.0	1/25 000	1/75 000

　　以上规定是对测角网而言，由于桥轴线长度及各边长都是根据基线及角度推算的，为保证桥轴线有可靠的精度，基线精度要高于桥轴线精度 2~3 倍。如果采用测边网或边角网，由于边长是直接测定的，所以不受或少受测角误差的影响，测边的精度与桥轴线要求的精度相当即可。

　　由于桥梁三角网一般都是独立的，没有坐标及方向的约束条件，所以平差时都按自由网处理。它所采用的坐标系，一般是以桥轴线作为 X 轴，而桥轴线始端控制点的里程作为该点的 X 值。这样，桥梁墩台的设计里程即为该点的 X 坐标值，便于以后施工放样的数据计算。

13.2.2　桥梁高程控制测量

　　桥梁高程控制网可提供具有统一高程系统的施工控制点，使桥梁两端高程准确衔接，同时为高程放样的需要服务。桥梁高程控制测量有两个作用：一是统一本桥高程基准面；二是在桥址附近设立基本高程控制点和施工高程控制点，以满足施工中高程放样和监测桥梁墩台垂直变形的需要。建立高程控制网的常用方法是水准测量和三角高程测量。

　　为桥梁工程测设的高程控制网具有相对的独立性，若其高程系统与全国性水准控制系统相一致，也可纳入国家水准点等级行列。因其施测的精度较高，一般均按国家水准测量系统进行操作来取得成果。桥梁水准点与线路水准点应采用同一高程系统。

　　水准基点布设的数量因河宽及桥的大小而异。一般小桥可只布设 1 个；跨度在 200 m 以内的大、中桥，宜在两岸各布设 1 个；当桥梁跨度超过 200 m 时，由于两岸联测不便，为了便于检查高程是否变化，则每岸至少设置 2 个。

　　水准基点是永久性的，必须十分稳固。除了要求保护其位置外，根据地质条件，可采用混凝土标石、钢管标石、管柱标石或钻孔标石。在标石上方嵌以凸出半球状的铜质或不锈钢标志。

　　为了方便施工，在距水准点较远（一般大于 1 km）之处，增设施工水准点。施工水准点可布设成附合水准路线。施工高程控制点在精度要求低于三等时，可依据三角高程建立。

　　桥梁水准点与线路水准点联测的精度不需要很高，当包括引桥在内的桥长小于 500 m 时，可用四等水准连测，大于 500 m 时可用三等水准进行测量。但桥梁本身的施工水准网，则宜采用较高的精度，因为它是直接影响桥梁各部件的放样精度。当跨河距离大于 200 m 时，宜采用过河水准法联测两岸的水准点。跨河点间的距离小于 800 m 时，可采用三等水准进行测量；大于 800 m 时，则采用二等水准进行测量。

13.3　桥梁施工放样

在桥梁施工中，测量工作的任务是精确地放样桥台、桥墩的位置和跨越结构的各个部分，并随时检查施工质量。不同类型的桥梁有不同的施工方法，其测量工作的内容和测量方法也不同。总的说来，主要包括墩台放样、基础放样及架梁时的测量工作。

13.3.1　桥梁墩台定位放样

在桥梁墩台的施工过程中，先要测设出桥梁墩台的中心位置，其测设数据是根据控制点坐标和设计的墩、台中心位置计算出来的。放样可采用直接测设或交会测设的方法。

1. 直线形桥梁的墩台放样

直线形桥的墩台中心位置都位于桥轴线的方向上。墩台中心的设计里程及桥轴线起点的里程是已知的，如图 13.2 所示，相邻两点的里程相减即可求得它们之间的距离。根据地形条件，可采用直接测距法或交会法测设出桥梁墩台中心的位置。

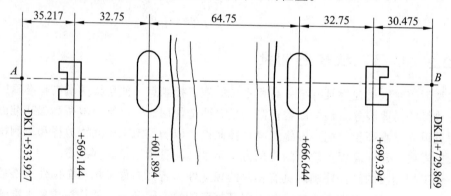

图 13.2　直线桥梁墩台中心位置示意图

（1）直接测距法。

这种方法适用于无水或浅水河道，常用以下两种测距设备。

① 利用检定过的钢尺测设。根据计算出的距离，从桥轴线的一端开始，用检定过的钢尺逐段测设出桥梁墩台的中心，并附合于桥轴线的另一个端点上。如在限差范围之内，则依据各段距离的长短按比例调整已测设出的距离。在调整好的位置上订一个小钉，即为测设的点位。

② 利用光电测距仪测设，在桥轴线起点或终点架设仪器，并照准另一端。在桥轴线方向上设置反光镜，前后移动，直至测出的距离与设计距离相符，则该点即为要测设的墩台的中心位置。为了减少移动反光镜的次数，在测出的距离与设计距离相差不多时，可用小钢尺测出其差数，以定出桥梁墩台的中心位置。

（2）交会法。

当桥墩位于水中，无法丈量距离及安置反光镜时，则采用角度交会法。

如图 13.3 所示，A、C、D 为控制点，且 A 为桥轴线的端点，E 为墩中心位置。在控制测

量中 φ、φ'、d_1、d_2 已经求出，为已知值；AE 的距离 l_E 可根据两点里程求出，也为已知。为了检核精度及避免错误，通常都用三个方向交会，即同时利用桥轴线 AB 的方向。由于测量误差的影响，三个方向不交于一点，而形成如图 13.4 所示的示误三角形。示误三角形的最大边长，在墩台下部时一般不应大于 25 mm，上部时一般不应大于 15 mm。如果在限差范围内，则将交会点 E' 投影至桥轴线上，作为墩台中心的点位。

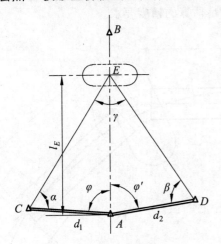

图 13.3　角度交会示意图

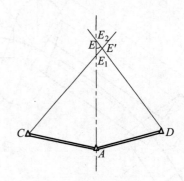

图 13.4　示误三角形

随着工程的进展，需要经常进行交会定位。为了工作方便，提高效率，通常都是在交会方向的延长线上设立标志，如图 13.5 所示。在以后交会时可不再测设角度，而是直接照准标志即可。当桥墩筑出水面以后，即可在墩上架设反光镜，利用光电测距仪，直接测距法定出桥梁墩台的中心位置。

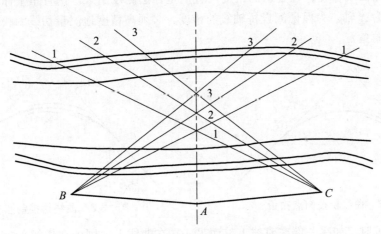

图 13.5　交会定位设立延长线标志

2. 曲线桥梁的墩台放样

在直线桥上，桥梁和线路的中线都是直的，两者完全重合。当曲线桥的中线是曲线而每跨梁段却是直梁时，桥梁中线与线路中线构成了符合的折线，这种折线称为桥梁工作线，如图 13.6 所示。墩台中心即位于折线的交点上，曲线桥的墩台中心测设，就是测设工作线的交点。

在曲线桥梁设计中，为使梁的两侧受力均匀，梁的中心线两端并不与线路中心线重合，而是将梁的中线向外侧移动一段距离 E（见图 13.6），这段距离称为"桥墩偏距"。偏距 E 一般是以梁长为弦线中矢的一半。相邻梁跨工作线构成的偏角 α 称为"桥梁偏角"；每段折线的长度 L_i 称为"桥墩中心距"。E、α、L_i 在设计图中都已经给出，根据给出的 E、α、L_i 即可测设墩位。在曲线桥上测设墩位与直线桥相同，也要在桥轴线的两端测设出控制点，作为墩台测设和检核的依据。测设的精度同样要求满足估算的精度要求。

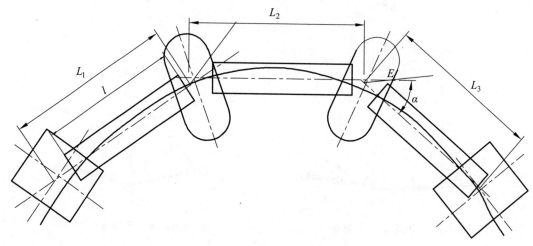

图 13.6　曲线桥梁的桥梁工作线

控制点在线路中线上的位置，可能一端在直线上（A 点），而另一端（B 点）在曲线上（见图 13.7），也可能两端都位于曲线上（见图 13.8）。曲线桥轴线控制桩不能预先设置在线路中线上，而是根据曲线长度，以要求的精度用直角坐标法测设出来。用直角坐标法测设时，以曲线的切线作为 X 轴。为保证测设桥轴线的精度，必须高精度地测量切线的长度，同时也要精密地测出转向角 α。

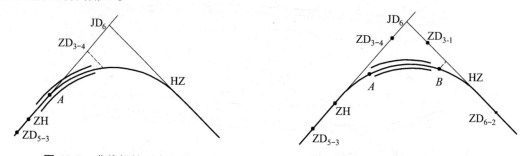

图 13.7　曲线桥控制点布设　　　　　图 13.8　曲线桥控制点布设形式

测设控制桩时，如果一端在直线上，而另一端在曲线上，则先在切线方向上设出 A 点，测出 A 至转点 ZD_{5-3} 的距离，则可求得 A 点的里程。测设 B 点时，应先在桥台以外适宜的距离处，按 B 点的里程求出其与 ZH（或 HZ）点里程之差，即得曲线长度，由此即可算出 B 点在曲线坐标系内的 x、y 值。ZH 及 A 的里程都是已知的，则 A 点至 ZH 的距离可以求出。这段距离与 B 点的 x 坐标之和，即为 A 点至 B 点在切线上的垂足 ZD_{5-4} 的距离。从 A 点沿切线方向精密地测出 ZD_{5-4}，再在该点垂直于切线的方向上测设出 y，即得 B 点的位置。

在测设出桥轴线的控制点以后，即可据以进行墩台中心的测设。根据条件，可采用直接测距法或交会法。当在墩台中心处可以架设仪器时，宜采用这种方法。由于墩中心距 L 及桥梁偏角 α 是已知的，可以从控制点开始，逐个测设出角度及距离，即直接定出各桥梁墩台的中心位置，最后再附合到另外一个控制点上，以检核测设精度。这种方法称为导线法。利用光电测距仪测设时，为了避免误差的积累，可采用长弦偏角法或称极坐标法。

由于控制点以及各墩台中心点在曲线坐标系内的坐标是可以求得的，故可据以算出控制点至墩台中心的距离及其与切线方向的夹角 δ_i。自切线方向开始测设出 δ_i，再在此方向上测设出 D_i，如图 13.9 所示，即得墩台的中心位置。采用此方法时，各点是独立测设的，各点的测设不受前一点测设误差的影响；但在某一点上发生错误或有粗差也难于发现，所以一定要对各个墩中心距进行检核测量。

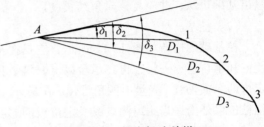

图 13.9　极坐标法放样

当墩位于水中，无法架设仪器及反光镜时，宜采用交会法。由于这种方法是利用控制网点交会墩位，所以墩位坐标系与控制网的坐标系必须一致，才能进行交会数据的计算；如果两者不一致，则须先进行坐标转换。

13.3.2　桥梁墩台细部施工放样

桥梁建筑施工中，为了保证各部分结构位置、尺寸准确，必须结合工程进展，随时标定墩台中心位置和纵横轴线，并据以控制高程和建筑物的轮廓尺寸。

1. 基础部分放样

（1）敞坑开挖。

敞坑开挖基础的构造如图 13.10 所示。放样时，根据已测定的墩台纵横轴线，测绘基坑纵横断面，按基坑边坡坡度放基坑边桩。如基坑较深或土质不良，应结合具体情况考虑放缓边坡或留置边坡平台，便于调整。

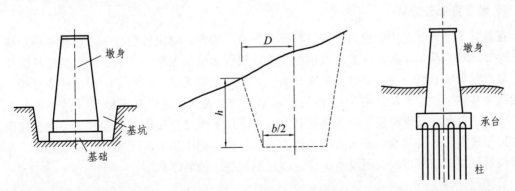

图 13.10　明挖基础构造　　图 13.11　边坡桩与墩台轴线关系　　图 13.12　桩基础构造

放样时，边坡桩至墩台纵横轴线的距离 D（见图 13.11），可按下式计算：

$$D = \frac{b}{2} + h \cdot m \qquad\qquad (13\text{-}12)$$

式中　b——坑底的长度或宽度；

　　　h——坑底与地面的高差；

　　　m——坑壁边坡坡度系数。

在挖到设计高程时，基底符合设计要求后，基础圬工的放样仍然以定位纵横轴线为准，量出基础边缘，并应复核对角线长度。

（2）桩基。

桩基础的构造如图 13.12 所示，它是在基础的下部打入基桩，在桩群的上部灌注承台，使桩和承台连成一体，再在承台以上修筑墩身。基桩位置的放样如图 13.13 所示，根据墩台定位的纵横轴线，先量出四角桩位，在最外一排桩位以外的适当距离测设纵横定位板（或定位桩）。施工时从定位板上按坐标拉线以核定桩位。在基桩施工完成以后，承台修筑以前，应再次测定其位置，作为竣工资料。在开挖基坑内和浅水中打桩，均可采用此法。

（3）沉井基础。

可分为筑岛沉井和浮运沉井两种。

① 筑岛沉井。

筑岛之前首先用前方交会法测出桥墩位

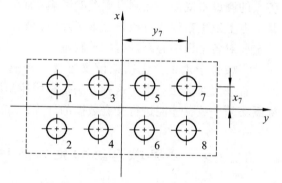

图 13.13　基桩位置放样图

置，设放浮标以控制筑岛位置。筑岛完成后，再重复交会，正确测定墩中心及纵横轴线位置。要求筑岛顶面时以水准仪控制高程。

② 浮运沉井。

首先设置沉井定位船。在导向浮运船运沉井趋向墩位的流放过程中，随时用经纬仪或全站仪控制浮运方位，直至沉井挂上定位船停止流放为止。沉井初步定位后，应复查井顶中心和纵横轴线。

2. 墩台身部分放样

在基础（承台）圬工完成后，应进行桥墩台身的放样，测定桥墩台中心点和纵横轴线。放样时必须特别注意，保证达到应有精度要求。根据放出的纵横轴线测定墩台身的轮廓线，并应复核对角线长度。随着墩台身砌筑升高，可用较重的垂球将已测定的桥墩台中心线、纵横轴线转移到上一段，每升高 3～5 m 后，再用经纬仪或全站仪检查一次。

墩台的上部的高程测量，由于高差过大，难于用水准尺直接传递高程时，可用悬挂钢尺的办法传递高程。测量承台顶面高程的精度时，应按不低于四等水准测量的要求进行。在墩台身模板顶端周围用水准仪测设水平钉，以控制混凝土的灌注高度。

3. 墩台顶帽及支承垫石的放样

桥墩台身砌筑到离顶帽（或托盘）底约 40 cm 高度时，必须注意为安装顶帽模板做好准备。墩台中心应进行重复放样，高程控制应不低于三等水准测量的精度要求，顶帽模板周边尺寸应尽量准确，最大安装误差不能超过 1 cm，锚栓孔位置均应以纵横轴线为准按坐标放样。

模板立好后必须进行复核，确保顶帽、支承垫石和锚栓孔的位置、高程正确无误。

灌注顶帽混凝土，应在顶帽平面埋设中心标及水准标，一般大、中桥可各设 1~2 个。中心标应与桥轴线联测一致，水准标应与桥工作水准点联测以确定高程。

支承垫石顶面应符合设计高程，误差限值应符合规范规定，在同一梁端的相对高差不大于梁宽的 1/1 500，所有高程均应与顶帽水准高程相符。

13.3.3　桥梁架设施工测量

架梁是建造桥梁的最后一道工序。桥梁梁部结构较为复杂，先应对墩台中心点位、中线方向和垂直方向以及墩顶高程均作精密的测定，使中心点间的方向、距离和高差都符合设计的要求。

桥梁中心线方向的测定，在直线部分采用准直法或采用经纬仪正倒镜观测。如果跨距较大（大于 100 m），应逐墩观测左、右角。在曲线部分，则采用测定偏角的方法。

相邻墩中心点间距离用光电测距仪观测，并适当调整中心点里程使其与设计里程完全一致。在中心标板上刻划里程线，并据此刻画出墩台中心十字线。

墩台顶面高程用精密水准仪测量方法测定，并附合到两岸的水准基点上。

大跨度钢桁架或连续梁采用悬臂或半悬臂安装架设，拼装开始前，应在横梁顶部和底部的中点作出标志，用以测量钢梁中心线与桥梁中心线的偏差值。在梁拼装开始后，应通过不断地测量以保证钢梁始终在正确的平面位置上，高程应符合大节点挠度和整跨拱度的要求。

如果梁的拼装系自两端悬臂、跨中合龙，则合龙前的测量重点应放在两端悬臂的相对关系上，如中心线方向偏差、最近节点高程差和距离差要符合设计和施工的要求。

全桥架通以后，作一次性方向、距离和高程的全面测量，其成果资料可作为钢梁整体纵、横移动和起落调整的施工依据，称为全桥贯通测量。

13.4　桥梁变形监测

桥梁工程在施工和建成后的运营期间，由于各种内在因素和外界条件的影响，会产生各种变形。桥梁变形监测是桥梁监测和检测的最重要内容之一，直接反映了桥梁的工作状况和安全性，是研究桥梁受力和结构安全性的重要依据。为了保证工程施工质量和运营安全，验证工程设计的效果，应对桥梁工程定期进行变形观测。观测的内容和方法如下：

1. 垂直位移观测

垂直位移观测是对各墩台进行沉降观测。沉降观测点沿墩台的外围布设。垂直位移的观测可采用精密水准测量或液体静力水准测量进行。

2. 水平位移观测

水平位移观测是测定各墩台在水平方向的位移量。水平方向的位移可分为纵向（桥轴线方向）位移和横向（垂直于桥轴线方向）位移。水平位移可采用基准线法、测小角法、前方交会法和导线测量法进行。

3. 倾斜观测

倾斜观测主要是对高桥墩和斜拉桥的塔柱进行铅垂方向的倾斜观测，可采用倾斜仪或垂准仪测定。

4. 挠度观测

挠度观测是对梁体在静荷载和动荷载的作用下产生的挠曲和振动的观测，可采用精密水准法、全站仪观测法、GPS 观测法、液体静力水准观测法和专用挠度仪观测法等。

5. 裂缝观测

裂缝观测是对混凝土墩台、梁体上产生的裂缝的现状和发展过程的观测。

桥梁变形观测的次数通常要求既能反映出变化的过程，又不遗漏变化的时刻。一般在建造初期，变形速度比较快，观测频率要大一些；经过一段时间后，变形逐步稳定，观测次数可逐步减少；在掌握了一定的规律或变形稳定后，可固定其观测周期；在桥梁遇到特殊情况时，如遇洪水或船只碰撞时，应及时观测。

13.5 隧道施工控制测量

隧道施工控制测量包括洞外和洞内两部分，每部分又分别包括平面控制测量和高程控制测量。隧道施工控制测量的主要作用是保证隧道的正确贯通（两个或两个以上的掘进工作面在预定地点彼此接通的工程，称为贯通）。

13.5.1 隧道贯通误差估算

1. 贯通误差概述

隧道工程中，两个相向开挖的工作面的施工中线往往因测量误差而产生贯通误差。贯通误差在线路中线方向上的投影称为纵向贯通误差（m_l）；在垂直于中线方向的投影长度称为横向贯通误差（m_q）；在高程方向上的投影称为高程贯通误差（m_h），如图 13.14 所示。对于隧道而言，纵向误差不会影响隧道的贯通质量，而横向误差和高程误差将影响隧道的贯通质量。所以应该采取措施严格控制横向误差和高程误差，以保证工程的质量。

对于高程贯通要求的精度，使用一般水准测量方法即可满足；而横向贯通误差的大小，

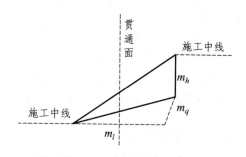

图 13.14 隧道贯通误差

则直接影响隧道的施工质量，严重者甚至会导致隧道报废。所以一般说的贯通误差，主要是指隧道的横向贯通误差。隧道贯通误差的限值见表 13.2。

表 13.2　贯通误差的限差

两开挖洞口长度/km	<4	4～8	8～10	10～13	13～17	17～20
横向贯通误差/mm	100	150	200	300	400	500
高程贯通误差/mm	50					

2. 隧道贯通误差估算

隧道的贯通误差主要是由洞外控制测量、洞内外联系测量、洞内控制测量和洞内施工中线放样等误差带来的。在进行贯通误差估算的时候，通常先将竣工允许的误差加以适当分配。

对于平面控制测量而言，地面上的测量条件比地下好，故对地面控制测量的精度应要求高一些，而将地下测量的精度要求适当降低。一般将洞外平面控制测量的误差作为影响隧道横向贯通误差的一个独立因素，将两相向开挖的洞内导线测量的误差各作为一个独立因素，按照等影响原则确定相应的横向贯通误差。

设隧道总的横向贯通中误差的允许值为 M_q，按照等影响的原则，地面控制测量的误差所引起的横向贯通中误差的允许值为

$$m_q = \pm \frac{M_q}{\sqrt{3}} = \pm 0.58 M_q \tag{13-13}$$

高程控制测量中，设隧道总的高程贯通中误差的允许值为 M_h，洞内、洞外高程测量的误差对高程贯通误差的影响按相等原则分配，则洞内、洞外高程测量的中误差允许值为

$$m_h = \pm \frac{M_h}{\sqrt{2}} = \pm 0.71 M_h \tag{13-14}$$

根据式（13-13）可计算得隧道允许贯通误差分配值，如表 13.3 所示。

表 13.3　洞外、洞内控制测量的贯通精度要求

测量部位	横向中误差/mm						高程中误差/mm
	两开挖洞口间长度/km						
	<4	4～8	8～10	10～13	13～17	17～20	
洞外	30	45	60	90	120	150	18
洞内	40	60	80	120	160	200	17
洞外、洞内总和	50	75	100	150	200	250	25

注：本表不适用于设有竖井的隧道。

对于通过竖井开挖的隧道，横向贯通误差受竖井联系测量的影响较大，故通常将竖井联系测量作为一个独立因素，且按等影响原则分配。这样，当通过两个竖井和洞口开挖时，地

面控制测量误差对于横向贯通中误差的影响为

$$m_q = \pm \frac{M_q}{\sqrt{5}} = \pm 0.45 M_q \tag{13-15}$$

当通过一个竖井和洞口开挖时:

$$m_q = \pm \frac{M_q}{\sqrt{4}} = \pm 0.5 M_q \tag{13-16}$$

（1）平面控制测量对隧道横向贯通精度的影响。

① 导线测量误差对横向贯通精度的影响。

设 R_x 为导线点至贯通面的垂直距离，如图 13.15 所示，则导线的测角中误差 m_β（″）对横向贯通中误差的影响为

$$m_{y\beta} = \frac{m_\beta}{\rho''} \sqrt{\sum R_x^2} \quad (\text{mm}) \tag{13-17}$$

设导线边在贯通面上的投影长度为 d_y（m），导线边长测量的相对中误差为 m_l/l，则测距误差对贯通面上横向中误差的影响为

$$m_{yl} = \frac{m_l}{l} \sqrt{\sum d_y^2} \quad (\text{mm}) \tag{13-18}$$

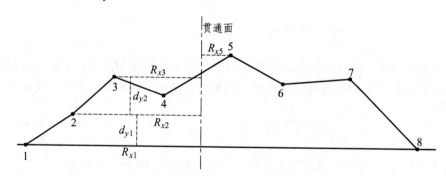

图 13.15 　导线测量测量误差对隧道贯通精度的影响

受角度测量误差和距离测量误差的共同影响，导线测量误差对贯通面上横向贯通中误差的影响为

$$m = \pm \sqrt{m_{y\beta}^2 + m_{yl}^2} \tag{13-19}$$

② 地面边角网测量误差对横向贯通精度的影响。

在隧道洞外控制测量中常采用三角锁（或边角网）。三角锁边角测量对隧道贯通精度的估算可用两种方式进行：一是选取三角网中沿中线附近的连续传算边作为一条导线进行计算，如图 13.16 所示的点 1、3、4、6、7 所构成的导线。此时式（13-17）、（13-18）及（13-19）中，m_β 改为由三角网闭合差求算的测角中误差（″）；R_x 改为所选三角网中连续传算边形成的导线上各转折点至贯通面的垂直距离；m_l/l 取三角网最弱边的相对中误差；d_y 为所选三角网中连续传算边形成导线各边在贯通面上的投影长度。二是按严密公式进行估算，在此不作详述。

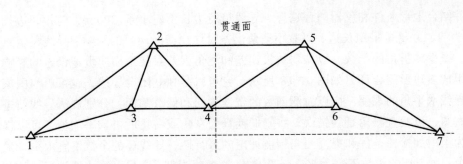

图 13.16　三角测量对隧道横向贯通精度的影响

（2）高程控制测量对隧道横向贯通精度的影响。

在贯通面上，受洞外或洞内高程控制测量误差影响而产生的高程中误差为

$$m_h = \pm m_\Delta \sqrt{L} \tag{13-20}$$

式中　L ——洞内外高程线路总长（以 km 计）；

　　　m_Δ ——每千米高差中数的偶然中误差，对于四等水准测量：$m_\Delta = \pm 5$ mm/km，对于三
　　　　等水准测量 $m_\Delta = \pm 3$ mm/km。

若采用光电测距三角高程测量时，L 取为导线的长度。若洞内外测量精度不同，则应分
别计算。

13.5.2　隧道洞外平面控制测量

隧道洞外平面控制测量一般采用中线法、导线法、三角锁或 GPS 等方法。

1. 中线法

中线法就是先将洞内线路中线点的平面位置测设于地面，经检核确认该段中线与两端相
邻线路中线能够正确衔接后，方可以此作为依据，引测进洞和洞内中线。如图 13.17 所示，A
为进口控制点，B 为出口控制点，ZD_1、ZD_2、ZD_3 为隧道地面的中线点。

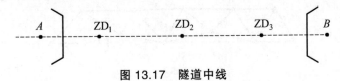

图 13.17　隧道中线

若为曲线隧道，首先精确标出两切线方向，然后精确测出转向角，将切线长度正确地标
定在地面上，以切线方向的控制点为准，将中线引入洞内。

中线法一般只能用于短于 1 000 m 的直线隧道和短于 500 m 的曲线隧道的洞外平面控制。
此法简单、直观，但精度不太高，因此必须反复测量，防止出错。

2. 精密导线法

导线法比较灵活、方便，对地形的适应性比较强。用导线方式建立隧道洞外平面控制时，
导线点应沿两端洞口的连线布设。导线点的位置应根据隧道的长度和辅助坑道的数量及分布

情况，并结合地形条件和仪器测程选择。导线最短边长不应小于 300 m，与相邻边长的比不应小于 3∶1，并尽量采用长边，以减小测角误差对导线横向误差的影响。导线尽量以直伸形式布设，减少转折角的个数，以减弱边长误差和测角误差对隧道横向贯通误差的影响。精密导线应组成多边形闭合环，如图 13.18 所示，它可以是独立闭合导线，也可以与国家三角点相连。导线水平角的观测，应以总测回数的奇数测回和偶数测回，分别观测导线前进方向的左角和右角，以检查测角是否错误；将它们换算为左角或右角后再取平均值，可以提高测角精度。为了增加检核条件和提高测角精度评定的可行性，导线环的个数不宜太少，最少不应少于 4 个；每个环的边数不宜太多，一般以 4～6 条边为宜，应尽可能将两端洞口控制点纳入导线网中。

导线的测角中误差可按角度闭合差计算，并应满足测量设计的精度要求。导线环（网）的平差计算在等级较高时一般采用条件平差或间接平差；对于四、五等导线，也可采用近似平差计算。

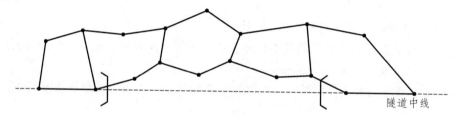

图 13.18　精密导线闭合环

3. 三角网法

三角测量的方向控制较中线法、导线法都高，如果仅从提高横向贯通精度的角度考虑，则它是最理想的隧道平面控制方法。

三角测量建立隧道洞外平面控制时，一般是布设成单三角锁的形式。对于直线隧道，一排三角点应尽量沿线路中线布设。条件许可时，可将线路中线作为三角锁的一条基本边，布设为直伸三角锁，如图 13.19（a）所示，以减小边长误差对横向贯通的影响。对于曲线隧道，应尽量沿着两洞口的连线方向布设，以减弱边长误差对横向贯通的影响，如图 13.19（b）所示。

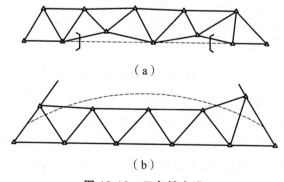

（a）

（b）

图 13.19　三角锁布设

三角测量除采用测角三角锁外，还可采用边角网和三边网。边角网综合了测角锁和三边网的优点，点位精度均衡，适用于全站仪作业。一般采用严密平差法平差，经过控制网的平差计算可求得三角点和隧道轴线上控制点的坐标，然后以控制点为依据，确定进洞方向。

262

4. 三角锁和导线联合控制

三角锁（或边角网）和导线联合控制方法只有在受到特殊地形条件限制时才考虑，一般不宜采用。例如：隧道在城市附近，三角锁的中部遇到较密集的建筑群，这时可选择使用导线穿过建筑群与两端的三角锁相连接。

5. GPS 测量

隧道施工控制网可利用 GPS 相对定位技术，采用静态或快速静态测量方式进行测量。由于定位时仅需要在开挖洞口附近测定几个控制点，工作量小，而且可以全天候观测，目前已得到广泛应用。隧道 GPS 定位网的布网设计，应满足下列要求：

（1）定位网由隧道各开挖口的控制点点群组成，每个开挖口至少应布测 4 个控制点。整个控制网应由一个或若干个独立观测环组成，每个独立观测环的边数最多不超过 12 个，应尽可能减少。

（2）网的边长最长不宜超过 30 km，最短不宜小于 300 m。

（3）每个控制点应有 3 条或 3 条以上的边与其连接，只有极个别的点由两条边连接。

（4）GPS 定位点之间一般不要求通视，但布设洞口控制点时，考虑到用常规测量方法检测、加密或恢复的需要，应当通视。

（5）点位空中视野开阔，保证至少能接收到 4 颗卫星的信号。

（6）测站附近不应有对电磁波有强烈吸收和反射影响的金属以及其他物体。

13.5.3　隧道洞外高程控制测量

洞外高程控制测量的任务，是按照测量设计中规定的精度要求，以洞口附近一个线路定测点的高程为起算高程，测量并传算到隧道另一端洞口与另一个定测高程点闭合。闭合的高程差应设断高，或者推算到路基段调整。这样，既使整座隧道具有统一的高程系统，又使之与相邻线路正确衔接，从而保证隧道按规定精度在高程方面正确贯通，确保各项建筑物在高程方面按规定限界修建。

高程控制测量有等级水准测量、光电测距三角高程测量。一般在平坦地区用等级水准测量，在丘陵及山区采用光电测距三角高程。每一个洞口应埋设不少于两个水准点，两个水准点之间的高差，以安置一次水准仪即可测出为宜。水准测量的精度，一般参照表 13.4 即可。

表 13.4　等级水准测量的路线长度和仪器精度

测量部位	测量等级	每公里高差中数的偶然中误差/mm	两开挖洞口间的水准路线长度/km	水准仪等级/测距仪等级	水准尺类型
洞外	二	≤1.0	>36	$DS_{0.5}$、DS_1	线条式因瓦水准尺
	三	≤3.0	13 ~ 36	DS_1	线条式因瓦水准尺
				DS_3	区格式水准尺
	四	≤5.0	5 ~ 13	DS_3/Ⅰ、Ⅱ	区格式水准尺
	五	≤7.5	<5	DS_3/Ⅰ、Ⅱ	区格式水准尺

13.5.4　隧道洞内外联系测量

地面控制测量完成后，即可根据观测成果指导隧道的进洞开挖。洞内的测量工作，可以用地下导线作为控制点，再根据它们来设立隧道中线点；也可直接按隧道的中线方向进洞，随着隧道的开挖将中线引伸。把洞口的线路中线控制桩和洞外控制网联系起来，据此指导隧道的进洞及洞内开挖，此过程称为洞内外联系测量。联系测量的任务是确定隧道中线与平面控制网之间的关系，并在洞内控制建立之前指导进洞和洞内开挖。隧道的形状不同，联系测量的计算和施测方法也有所区别。

1. 直线进洞

（1）正洞。

如图 13.20 所示，如果两洞口投点 A 和 D 都在隧道中线上，则可按坐标反算的公式计算出两个坐标方位角 α_{AP} 和 α_{AD}，从而计算得 β 角；在 A 点后视 P 点，拨角 β，即得进洞的中线方向。

图 13.20　洞口投点在中线上

$$\alpha_{AP} = \arctan \frac{y_P - y_A}{x_P - x_A}, \qquad \alpha_{AD} = \arctan \frac{y_D - y_A}{x_D - x_A}$$

$$\beta = \alpha_{AD} - \alpha_{AP} \tag{13-21}$$

如果 A 点不在隧道的中线上，如图 13.21 所示，这时可根据直线上的转点 ZD、D 点的坐标以及 A 点的坐标，算出 AA' 的距离；然后将 A 点移至中线上 A' 点，按上述方法即可以指导进洞方向。

$$D_{AA'} = \sqrt{(x_A - x_{A'})^2 + (y_A - y_{A'})^2} \tag{13-22}$$

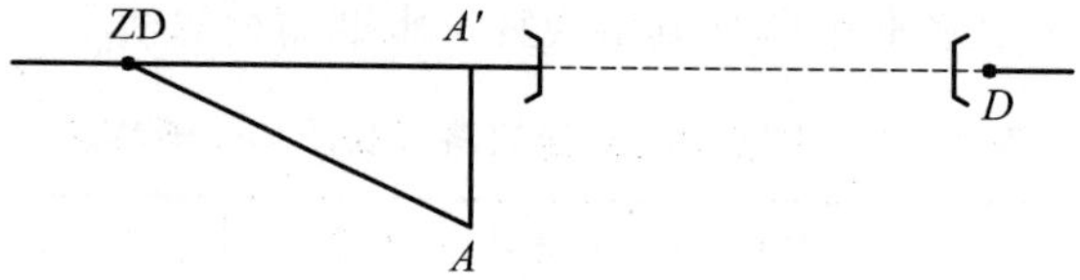

图 13.21　洞口投点不在中线上

（2）横洞。

如图 13.22 所示，C 为横洞的洞口投点，横洞中线与隧道中线的交点为 O，交角为 γ（其值由设计人员根据地形地质条件确定）。进洞测量所需的数据为 β 角以及横洞 OC 的距离 s。由图中可以看出，只要求出 O 点的坐标，即可求得 β 和 s。

设 O 点坐标为 x_O 和 y_O，则

$$\alpha_{AO} = \arctan \frac{y_O - y_A}{x_O - x_A} \qquad (13\text{-}23)$$

$$\alpha_{CO} = \arctan \frac{y_O - y_C}{x_O - x_C} \qquad (13\text{-}24)$$

其中　　　　$\alpha_{AO} = \alpha_{AD}$

$$\alpha_{OC} = \alpha_{OA} - \gamma$$

$$\alpha_{AD} = \arctan \frac{y_D - y_A}{x_D - x_A}$$

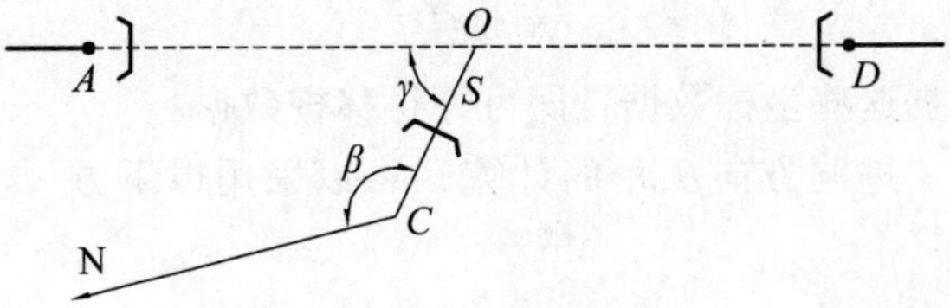

将以上三式带入式（13-23）、（13-24）
即可求得 x_O 和 y_O，再利用式（13-21）、
（13-22）计算得联系测量所需要的数据 β 和 s。

图 13.22　横洞进洞

2. 曲线进洞

曲线进洞联系测量的数据计算较为复杂。圆曲线进洞与缓和曲线进洞都需要计算曲线的资料以及曲线上各主点在隧道施工坐标系内的坐标。

（1）曲线要素的计算。

如图 13.23 所示，ZD_1—ZD_4 为在切线上的隧道施工控制网的控制点，其坐标在洞外控制测量完成后均已精确测出，这时可根据这 4 个点的坐标反算出两切线间的偏角，此 α 的数值与原来定测时所测得的偏角一般是不相符的，但偏差比较小。为了保证隧道的正确贯通，其曲线要素应采用新的 α 值重新计算，计算的位数也要增加。计算时，圆曲线半径 R 与缓和曲线长 l_0 为设计人员所定，一般与原来的设计值一致，不予改变，只是偏角 α 取用新值。当计算出曲线要素后，还要将独立的曲线坐标系转换到施工坐标系下，使曲线坐标与施工控制坐标系一致。

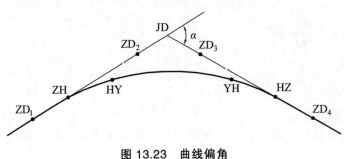

图 13.23　曲线偏角

（2）圆曲线进洞。

由地面施工控制网精确测量的数据会使圆曲线的偏角 α 与定测时的数值发生差异，这样，按照定测时的曲线位置所选择的洞口投点 A（见图 13.24）就不一定在新的曲线（隧道中线）上，而是需要沿半径方向将其移至 A' 点。这时进洞关系的计算就包括两部分：第一部分是将 A 点移至 A' 点的移桩数据 β 角与 AA' 的距离 s；第二部分是在 A' 点进洞的数据，即该点的切线方向与后视方向的交角 β'。

移桩数据可以利用 A' 点的坐标与 A 点的坐标（已知）来计算。而 A' 点的坐标应有圆心 O

的坐标 x_O 和 y_O 来求算，即

$$\left.\begin{array}{l} x_{A'} = x_O + R\cos\alpha_{OA} \\ y_{A'} = y_O + R\sin\alpha_{OA} \end{array}\right\} \quad (13\text{-}25)$$

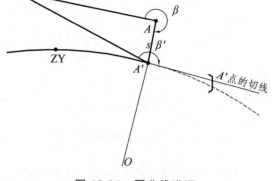

而

$$\alpha_{OA} = \arctan\frac{y_A - y_O}{x_A - x_O}$$

根据这些坐标数据，即可算得移桩数据。

进洞方向 β' 角的计算，可以采用以下方法：

$$\beta' = \alpha_{A'切} - \alpha_{A'P} \quad (13\text{-}26)$$

其中

$$\alpha_{A'切} = \beta_{A'A} + 90° = \alpha_{OA} + 90°$$

$$\alpha_{A'P} = \arctan\frac{y_P - y_{A'}}{x_P - x_{A'}}$$

图 13.24　圆曲线进洞

（3）缓和曲线进洞。

缓和曲线的进洞关系包括移桩数据和 A' 点（见图 13.25）的切线方向两部分。按照缓和曲线上各点坐标的计算公式，如果以缓和曲线的起点（ZH）为坐标原点，则缓和曲线上各点的坐标按用下式计算：

$$\left.\begin{array}{l} x = l - \dfrac{l^5}{40R^2 l_0^2} \\[3mm] y = \dfrac{l^3}{6R l_0} - \dfrac{l^7}{336R^3 l_0^3} \end{array}\right\} \quad (13\text{-}27)$$

而缓和曲线上任一点的切线与起点切线（ x 轴）的交角为

$$\delta = \frac{l^2}{2R l_0} \cdot \rho'' \quad (13\text{-}28)$$

式中　l——缓和曲线弧长；

　　　l_0——缓和曲线长；

　　　R——圆曲线半径。

在计算 A' 点的坐标时，前提是假定 A' 点的 x 坐标与 A 点的相同，即

$$x_{A'} = x_A \quad (13\text{-}29)$$

也就是说，移桩的时候是将 A 点沿着垂直于 x 轴（即 ZH 点的切线）的方向移至缓和曲线上。由于式（13-27）是一个高次方程式，所以必须采用逐渐趋近的方法才能求得弧长 l 值。有了 l 值，即可求得 y'_A 。

用上述方法求得的 A' 点的坐标，是在以 ZH 点为坐标原点、以切线方向为 x 轴的坐标系下的

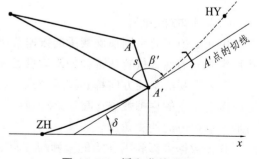

图 13.25　缓和曲线进洞

坐标。因此还必须将它们纳入施工控制网坐标系中。

　　求得 A' 点的坐标后，即可根据前述方法计算出移桩数据 β 和 s 值，从而指导隧道的进洞。

　　为了加快施工进度，隧道施工中除了进出洞口之外，还可用斜井、横洞或竖井来增加施工开挖面。为此就要经由它们布设导线，把洞外导线的方向和坐标传递给洞内导线，构成一个洞内、洞外统一的控制系统，这种导线称为联系导线（见图 13.26）。联系导线属于支导线性质，其测角误差和边长误差直接影响隧道的横向贯通精度，故使用中必须多次精密测定、反复校核，确保无误。

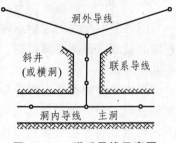

　　隧道的洞内外联系测量相当重要，因为这个环节的计算和测量稍有差错就会影响整个隧道的正确贯通，甚至造成严重的工程事故，因此要严格做好隧道洞内外的联系测量工作。

图 13.26　联系导线示意图

13.5.5　隧道高程联系测量

　　经由斜井或横洞向洞内传递高程时，一般采用往返水准测量，当高差较差合限时取平均值的方法。由于斜井坡陡，视线短，测站多，加之照明条件差，故误差积累较大，每隔大约 10 站应在斜井边设一个临时水准点，以便往返测量时校核。近年来用光电测距三角高程测量的方法来传递高程已得到广泛的应用，提高了工作效率，但应注意洞中温度的影响，同时应采用对向观测的方法。

　　经由竖井传递高程时，过去一直采用悬挂钢尺的方法，目前多采用光电测距仪测井深。首先在井上装配一托架，安装光电测距仪，使照准头向下直接瞄准井底的反光镜测出井深 D_h，然后在井上、井下用两台水准仪，同时分别测定井上水准点 A 与测距仪照准头转动中心的高差（$a_{上} - b_{上}$）、井下水准点 B 与反射镜转动中心的高差（$b_{下} - a_{下}$），即求得井下水准点 B 的高程 H_B，如图 13.27 所示。

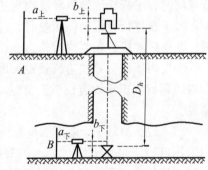

图 13.27　光电测距测井深

　　用光电测距仪测井深的方法远比悬挂钢尺的方法快速、准确，尤其是对于 50 m 以上的深井测量，更显现出其优越性。

13.5.6　隧道洞内平面控制测量

　　为了准确放样出隧道中线及其衬砌的位置，并且保证隧道的正确贯通，应进行洞内控制测量。由于隧道洞内场地狭窄，故洞内平面控制常采用中线或导线两种形式。

1. 中线形式

　　中线形式是指洞内不设导线，用中线控制点直接进行施工放样。一般以定测精度测设出新点，测设中线点的距离和角度数据由理论坐标值反算。这种方法一般用于较短的隧道。若对上述测设的新点再以高精度测角、量距，算出实际的新点精确点位，然后与理论坐标相比较，若有差异，将新点移到正确的中线位置上。这种方法可以用于曲线隧道 500 m、直线隧道 1 000 m 以上的较长隧道。

2. 导线形式

隧道洞内导线的起始点通常设在隧道的洞口、平坑口、斜井口，这些点的坐标是由地面控制测量或联系测量测定的。洞内导线的等级，取决于隧道的长度和形状，对此各部门均有不同的规定。

洞内导线的类型有附合导线、闭合导线、方向附合导向、支导线及导线网等。当坑道开始掘进时，首先敷设低等级导线定出坑道的中线，指导坑道掘进；当坑道掘进 300 ~ 500 m 时，再敷设高等级导线用以检查已敷设的低等级导线是否正确，所以应使其起始边（点）和最终边（点）与低等级导线边（点）重合。当隧道继续向前掘进时，以高等级导线所测设的最终边为基础，向前敷设低等级导线和放样中线。

洞内导线角度测量常采用测回法进行。边长测量可采用钢尺、2 m 因瓦横基尺以及电磁波测距仪。

在布设地下导线时应注意以下事项：

（1）洞内导线应尽量沿线路中线（或边线）布设，各边长长度应接近，尽量避免长短边相接。导线点应尽量布设在施工干扰小、通视良好且稳固的安全地段，两点间视线与坑道边的距离应大于 0.2 m。对于大断面的长隧道，可布设成多边形闭合导线或主副导线环。有平行导坑时，平行导坑的单导线应与正洞导线联测，以资检核。

（2）在进行导线延伸测量时，应对以前的导线点作检核测量。在直线地段，只做角度检测；在曲线地段，还要同时作边长检核测量。

（3）由于洞内导线边长较短，因此进行角度观测时，应尽可能减少仪器对中和目标对中误差的影响。当导线边长小于 15 m 时，各测回间仪器和目标应重新对中。应注意提高照准精度。

（4）边长测量中，采用钢尺悬空丈量时，除加入尺长、温度改正外，还应加入垂曲改正。当采用电磁波测距仪时，应经常拭净镜头及反射棱镜上的水雾。当坑道内水汽或粉尘浓度较大时，应停止测距，避免造成测距精度的下降。洞内有瓦斯时，应采用防爆测距仪。为保证测距精度，边长很短时应采用钢尺量边。

（5）凡是构成闭合图形的导线网（环），都应进行平差计算，以便求出导线点的新坐标值。

（6）对于螺旋形隧道，不能形成长边导线，每次向前延伸时，都应从洞外开始复测。各测点复测精度应一致，在证明导线点无明显位移时，取点位的平均值。

13.5.7 隧道洞内高程控制测量

洞内高程控制测量的目的，是在地下建立一个与地面统一的高程系统，作为隧道施工放样的依据，保证隧道在竖向正确贯通。

洞内高程控制应以洞口水准点的高程作为起始依据，通过水平坑道、竖井或斜井等处将高程传递到地下，然后测定洞内各水准点的高程，作为施工的依据。洞内高程控制测量一般采用水准测量和三角高程测量两种形式。

洞内水准测量的等级和使用的仪器主要根据两开挖洞口间洞外水准路线的长度确定，其精度可参考表 13.5。

表 13.5　洞内水准测量的精度及所使用的仪器

测量部位	测量等级	每千米高差中数的偶然中误差/mm	两开挖洞口间的水准路线长度/km	水准仪等级/测距仪等级	水准尺类型
洞内	二	≤1.0	>32	DS_1	线条式因瓦水准尺
	三	≤3.0	11～32	DS_3	区格式水准尺
	四	≤5.0	5～11	DS_3	区格式水准尺

注：两开挖洞口间水准路线长度短于 5 km 时，可按五等水准测量要求进行。

洞内水准测量的方法与地面上的水准测量相同，但根据隧道施工的情况，洞内水准测量具有以下特点：

（1）洞内水准线路一般与洞内导线测量的线路相同。在隧道贯通之前，地下水准线路均为支线水准路线，因此需往返观测多次进行检核。

（2）通常利用洞内导线点作为水准点。有时还可将水准点埋设在顶板、底板或边墙上。

（3）在隧道的施工过程中，洞内支水准路线随着开挖面的进展而增长，为满足施工放样的要求，一般是先测设较低精度的临时水准点（设在施工导线点上），然后再测设较高精度的永久水准点，永久水准点的间距一般以 200～500 m 为宜。

洞内水准测量的作业方法同地面水准测量，测量时应使前、后视距离相等。由于坑道内通视条件差，仪器到水准尺的距离不宜大于 50 m。水准尺应直接立于导线点（或高程点）上，以便直接测定点的高程。测量时，应对每个测站进行检核，即每个测站上应用水准尺红黑面读数。若使用单面水准尺，则应用两次仪器高进行观测，所求得的高差的差值不应超过 ±3 mm。有时由于隧道内施工场地狭小、工种繁多，干扰很大，所以洞内水准测量常采用倒尺法传递高程，如图 13.28 所示。此时，高差计算公式仍为 $h_{AB} = a - b$，但倒尺读数应作负值计算。

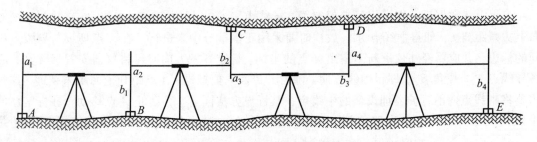

图 13.28　倒尺法传递高程

对于支水准路线，要进行往返测。当往返测不符值在容许限差之内，则取高差平均值作为最终值。

为检查洞内水准标志的稳定性，应定期根据地面水准点进行重复的水准测量，将所测得的高差成果进行分析比较。根据分析结果，若水准标志无变动，则取所有高差的平均值作为高差成果；若发现水准标志有变动，则取最近一次的高差测量成果作为最后的高差成果。

13.6 隧道施工测量与竣工测量

隧道施工测量的主要任务是在隧道施工过程中确定平面即竖直面内的掘进方向，另外还要定期检查工程进度（进尺）及计算完成的土石方数量。在隧道竣工后，还要进行竣工测量。

13.6.1 隧道平面掘进时的测量工作

隧道的掘进施工方法有全断面开挖法和开挖导坑法，根据施工方法和施工程序的不同，确定隧道掘进方向的方法有中线法和串线法。

1. 中线法

当隧道采用全断面开挖法进行施工时，通常采用中线法。在图 13.29 中，P_1、P_2 为导线点，A 为隧道中线点，已知点 P_1、P_2 的实测坐标和 A 点的设计坐标（可按其里程及隧道中线的设计方位角计算得出）

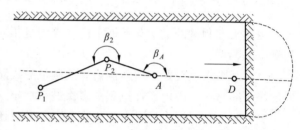

图 13.29 中线标定示意图

以及隧道中线的设计方位角。根据上述已知数据，即可计算出放样中线点所需的有关数据 β_2、β_A 和 L。

$$\alpha_{P_2A} = \arctan \frac{y_A - y_{P_2}}{x_A - x_{P_2}} \tag{13-30}$$

$$\beta_2 = \alpha_{P_2A} - \alpha_{P_1P_1}$$
$$\beta_A = \alpha_{AB} - \alpha_{AP_2} \tag{13-31}$$

$$L = \frac{y_A - y_{P_2}}{\sin \alpha_{P_2A}} = \frac{x_A - x_{P_2}}{\cos \alpha_{P_2A}} \tag{13-32}$$

求得上述数据后，即可将经纬仪安置在导线点 P_2 上，后视 P_1 点，拨角 β_2，并在视线方向上丈量距离 L，即得中线点 A_1。放样时要采用正倒镜分中来进行。在 A 点埋设与导线点相同的标志，并应用经纬仪重新测定出 A 点的坐标。标定开挖方向时可将仪器安置于 A 点，后视导线点 P_2，拨角 β_A，即得中线方向。随着开挖面向前推进，A 点距开挖面越来越远，这时需要将中线点向前延伸，埋设新的中线点，其标设方法同前。为防止 A 点移动，在标定新的中线点时，应在 P_2 点安置仪器，对 β_2 进行检测。检测角值与原角度值互差不得超过 $\pm 2\sqrt{m_{\beta限}^2 + m_{\beta检}^2}$；超限时应以相邻点逐点检测至合格的点位，并向前重新标定中线。

对于曲线隧道掘进时，其永久中线点是随导线测量而测设的。而供衬砌时使用的临时中线点则是根据永久中线点加密的，一般采用偏角法（适用经纬仪）或极坐标法（适用光电测距仪或全站仪）测设。其放样过程及相关计算见第 10 章。

2. 串线法

当隧道采用开挖导坑法施工时，因其精度要求不高，可用串线法指导开挖方向。此法是利用悬挂在两临时中线点上的垂球线，直接用肉眼来标定开挖方向。使用这种方法时，先应利用类似前述设置中线点的方法，将 3 个临时中线点（见图 13.30）设置在导坑顶板或底板上，两临时中线点的间距不宜小于 5 m。标定开挖方向时，在 3 个点上悬挂垂球线，一人在 B 点指挥，另一人在工作面手持手电筒（可看成照准标志）使灯光位于中线点 B、C、D 的延长线上，然后用红油漆标出灯光的位置，即得中线位置。另外还可用罗盘法标定中线。

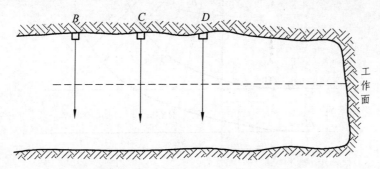

图 13.30　串线法标定中线示意图

利用穿线法延伸中线时误差较大，所以 B 点到工作面的距离不宜超过 30 m（曲线地段不宜超过 20 m）。当工作面向前推进超过 30 m 后，应用经纬仪向前再测定两个临时中线点，继续用串线法延伸中线，指导开挖方向。

用上下导坑法施工的隧道，上部导坑的中线每前进一定的距离，都要和下部导坑的中线联测一次（见图 13.31），用以改正上部导坑中线点或向上部导坑引点。联测一般是通过靠近上部导坑掘进面的漏斗口进行的，用长线垂球、竖直对点器或经纬仪的光学对点器将下导坑的中线点引导上导坑的顶板上。如果隧道开挖的后部工序跟得较紧，中层开挖较快，可不通过漏斗口而直接由下导坑向上导坑引点，其距离得传递可用钢卷尺或 2 m 因瓦横基尺。

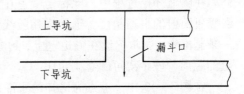

图 13.31　上下导坑联测示意图

进行侧壁导坑中线测量，双线隧道中部导坑中线测量或中线侧移时，线路中线需要平移 s，平移后的圆曲线与原线路的圆曲线为同心圆，两切线平行，且 $P_1 = P_2$，如图 13.32 所示，平移后的可曲线要素按如下公式计算：

$$\left.\begin{array}{l} R_2' = R_1 + s \quad (\text{曲线向外平移}) \\ R_2 = R_1 - s \quad (\text{曲线向内平移}) \end{array}\right\} \tag{13-33}$$

$$\frac{L_1}{L_2} = \sqrt{\frac{R_1}{R_2}} \tag{13-34}$$

$$\frac{\beta_1}{\beta_2} = \sqrt{\frac{R_2}{R_1}} \tag{13-35}$$

$$\frac{m_1}{m_2} = \sqrt{\frac{R_1}{R_2}} \tag{13-36}$$

式中，R_1、L_1、β_1、m_1 分别为原始的圆曲线曲率半径、缓和曲线长、缓和曲线切线角和内移距；R_2、L_2、β_2、m_2 分别为平移后的圆曲线曲率半径、缓和曲线长、缓和曲线切线角和内移距。

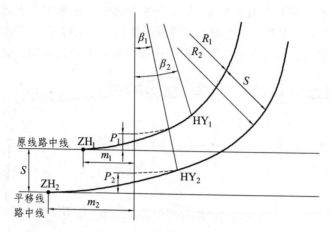

图 13.32　侧移中线示意图

计算出侧移中线的各要素后，再结合缓和曲线的纵移距之差 $(m_2 - m_1)$，即可测设平移的缓和曲线始点位置和平移的缓和曲线。

13.6.2　隧道竖直面掘进方向的测量工作

在隧道开挖过程中，除标定隧道在水平面内的掘进方向外，还应定出坡度，以保证隧道在竖直面内的贯通精度，通常采用腰线法。隧道腰线是用来指导隧道在竖直面内掘进方向的一条基准线，通常标设在隧道壁上，到隧道底板有一定的距离（该距离可随意确定）。

在图 13.33 中，A 点为已知的水准点，C、D 为待标定的腰线点。标定腰线点时，首先在适当的位置安置水准仪，后视水准点 A，依此可计算出仪器视线的高程。根据隧道坡度 i 以及 C、D 点的里程计算出两点的高程，并求出 C、D 点与仪器视线的高差 Δh_1、Δh_2。由仪器视线向上或向下量取 Δh_1、Δh_2 即可求得 C、D 点的位置。

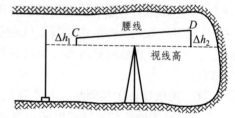

图 13.33　腰线标定示意图

13.6.3　隧道结构物的施工放样

1. 隧道开挖断面测量

在隧道施工中，为使开挖断面能较好地符合设计断面，在每次掘进前，应在开挖断面上根据中线和轨顶高程标出设计断面尺寸线。分部开挖的隧道在拱部和马口开挖后以及全断面开挖的隧道在开挖成形后，应采用断面自动测绘仪或断面支距法测绘断面，检查断面是否符合要求，也可用来确定超挖和欠挖工程数量。测量时，根据中线和外拱顶高程，从上至下每0.5 m（拱部和曲墙）和 1.0m（直墙）向左右测量支距。测量支距时，应考虑曲线隧道中心与线路中心的偏移值和施工预留宽度。仰拱断面测量中，应由设计轨顶高程线每隔 0.5 m（自中线向左右）向下量出开挖深度。

2. 结构物的施工放样

在施工放样之前，应对洞内的中线点和高程点加密。中线点加密的间隔根据施工需要而定，一般为 5～10 m 一点，也可由铁路定测的精度测定。加密中线点的高程，均以五等水准精度测定。在衬砌之前，还应进行衬砌放样，包括立拱架测量，边墙及避车洞、仰拱的衬砌放样，洞门砌筑施工放样等一系列的测量工作。

13.6.4　竣工测量

隧道竣工后，为检查主要结构及线路位置是否符合设计要求，应进行竣工测量。该项工作包括隧道净空断面测量、永久中线点及水准点的测设。

隧道净空断面测量中，应在直线地段每 50 m、曲线地段每 20 m 或需要加测断面处测绘隧道的实际净空。测量时均以线路中线为准，测量隧道的拱顶高程、起拱线宽度、轨顶水平宽度、铺底或仰拱高程，见图 13.34。

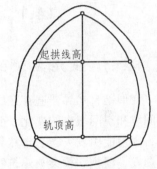

隧道竣工测量后，隧道的永久性中线点应用混凝土包埋金属标志。在采用洞内导线测量的隧道内，可利用原有中线点或根据调整后的线路中心点埋设。直线上的永久性中线点，每 200～250 m 埋设一个；曲线上应在缓和曲线的起终点各埋设一个，在曲线中部，可根据通视条件适当增加。在隧道边

图 13.34　隧道竣工测量内容

墙上要画出永久性中线点的标志。洞内水准点应每千米埋设一个，并在边墙上画出标志，以便日后养护时使用。

习　题

本章复习重难点
试题及答案

1. 简述桥梁施工控制的测量方法。
2. 简述隧道施工控制的测量方法。
3. 简述桥梁墩台的放样方法。
4. 简述桥梁的变形监测方法。
5. 简述隧道洞外联系测量方法。
6. 简述隧道贯通误差的估计方法。

第 14 章 变形监测

本章重点：变形监测的基本概念、内容、目的、意义、特点、方法；建筑物的变形监测内容——沉降观测、裂缝观测、水平位移观测；变形观测数据处理；变形监测成果整理及分析；滑坡监测的一般内容。

14.1 变形监测的内容、目的和意义

14.1.1 变形监测的基本概念

变形是自然界普遍存在的现象，是指变形体在各种荷载作用下，其形状、大小及位置在时间域和空间域中的变化。变形体的变形量在一定范围内时被认为是允许的；如果超出允许值，则可能引发灾害。自然界的变形危害现象很普遍，如地震、滑坡、岩崩、地表沉陷、火山爆发、溃坝、桥梁与建筑物的倒塌等。

所谓变形监测，就是利用测量专用仪器和方法对变形体的变形现象进行监视观测的工作。其任务是确定在各种荷载和外力作用下，变形体的形状、大小及位置变化的空间状态和时间特征。变形监测工作是人们通过变形现象获得科学认识、检验理论和假设的必要手段。

变形体的范畴可以大到整个地球，小到一个工程建（构）筑物的块体，包括自然和人工的构筑物。根据变形体的研究范围，可将变形监测研究对象划分为以下三类：

（1）全球性变形研究，如监测全球板块运动、地极移动、地球自转速率变化、地潮等。

（2）区域性变形研究，如地壳形变监测、城市地面沉降等。

（3）工程和局部性变形研究，如监测工程建筑物的三维变形、滑坡体的滑动、地下开采使引起的地表移动及下沉等。

在精密工程测量中，最具有代表性的变形体有大坝、桥梁、矿区、高层（耸）建筑物、防护堤、边坡、隧道、地铁、地表沉降等。

14.1.2 变形监测的内容

变形监测的内容，应根据变形体的性质与地基情况确定。监测中要求有明确的针对性，既要有重点，又要作全面考虑，以便能正确地反映出变形体的变化情况，达到监视变形体的安全、了解其变形规律的目的。

1. 工业与民用建筑物

主要包括基础的沉陷观测与建筑物本身的变形观测。就基础而言，主要观测内容是建筑物的

均匀沉陷与不均匀沉陷；对于建筑物本身来说，则主要是观测倾斜与裂缝；对于高层和高耸建筑物，还应对其动态变形（主要为振动的幅值、频率和扭转）进行观测；对于工业企业、科学试验设施与军事设施中的各种工艺设备、导轨等，主要观测内容是水平位移和垂直位移。

2. 水工建筑物

对于土坝，观测项目主要为水平位移、垂直位移、渗透以及裂缝观测。对于混凝土坝，以混凝土重力坝为例，由于水压力、外界温度变化、坝体自重等因素的作用，主要观测项目为垂直位移（从而可以求得基础与坝体的转动）、水平位移（从而可以求得坝体的扭曲）以及伸缩缝的观测。这些内容通常称为外部变形观测。此外，为了了解混凝土坝结构内部的情况，还应对混凝土应力、钢筋应力、温度等进行观测，这些内容通常称为内部观测。虽然内部观测一般不由测量人员进行，但在进行变形监测数据处理时，特别是对变形原因作物理解释时，则必须将内、外部观测的资料结合起来进行分析。

3. 地面沉降

对于建立在江河下游冲积层上的城市，由于工业用水需要大量地开采地下水，从而影响到地下土层的结构，使地面发生沉降。对于地下采矿地区，由于大量的采掘，也会使地表发生沉降。在这种沉降现象严重的城市地区，暴雨以后将发生大面积的积水，影响仓库的使用与居民的生活，有时甚至造成地下管线的破坏，危及建筑物的安全。因此，必须定期进行观测，掌握其沉降与回升的规律，以便采取防护措施。对于这些地区，主要应进行地表沉降观测。

14.1.3　变形监测的目的和意义

人类社会的进步和国民经济的发展，加快了工程建设的进程，并且对现代工程建筑物的规模、造型、难度提出了更高的要求，与此同时，变形监测工作的意义愈加重要。众所周知，工程建筑物在施工和运营期间，由于受多种主观和客观因素的影响会产生变形，变形量如果超出了规定的限度，就会影响建筑物的正常使用，严重时还会危及建筑物的安全，给社会和人民生活带来巨大的损失。尽管工程建筑物在设计时采用了一定的安全系数，使其能安全承受所考虑的多种外荷载影响，但是由于设计中不可能对工程的工作条件及承载能力做出完全准确的估计，施工质量也不可能完美无缺，工程在运行过程中还可能发生某些不利的变化因素，因此，国内外仍有一些工程出现事故。以大坝为例：1959 年，法国 67 m 高的马尔巴塞（Malpasset）拱坝垮坝；1963 年，意大利 262 m 高的瓦依昂（Vajont）拱坝因库岸大滑坡导致涌浪翻坝且水库淤满失效；1976 年，美国 93 m 高的提堂（Teton）土坝溃决；1975 年，我国板桥和石漫滩两座土坝洪水漫坝失事等。可见，保证工程建筑物安全是一个十分重要且很现实的问题。为此，变形监测的首要目的是要掌握变形体的实际性状，为判断其安全提供必要的信息。

目前，灾害的监测与防治已越来越受到全社会的普遍关注，各级政府及主管部门对此问题十分重视，诸多国际学术组织，如国际大地测量协会（IAG）、国际测量师联合会（FIG）、国际岩石力学协会（ISRM）、国际大坝委员会（ICOLD）、国际矿山测量协会（ISM）等，经常定期地召开专业会议进行学术交流和研究对策。广大测量科技工作者和工程技术人员经过近 30 年的共同努力，在变形监测领域取得了丰硕的理论研究成果，并发挥了实用效益。以我国为例：

（1）利用地球物理大地测量反演理论，于 1993 年准确地预测了 1996 年发生的丽江大地震。

（2）1985 年 6 月 12 日对长江三峡新滩大滑坡的成功预报，确保灾害损失减少到了最低限度。不仅使滑坡区内 457 户 1 371 人在滑坡前夕全部安全撤离，无一人伤亡，而且使正在险区长江上、下游航行的 11 艘客货轮及时避险，免遭灾难，为国家减少直接经济损失 8 700 万元，被誉为我国滑坡预报研究史上的奇迹。

（3）隔河岩大坝外观变形 GPS 自动化监测系统在 1998 年长江流域抗洪抢险中所发挥了巨大作用，确保了安全度汛，避免了荆江大堤灾难性的分洪。

科学、准确、及时地分析和预报工程及工程建筑物的变形状况，对工程建筑物的施工和运营管理极为重要，这一工作属于变形监测的范畴。由于变形监测涉及测量、工程地质、水文、结构力学、地球物理、计算机科学等诸多学科的知识，因此它是一项跨学科的研究，并正向边缘学科的方向发展，已成为测量工作者与其他学科专家合作研究的领域。

变形监测所研究的理论和方法主要涉及三个方面的内容：变形信息的获取、变形信息的分析与解释以及变形预报。其研究成果对预防自然灾害及了解变形机理是极为重要的。对于工程建筑物，变形监测除了作为判断其安全的依据之外，还是检验设计和施工的重要手段。

总而言之，变形监测工作的意义着重表现在以下两方面：

（1）实用上的意义：保障工程安全，监测各种工程建筑物、机器设备以及与工程建设有关的地质构造的变形，及时发现异常变化，对其稳定性、安全性做出判断，以便采取措施处理，防止事故发生。对于大型特种精密工程，如大型水利枢纽工程、核电结、离子加速器、火箭导弹发射场等，更具有特殊的意义。

（2）科学上的意义：积累监测分析资料，能更好地解释变形的机理，验证变形的假说，为研究灾害预报的理论和方法服务，检验工程设计的理论是否正确、设计是否合理，为以后修改设计、制定设计规范提供依据，如改善建筑的物理参数、地基强度参数，以防止工程破坏事故，提高抗灾能力等。

例如：通过对工程建筑物的变形监测，可以检验设计的尺寸、断面、坡度是否合理；在隧道开挖时，可以监测是否会造成垮塌及对地面建筑是否造成破坏；对于机器设备，则可保证设备安全、可靠、高效地运行，为改善产品质量和新产品的设计提供技术数据；对于滑坡，通过监测其随时间的变化过程，可进一步研究引起滑坡的成因，改进预报模型，同时可以检验滑坡治理的效果；通过对矿山由于矿藏开挖所引起的实际变形的观测，可以采用控制开挖量和加固等方法，避免危险性变形的发生。

14.2　变形监测的特点和方法

14.2.1　变形监测的特点

变形监测的最大特点是要进行周期观测。所谓周期观测，就是多次的重复观测，第一次称初始周期或零周期。每一周期的观测方案如监测网的图形、使用仪器、作业方法乃至观测人员都要一致。变形监测的观测周期，应根据建（构）筑物的特征、变形速率、观测精度要求和工程地质条件等因素综合考虑。观测过程中，根据变形量的变化情况，做适时调整。一般在施工过程中，频率应大些，周期可以为 3 天、7 天、15 天等；待竣工投产以后，频率可小一些，一般为一个月、两个月、三个月、半年及一年等周期。若遇特殊情况，还要临时增加观测的次数。

对扭转、震动等变形的监测需作动态观测；对变形监测项目，如偏距、倾斜、挠度等几何量以及与变形有关的物理量的监测都可采用传感器技术持续地进行。对于急剧变化期（如大坝洪水期、滑坡等），也应作持续动态监测。

对于不同的任务，变形监测所要求的精度不同。为积累资料而进行的变形观测和为一般工程进行的常规监测，精度可以低一些；而对大型特种精密工程以及与人民生命和财产相关的变形监测项目，则要求的精度较高。

变形监测的精度要求，取决于该工程建筑物预计的允许变形值的大小和进行观测的目的。如何根据允许变形值来确定观测的精度，国内外存在着各种不同的看法。在国际测量工作者联合会（FIG）第十三届会议（1971 年）工程测量组的讨论中提出："如果观测的目的是使变形值不超过某一允许的数值而确保建筑物的安全，则其观测的中误差应小于允许变形值的 $1/10 \sim 1/20$；如果观测的目的是研究其变形的过程，则其中误差应比这个数值小得多。"但具体要多高的精度，仍是一个很难解答的问题，因为设计人员很难回答各种不同的监测对象究竟能承受多大的允许变形值。由于变形监测的重要性和测量技术的快速发展，监测费用在整个工程建设费和运营费管理中所占的比例较小，故对变形监测的精度要求一般很高。设计人员总希望把精度提得更高一些，对于重要工程，一般要求"以当时能达到的最高精度为标准进行变形监测"。由《混凝土大坝安全监测技术规范》中有关变形监测项目的精度（见表 14.1）可以看出，对变形监测的精度要求在日益提高。

表 14.1　变形监测的精度

项　　目			位移中误差限值
水平位移	坝体	重力坝	± 1.0 mm
		拱坝　径向	± 2.0 mm
		拱坝　切向	± 1.0 mm
	坝基	重力坝	± 0.3 mm
		拱坝　径向	± 1.0 mm
		拱坝　切向	± 0.5 mm
坝体、坝基垂直位移			± 1.0 mm
坝体、坝基挠度			± 0.3 mm
倾斜		坝体	$\pm 5.0''$
		坝基	$\pm 1.0''$
坝体表面接精与裂精			± 0.2 mm
近坝区岩体	水平位移		± 2.0 mm
	垂直位移	坝下游	± 1.5 mm
		库区	± 2.0 mm
滑坡体与高边坡	水平位移		$\pm （0.3 \sim 3.0）$ mm
	垂直位移		± 3.0 mm
	裂缝		± 1.0 mm

现代工程建筑物的规模、造型和难度对变形监测提出了更高的要求，许多变形监测仪器都实现了自动化观测，且要求能在恶劣环境下长期稳定可靠地工作。变形信息获取的空间分辨率和时间分辨率有很大提高。

14.2.2　变形监测的方法

变形信息获取方法的选择取决于变形体的特征、变形监测的目的、变形大小和变形速度因素。

在全球性变形监测方面，空间大地测量是最基本且最适用的技术，主要包括全球定位系统（GPS）、基长基线射电干涉测量（VLBI）、卫星激光测距（SLR）、激光测月技术（LLR）以及卫星重力探测技术（卫星测高、卫星跟踪卫星和卫星重力梯度测量）等技术手段。

在区域性变形监测方面，GPS 已成为主要的技术手段。近 10 年发展起来的空间对地观测遥感新技术——合成孔径雷达干涉测量（Interferometric Synthetic Aperture Rader，InSAR），在监测地震变形、火山地表移动、冰川漂移、地面沉降、山体滑坡等方面，其试验成果的精度可达 cm 或 mm 级，表现出了很强的技术优势。尽管如此，但精密水准测量依然是高精度高程信息获取的主要方法。

在工程和局部性变形监测方面，地面常规测量技术、地面摄影测量技术、特殊与专用的测量手段以及以 GPS 为主的空间定位技术等均得到了较好的应用。

合理设计变形监测方案是变形监测的首要工作。对于周期性变形监测网设计而言，主要内容包括确定监测网的质量标准、选择观测方法、点位的最佳布设和观测方案的最优选择。在过去的 30 年里，变形监测方案设计和监测网优化设计的研究较为深入和全面，取得了丰富的理论研究成果和较好的实用效益，这一点可从众多文献中得到体现。目前，在变形监测方案与监测系统设计方面，其主要发展是监测方案的综合设计和监测系统的数据管理与综合处理。例如：在大坝的变形监测中，要综合考虑外部和内部观测设计；在大地测量与特殊测量的观测量（Geodetic and Geotechnical Observations）中，要进行综合处理与分析。

纵观国内外数 10 年变形监测技术的发展历程，传统的地表变形监测方法主要采用的是大地测量法和近景摄影测量法。

（1）常规地面测量方法的完善与发展，其显著进步是全站型仪器的广泛使用。尤其是全自动跟踪全站仪（Robotic Total Stations，RTS），有时也称测量机器人（Georobot），为局部工程变形的自动监测或室内监测提供了一种很好的技术手段，可进行一定范围内无人值守、全天候、全方位的自动监测。实际工程试验表明，测量机器人监测精度可达到亚 mm 级。目前，在美国加州南部的一个新水库（Diamond Valley Lake）已安装了由 8 个永久性 RTS（仪器型号为 Leica TCA1800）和 218 个棱镜组成的地面自动监测系统。但是 TPS（Terrestrial Positional System，地面定位系统）最大的缺陷是受测程限制，测站点一般都处在变形区域的范围之内。

（2）地面摄影测量技术在变形监测中的应用虽然起步较早，但是由于摄影距离不能过远，加上绝对精度较低，使得其应用受到局限，过去仅大量应用于高塔、烟囱、古建筑、船闸、边坡体等的变形监测。近几年发展起来的数字摄影测量和实时摄影测量为地面摄影测量技术在变形监测中的深入应用开拓了非常广泛的前景。

（3）随着光、机、电技术的发展，研制出了一些特殊和专用的监测仪器可用于变形的自动监测，包括应变测量、准直测量和倾斜测量。例如：遥测垂线坐标仪采用自动读数设备，分辨率可达 0.01 mm；采用光纤传感器测量系统将信号测量与信号传输合二为一，具有很强的抗雷击、抗电磁场干扰和抗恶劣环境的能力，便于组成遥测系统，可实现在线分布式监测。

（4）GPS 作为一种全新的现代空间定位技术，已逐渐在越来越多的领域取代常规光学和电子测量仪器。自 20 世纪 80 年代以来，尤其是进入 90 年代后，GPS 卫星定位和导航技术与现代通信技术相结合，在空间定位技术方面引起了革命性的变化。用 GPS 同时测定三维坐标的方法将测绘定位技术从陆地和近海扩展到整个海洋和外层空间，从静态扩展到动态，从单点定位扩展到局部与广域差分，从事后处理扩展到实时（准实时）定位与导航，绝对和相对精度扩展到 m 级、cm 级乃至亚 mm 级，从而大大拓宽了应用范围和在各行各业中的作用。地学工作者已将 GPS 应用于地表变形监测的多个试验中，取得了丰富的理论研究成果，并逐步走向实用阶段。数据通信技术、计算机技术和以 GPS 为代表的空间定位技术的日益发展与完善，使得 GPS 法由原来的周期性观测走向高精度、实时、连续、自动监测成为可能。

GPS 用于变形监测的作业方式可划分为周期性和连续性（Episodic and Continuous Mode）两种模式。

周期性变形监测与传统的变形监测网没有多大区别，因为有的变形体的变形极为缓慢，在局部时间域内可以认为是稳定的，监测频率有的是几个月，有的甚至长达几年，此时采用 GPS 静态相对定位法进行测量，数据处理与分析一般都是事后的。经过 10 多年的努力，GPS 静态相对定位数据处理技术已基本成熟。在周期性监测方面，利用 GPS 技术的最大屏障目前是变形基准的选择与确定，这已成为近几年研究的热点。

连续性变形监测指的是采用固定监测仪器进行长时间的数据采集，获得变形数据序列。虽然连续性监测模式也是对测点进行重复性的观测，但其观测数据是连续的，具有较高的时间分辨率。根据变形体的不同特征，GPS 连续性监测可采用静态相对定位和动态相对定位两种数据处理方法进行观测，一般要求变形响应的实时性，向数据解算和分析提出了更高要求。例如：大坝在超水位蓄洪时就必须时刻监视其变形状况，要求监测系统具有实时的数据传输和数据处理与分析能力。当然，有的监测对象虽然要求较高的时间采样率，但是数据解算和分析可以是事后的。又如，桥梁的静动载试验和高层建筑物的振动测量，其监测的目的在于获取变形信息，数据处理与分析可以事后进行。

在动态监测方面，过去一般采用加速度计、激光干涉仪等测量设备测定建筑结构的振动特性。但是，随着建筑物高度的增高，以及连续性、实时性和自动化监测程度要求的提高，常规测量技术已越来越受到局限。GPS 作为一种新方法，由于其硬件和软件的发展与完善，特别是高采样率（目前有的已高达 20Hz）GPS 接收机的出现，在大型结构物动态特性和变形监测方面已表现出其独特的优越性。近几年来，对一些大型工程建筑物已开展了卓有成效的 GPS 动态监测实验与测试工作。例如：应用 GPS 技术成功地对加拿大卡尔加里（Calgary）塔在强风作用下的结构动态变形进行了测定；国内外一些大型桥梁（尤其是大跨度悬索桥和斜拉桥，如广东虎门大桥）上已尝试安装 GPS 实时动态监测系统；深圳地王大厦的风力振动特性采用了 GPS 进行测量。目前，GPS 动态监测数据处理主要采用的是整周模糊度动态解算法（Ambiguity Resolution On-The-Fly，简称 OTF 法）。同时，GPS 变形监测单元求解算法及其相应软件开发的研究也在发展之中。已有研究表明，对于长期监测的 GPS 系统，采用 Kalman

滤波三差法代替 RTK（Real-Time Kinematic）技术中的双差相位求解，可以实现 mm 级精度。正如 Loves 所言，随着 GPS 动态变形监测能力的进一步被证实，这一技术可望被采纳为测量结构振动的标准技术。

（5）激光扫描测量技术的迅速发展，为空间信息的获取提供了一种崭新的技术手段，使测量工作者从传统的单点数据获取变为连续自动获取数据，并且大大提高了观测的精度和速度。激光三维扫描仪以美国 CYRA 公司的 Cyrax 系统、法国的 MENSI 系统为代表产品，国外主要用于对地观测系统和快速获取特定目标体的坐标数据以及被测目标体的快速三维建模；国内已经开始应用激光三维扫描仪进行矿区地表开采沉陷、煤矿井架、滑坡等方面的变形监测。

展望变形监测技术的未来发展，有以下几个方面：

① 多种传感器、数字近景摄影、全自动跟踪全站仪和 GPS 的应用，使监测系统向实时、连续、高效率、自动化、动态监测的方向发展，如某大坝变形监测系统可由测量机器人、GPS 和特殊测量仪器所构成。

② 变形监测的时空采样率会得到大大提高，变形监测自动化为变形分析提供了极为丰富的数据信息。

③ 高度可靠、实用、先进的监测仪器和自动化系统，可在恶劣环境下长期稳定、可靠地运行。

④ 实现远程在线实时监控，在大坝、桥梁、边坡体等工程中将发挥巨大作用；网络监控是推进重大工程安全监控管理的必由之路。

14.3　建筑物的变形监测

14.3.1　变形监测网的布设

变形监测成果的价值和完整性，在很大程度上取决于地面上基准点和变形体上观测点的布设情况及它们在整个观测期间的保存情况。尽管由于工程建筑物的类型、规模、结构、用途及所处地质条件和外部环境的不同，决定了变形监测网布设上的差异，但下述布设原则却是相同的。

（1）变形监测网大部分为精度高但规模小的专用控制网。由于变形监测既要求精度高又要求速度快，故在设计布网方案和观测方案时，不应拘泥于典型的观测方法，凡可以达到规定精度又较为快捷方案均可采纳。

（2）在满足变形监测需要和精度要求的前提下，变形监测网的网形应尽可能简单，以便迅速获得可靠而优良的变形监测结果。

（3）布设的变形监测网，应包含其他非大地测量方法（如机械法、物理法和电测法等）的重要观测点，以便通过大地测量控制，将观测所得到的相对变形值换算为绝对变形值。

（4）一般情况下，变形监测网均布设为一次全面网（如测角网、测边网、边角网、结点水准网等），即由控制点可直接观测变形体上的观测点，甚至监测网本身就包含若干个变形观测点。在特殊情况下也可布设多级网，但应遵循"从整体到局部，由高级到低级"的原则，以便分级布设、逐级控制，并保证足够的精度。

（5）全面考虑、合理布设，作为变形观测依据的基准点。工程建筑物修建以后，其周围地区的受力状况随着与基准点的水平距离和深度的改变而变化。为了保证基准点的稳定，可采用以下两种方案：一是远离工程建筑物；二是深埋。然而，如果基准点离工程建筑物太远，势必增加测量工作量，测量误差的累积不仅使变形观测结果的可靠度降低，而且有可能达到足以掩盖变形的程度；标志埋设过深也是不经济的。因此，基准点的选定应全面考虑，合理布设。一般要求如下：基准点必须位于工程建筑物荷载压力扩散范围以外的地方；基准点标志底部必须位于地下水位变化范围和最大冻土深度以下；标志做得轻些，以减小自重引起的沉陷。

（6）工程建筑物变形监测的主要内容是位移观测和沉降观测，故可以分别布设平面监测网和高程监测网。对于高程监测网，除必要的水准基点外，应根据观测需要设立若干个工作基点，但要定期根据水准基点来检核其是否发生变动。为了检查水准基点本身的稳定性，可成组埋设，通常每组 3 点，并组成边长不超过 100 m 的等边三角形。

（7）变形观测点应布设于工程建筑物上最有代表性的部位。具体位置由工程建筑物及其基础所处的地质条件、结构形式及其特点、动静荷载作用下的应力分布等情况决定，并应考虑方便观测等。变形观测点应具有一定的数量，以便反映工程建筑物变形的全貌。变形观测点的标志应与工程建筑物联结牢靠，使得观测点的变化能真实地反映工程建筑物的变形。

（8）变形监测网和施工控制网应合并布设，并应采用施工统一坐标系统和高程系统，以保证施工建设期间和运营管理期间变形观测工作的连续性及变形观测成果的统一性和完整性。

14.3.2　建筑物的沉降观测

建筑物从开工建设开始，随着工程建筑的修建，建（构）筑物的基础和地基承受的荷载不断增加，引起基础及四周地层的变形，建筑物本身因基础变形及外部荷载与内部应力的作用，虽在建筑物设计过程中已考虑到诸多因素的影响，其结构也要产生变形，多数情况表现为建筑物的沉降。其中以不均匀沉降的危害性最大，如果不均匀沉降的差值在一定范围内，可认为是正常现象，但如超过某一限度就会导致建筑物的倾斜，危及建筑物的安全。为避免财产损失及人员伤亡，应在施工和运营期间，对它们的垂直变形进行监测。测定建筑物上一些特征点的高程随时间而变化的工作叫沉降观测。沉降观测时，在能表示沉降特征的部位设置沉降观测点，在沉降影响范围之外埋设水准基点，用水准测量方法定期测量沉降点相对于水准基点的高差，也可以用液体静力水准仪等专用仪器进行。根据各个沉降点高程的变化情况了解建筑物的上升或下降的情况。

另外，测定一定范围内地面高程随时间而变化的工作，也是沉降观测，但通常称为地表沉降观测。

1. 水准点的设置和观测

（1）水准点的设置。

水准点作为沉降观测的基准，其形式、埋设要求及观测方法均与三、四等水准测量相同。水准点高程应从建筑区永久水准基点引测。具体的埋设还应符合下列要求：

① 尽量与观测点接近，距离以 20～100 m 为宜，以保证观测的精度。

② 应布设在沉降影响范围之外，以避免受施工干扰及地基沉降变形区的影响；并离开铁路、公路和地下管道至少 5 m，以保持稳定性。

③ 为保证水准点高程的正确性和便于相互检核，水准点一般不应少于 3 个，且应与附近的国家水准点联测。

④ 在冰冻地区，水准点应埋设在冰冻线以下 0.5 m。

若施工水准点能满足沉降观测的精度要求，可作为沉降观测水准点之用，具体技术要求见表 14.2。

表 14.2　水准点观测精度

等　级	相邻基准点高差中误差 /mm	每站高差中误差 /mm	往返测较差附合或环线闭合差 /mm	检测已测高差较差 /mm	使用仪器、观测方法及要求
一	0.3	0.07	$0.15\sqrt{n}$	$0.2\sqrt{n}$	DS_{05} 级仪器，视线长度不大于 15 m，前后视距差不大于 0.3 m，视距累计差不大于 1.5 m，宜按国家一等水准要求实测
二	0.5	0.13	$0.30\sqrt{n}$	$0.5\sqrt{n}$	DS_{05} 级仪器，宜按国家一等水准要求实测
三	1.0	0.30	$0.60\sqrt{n}$	$0.8\sqrt{n}$	DS_{05} 或 DS_1 级仪器，宜按国家二等水准要求实测
四	2.0	0.70	$1.40\sqrt{n}$	$2.0\sqrt{n}$	DS_1 或 DS_3 级仪器，宜按国家三等水准要求实测

（2）沉降观测点的设置。

沉降观测点应设置在能够反映建（构）筑物变形特征和变形明显的部位，标志应稳固、明显、结构合理，不影响建（构）筑物的美观和使用。点位应避开障碍物，便于观测和长期保存。建（构）筑物的沉降观测点，应按设计图纸埋设，并符合下列要求：

① 在建筑物的四角点、中点、转角处等能反映变形特征和变形明显的部位，点间距一般为 10～15 m，或每隔 2～3 根柱的柱基上。

② 位于裂缝、沉降缝或伸缩缝的两侧；对于新旧建筑物或高低建筑物，应在纵横墙交接处。

③ 位于人工地基和天然地基的接址处，或建筑物不同结构的分界处。

④ 在烟囱、水塔和大型储藏罐等高耸构筑物的基础轴线的对称部位，每一构筑物不得少于 4 个点。

建筑物、构筑物的基础沉降观测点，应埋设于基础底板上。

基坑回弹观测时，回弹观测点宜沿基坑纵横轴线或在能反映回弹特征的其他位置上设置。回弹观测的标志，应埋入建筑的基底面 10～20 cm。

地基土的分层沉降观测点，应选择在建筑物、构筑物的地基中心附近。观测标志的深度，最浅的应在基础底面 50 cm 以下，最深的应超过理论上的压缩层厚度。

2. 沉降观测

（1）沉降观测的时间。

沉降观测的时间和次数，应根据工程性质、工程进度、地基的土质情况及基础荷重增加情况确定。

一般建筑物的沉降观测周期为：观测点埋设稳固后，且在建（构）筑物主体开工前，即进行第一次观测；主体施工过程中，荷重增加前后（如基础浇灌、回填土、安装柱子、房架、砖墙每砌筑一层楼，设备安装及运转等）均应进行观测；如施工期间中途停工时间较长，应在停工时和复工前进行观测：当基础附近地面荷重突然增加、周围积水及暴雨后或周围大量挖方等均应观测。工程竣工后，一般每月观测一次，如果沉降速度减缓，可改为 2~3 个月观测一次，直到沉降量 100 天不超过 1 mm 时，观测才可停止。观测周期见表 14.3 中的规定。

表 14.3　沉降观测周期

下沉速度 /（mm/d）	观测周期
>0.3	半个月
0.1~0.3	一个月
0.05~0.1	三个月
0.02~0.05	半年
0.01~0.02	一年
<0.01	停止观测

表 14.4　沉降观测等级及其精度要求

等级	高程中误差 /mm	相邻点高程中误差 /mm	往返较差、附合或环线闭合差 /mm
一	0.3	$0.15\sqrt{n}$	$0.15\sqrt{n}$
二	0.5	$0.30\sqrt{n}$	$0.30\sqrt{n}$
三	1.0	$0.50\sqrt{n}$	$0.60\sqrt{n}$
四	2.0	$1.00\sqrt{n}$	$1.40\sqrt{n}$

基础沉降观测在浇灌底板前和基础浇灌完后应至少各观测一次。回弹观测点的高程，宜在基坑开挖前、开挖后及浇灌基础之前，各测定一次。地基土的分层沉降观测，应在基础浇灌前开始。

（2）沉降观测方法。

沉降观测的观测方法视沉降观测点的精度要求而定，观测的方法有：一、二、三等水准测量，液体静力水准测量，三角高程测量等。其中，最常用的是水准测量方法。

对于多层建筑物的沉降观测，可采用 DS_3 级水准仪用普通水准测量方法进行；对于高层建筑物的沉降观测，则应采用 DS_1 级精密水准仪，用二等水准测量方法进行。为了保证水准测量的精度，每次观测前，对所使用的仪器和设备，应进行检验校正。观测时视线长度一般不得超过 50 m，前、后视距离要尽量相等，视线高度应不低于 0.3 m。

沉降观测的各项记录，必须注明观测时的气象情况和荷载变化。沉降观测等级及其精度要求见表 14.4。

（3）沉降观测的工作要求。

沉降观测是一项较长期的连续观测工作，为了保证观测成果的正确性，应尽可能做到"四定"：

① 固定观测人员；

② 使用固定的水准仪和水准尺；

③ 使用固定的水准基点；

④ 按规定的日期、方法及既定的路线、测站进行观测。

3. 沉降观测的成果整理

每次观测结束后，应检查记录中的数据和计算是否准确，精度是否合格，然后把各次观测点的高程列入沉降观测成果表中，并计算两次观测之间的沉降量和累计沉降量，同时也要注明日期及荷载情况，见表 14.5。为了更清楚地表示出沉降、荷载和时间三者之间的关系，可画出各观测点的荷载、时间、沉降量曲线图，如图 14.1 所示。

在沉降测量工作中常会遇到一些矛盾现象，需要分析原因，进行合理处理，下面是一些常见问题及其处理方法。

（1）曲线在首次观测后即发生回升现象。

在第二次观测时发现曲线上升，至第

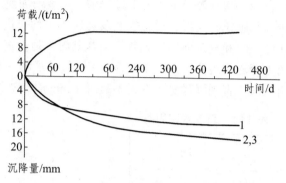

图 14.1　建筑物的荷载、时间、沉降量关系曲线

三次后，曲线又逐渐下降。此种现象一般都是由首次观测成果存在较大误差所引起的。此时，应将第一次观测成果作废，而采用第二次观测成果作为首次观测成果。

表 14.5　沉降观测成果表

观测日期	荷载/（t/m²）	观测点								
		1			2			3		
		高程/m	本次沉降/mm	累计沉降/mm	高程/m	本次沉降/mm	累计沉降/mm	高程/m	本次沉降/mm	累计沉降/mm
01-3-15	0	21.067	0	0	21.083	0	0	21.091	0	0
4-1	4.0	21.064	3	3	21.081	2	2	21.089	2	2
4-15	6.0	21.061	3	6	21.079	2	4	21.087	2	4
5-10	8.0	21.060	1	7	21.076	3	7	21.084	3	7
6-5	10.0	21.059	1	8	21.075	1	8	21.082	2	9
7-5	12.0	21.058	1	9	21.072	3	11	21.080	2	11
8-5	12.0	21.057	1	10	21.070	2	13	21.078	2	13
10-5	12.0	21.056	1	11	21.069	1	14	21.078	0	13
12-5	12.0	21.055	1	12	21.068	1	15	21.076	2	15
02-2-5	12.0	21.055	0	12	21.067	1	16	21.076	0	15
4-5	12.0	21.054	1	13	21.066	1	17	21.075	1	16
6-5	12.0	21.054	0	13	21.066	0	17	21.074	1	17

（2）曲线在中间某点突然回升。

此种现象多半是因水准基点或沉降观测点被碰所致，如水准基点被压低或沉降观测点被撬高，此时，应仔细检查水准基点和沉降观测点的外观有无损伤。如果众多沉降观测点出现此种现象，则水准基点被压低的可能性很大。此时可改用其他水准点作为水准基点来继续观测，并埋设新水准点，以保证水准点个数不少于 3 个。如果只有一个沉降观测点出现此种现象，则多半是该点被撬高，如果观测点被撬后已活动，则需另行埋设新点；若点位尚牢固，可继续使用。对于该点的沉降计算，应进行合理处理。

（3）曲线自某点起渐渐回升。

此种现象一般是因水准基点下沉所致。此时，应根据水准点之间的高差来判断出最稳定的水准点，以此作为新水准基点，将原来下沉的水准基点废除。另外，埋在裙楼上的沉降观测点，由于受主楼的影响，有可能会出现属于正常的渐渐回升现象。

（4）曲线的波浪起伏现象。

曲线在后期呈现微小波浪起伏状态，一般是测量误差所造成的。曲线在前期波浪起伏状态之所以不突出，是因为下沉量大于测量误差；但到后期，由于建筑物下沉极微或已接近稳定，因此在曲线上就出现测量误差比较突出的现象。此时，可将波浪曲线改成为水平线，并适当地延长观测的间隔时间。

只有排除了这类反常因素的影响之后的沉降资料，才可用于力学分析。

14.3.3　倾斜观测

测量建筑物倾斜率随时间而变化的工作叫倾斜观测。建筑物产生倾斜的原因主要有：地基承载力不均匀；因建筑物体型复杂而形成不同荷载；施工未达到设计要求以致承载力不够；受外力作用（如风荷、地下水压、地震等）。一般用倾斜率 i 值来衡量建筑物的倾斜程度，如图 14.2 所示。

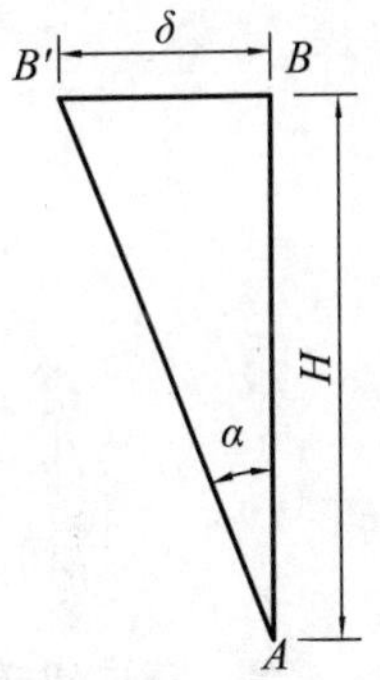

$$i = \tan \alpha = \frac{\delta}{H} \qquad (14-1)$$

式中　α——倾斜角；

δ——偏移值即建筑物上、下部之间相对水平位移量；

H——建筑物高度。

由式（14-1）可知，要确定建筑物的倾斜率 i 的值，需测定其上、下部的相对水平位移量和高度值。

图 14.2　倾斜率

一般，H 可通过直接丈量或三角测量方法求得。因此，倾斜观测要讨论的主要问题是测定 δ 的方法。下面分别介绍一般建筑物和塔式建筑物的倾斜观测方法。

1. 一般建筑物的倾斜观测

（1）直接观测法。

一般的倾斜观测常用此法。其观测步骤是先在欲观测的墙面顶部设置一标志点 M，如图 14.3 所示，置经纬仪于距墙面约 1.5 倍墙高处，瞄准观测点 M，用正倒镜分中法向下投点得 N 点，做好标志。隔一定时间后再次观测，用经纬仪照准 M 点（由于建筑物倾斜，实际 M 点已偏移到 M' 点）后，向下投点得 N' 点，用钢尺量取 N 和 N' 间的水平距离 g，则根据墙高 H，得建筑物的倾斜率为

$$i = \frac{\delta}{H} \qquad (14\text{-}2)$$

（2）间接计算法。

建筑物发生倾斜，主要是地基的不均匀沉降造成的，如通过沉降观测测出了建筑物的不均匀沉降量 Δh，如图 14.4 所示，则偏移值 δ 为

$$\delta = \frac{\Delta h}{L} \cdot H \qquad (14\text{-}3)$$

式中 δ——建筑物上、下部相对位移值：

Δh——基础两端点的相对沉降量；

L——建筑物的基础宽度；

H——建筑物的高度。

这种方法适用于建筑物本身刚性强，发生倾斜时自身结构仍然完整，且沉降资料可靠的建筑物。

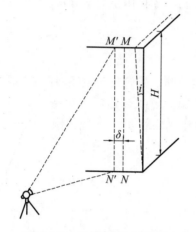

图 14.3 直接观测法测倾斜

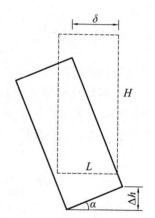

图 14.4 间接计算法测倾斜

2. 塔式建筑物的倾斜观测

（1）纵、横轴线法。

此法适用于邻近有空旷场地的塔式建筑物的倾斜观测。

如图 14.5 所示，以烟囱为例，先在拟测建筑物的纵、横两轴线方向上距建筑物 1.5～2 倍建筑物高处选定两个点作为测站，图中为 N_1 和 N_2。在烟囱横轴线上布设观测标志点 1、2、3、4，在纵轴线上布设观测标志点 5、6、7、8，并选定远方通视良好的固定点 M_1 和 M_2 作为零方向。

观测时，首先在 N_1 设站，以 M_1 为零方向，以点 1、2、3、4 作为观测方向，用 DJ$_2$ 级经纬仪按方向观测法观测两个测回（若用 DJ$_6$ 级经纬仪则应测四个测回），得方向值分别为 β_1、β_2、β_3 和 β_4，则上部中心 A 的方向值为 $\frac{(\beta_2 + \beta_3)}{2}$，下部中心 B 的方向值为 $\frac{(\beta_1 + \beta_4)}{2}$，则 A、B 在纵轴线方向水平夹角 θ_1 为

$$\theta = \frac{(\beta_1 + \beta_4) - (\beta_2 + \beta_3)}{2} \quad （14\text{-}4）$$

若已知 N_1 点至烟囱底座中心水平距离为 l_1，则在横轴线方向的倾斜位移量 δ_1 为

$$\delta_1 = \frac{\theta_1}{\rho''} l_1 \quad （14\text{-}5）$$

即

$$\delta_1 = \frac{(\beta_1 + \beta_4) - (\beta_2 + \beta_3)}{2\rho''} l_1 \quad （14\text{-}6）$$

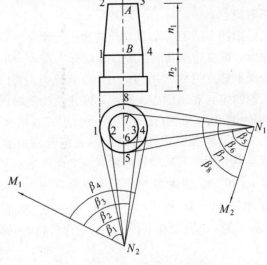

同理，在 N_2 设站，以 M_2 为零方向测出点 5、6、7、8 的方向值分别为 β_5、β_6、β_7 和 β_8，可得纵轴线方向的倾斜位移量 δ_2 为

$$\delta_2 = \frac{(\beta_5 + \beta_8) - (\beta_6 + \beta_7)}{2\rho''} l_2 \quad （14\text{-}7）$$

式中　l_2 ——N_2 点至烟囱底座中心的水平距离。

图 14.5　纵、横轴线法测倾斜

因此，总倾斜的偏移值 δ 为

$$\delta = \sqrt{\delta_1^2 + \delta_2^2} \quad （14\text{-}8）$$

采用这个方法时应注意，在照准点 1，2…时应尽量使高度（仰角）相等，否则将影响观测精度。

（2）前方交会法。

当塔式建筑物很高，且周围环境又不便采用纵、横轴线法时，可采用前方交会法进行观测。如图 14.6 所示（俯视图），P' 为烟囱顶部中心位置，P 为底部中心位置，在烟囱附近布设基线 AB，A、B 需选在稳定且能长期保存的地方，条件困难时也可选在附近稳定的建筑物顶面上。AB 的长度一般不大于 5 倍的建筑物高度，交会角应尽量接近 $60°$。首先安置经纬仪于 A 点，测定顶部 P' 两侧切线基线的夹角，取其平均值，如图中的 α_1；然后安置经纬仪于 B 点，测定顶部 P' 两侧切线与基线的夹角，取其平均值，如图中的 β_1；再利用前方交会公式计算出 P' 的坐标。同法可得 P 点的坐标。则 P'、P 两点间的平距 D'_{PP} 可由坐标反算公式求得，实际上 D'_{PP} 即为倾斜偏移值 δ。

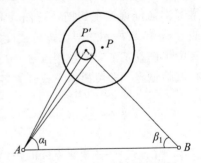

图 14.6　前方交会法测倾斜

对每次倾斜观测所计算得到的 δ 应进行比较和分析，当出现异常变化时应进行复测，以保证成果的正确性。

14.3.4　建筑物的水平位移观测

测定建筑物的平面位置随时间移动的工作叫水平位移观测，其产生往往与不均匀沉降、

横向挤压等有关。水平位移观测前，先要在建筑物旁埋设测量控制点，再在建筑物上设置位移观测点。

如图 14.7 所示，欲对建筑物进行水平位移观测时，可在建筑物底部埋设观测标志点 a、b；在地面上建立控制点 A、B、C，使其成为一直线。定期测定各观测标志，即可掌握建筑物随时间位移量的情况。观测时，将经纬仪分别安置在 A、C 点上，测得控制点与观测点的夹角分别为 β_a 和 β_b。若一段时间后建筑物随时间变化产生水平位移 aa' 和 bb'，则再次测得控制点与观测点的夹角分别为 β_a' 和 β_b'，其两次夹角之差值为

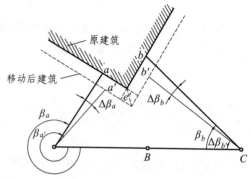

图 14.7　水平位移观测

$\Delta\beta_a = \beta_a - \beta_a'$ 及 $\Delta\beta_b = \beta_b - \beta_b'$，则建筑物的纵横方向位移量按下式计算：

$$aa' = Aa \cdot \frac{\Delta\beta_a}{\rho''} \tag{14-9}$$

$$bb' = Cb \cdot \frac{\Delta\beta_b}{\rho''} \tag{14-10}$$

建筑物的总水平位移为

$$e = \sqrt{(aa')^2 + (bb')^2} \tag{14-11}$$

设置控制点 B 的目的在于检核控制点 A、C。

14.3.5　挠度观测

所谓挠度，是指建（构）筑物或其构件在水平方向或竖直方向上的弯曲值。例如：桥的梁部中间位置产生的向下弯曲，高耸建筑物产生的侧向弯曲。图 14.8 所示为对梁进行挠度观测的例子。在梁的两端及中部设置三个变形观测点 A、B 及 C，定期对这三个点进行沉降观测，即可根据下式计算各期相对于首期的挠度值：

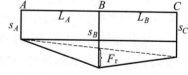

图 14.8　梁的挠度观测

$$F_e = (s_B - s_A) - \frac{L_A}{L_A + L_B}(s_C - s_A) \tag{14-12}$$

式中　L_A, L_B ——观测点间的距离；

　　　s_A, s_B, s_C ——观测点的沉降量。

可采用水准量进行沉降观测，如果由于结构或其他原因无法采用水准测量时，也可采用三角高程的方法。

桥梁在动荷载（如列车行驶在桥上）作用下会产生弹性挠度，即列车通过后，立即恢复原状，这就要求在挠度最大时测定其变形值。为能测得其瞬时值，可在地面架设测距仪，用三角高程法观测；也可利用近景摄影测量法测定。

对高耸建（构）筑物竖直方向的挠度观测，是测定在不同高度上的几何中心或棱边等特殊点相对于底部几何中心或相应点的水平位移，并将这些点在其扭曲方向的铅垂面上的投影绘成曲线，就是挠度曲线。水平位移的观测，可采用测角前方交会法、极坐标法或垂线法。

14.3.6　裂缝观测

测定建筑物上裂缝发展情况的观测工作叫裂缝观测。建筑物产生裂缝往往与不均匀沉降有关，因此，进行裂缝观测的同时，一般需要进行建筑物的沉降观测，以便进行综合分析和及时采取相应的措施。

裂缝观测时，首先应对拟观测的裂缝进行编号，在裂缝两侧设置观测标志，然后定期观测裂缝的宽度、长度及其方向等。

对标志设置的基本要求是，当裂缝开裂时标志就能相应地开裂或变化，正确地反映建筑物变形发展的情况。下面介绍三种常用的简便型裂缝观测标志：

1．石膏板标志

如图 14.9（a）所示，用厚 10 mm、宽 50～80 mm 的石膏板覆盖在裂缝上，和裂缝两侧牢固地连在一起。当裂缝继续开裂与延伸时，裂缝上的标志即石膏板也随之开裂，从而可观测裂缝的大小及其继续发展情况。

2．白铁片标志

如图 14.9（b）所示，用两块白铁片，一片为 150 mm × 150 mm 的正方形，固定在裂缝的一侧，并使其一边和裂缝边缘对齐；另一片为 50 mm × 200 mm，固定在裂缝的另一侧，并使其一部分紧贴在正方形的铁片上。当两块铁片固定好之后，在其表面涂上红漆，如果裂缝继续发展，两块白铁片将会拉开，露出正方形白铁片上原被覆盖没有涂油漆的部分，其宽度即为裂缝加大的宽度，可用尺子量出。

3．金属棒标志

如图 14.9（c）所示，将长约 100mm、直径约 10 mm 的钢筋头插入，并使其露出墙外约 20 mm，用水泥砂浆填灌牢固。两钢筋头标志间的距离不得小于 150 mm。待水泥砂浆凝固后，

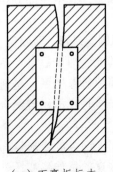
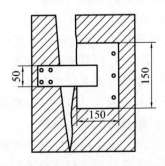
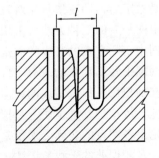

（a）石膏板标志　　　　（b）白铁片标志　　　　（c）金属棒标志

图 14.9　裂缝观测标志

用游标卡尺量出两金属棒之间的距离，并记录下来。之后如裂缝继续发展，则金属棒的间距也就不断加大。定期测量两棒的间距并进行比较，即可掌握裂缝发展情况。

裂缝观测结果常与其他数据相结合，供探讨建筑物变形的原因、变形的发展趋势和判断建筑物的安全等。

14.4 变形分析与成果整理

14.4.1 变形分析概述

为了测定工程建筑物的变形，通常要建立变形监测网（参考网或相对网），按预定周期对其进行重复观测，并对变形观测成果进行几何分析，简称变形分析。

变形分析的目的在于提供变形体变形的空间状态和时间特性。通过变形分析，掌握变形体在自重和外力共同作用下形状、大小和空间位置的变化情况。因此，在变形分析中，作用力的状态、变形体的物理性质、材料的力学性质等并不是最重要的。

变形分析通常包括下列两项基本内容：其一，采用合适的方法，尽量减少乃至消除测量误差的干扰，对变形观测结果进行一定的数据处理，从而计算出不同时间段中各点空间位置的变化量；其二，进一步分析这些变化量是属于误差干扰，还是变形信息。前者大多与平差方法有关，后者即为点位稳定性检验。

变形监测网中，点位的变形分析是建立在比较多期重复观测结果基础之上的。而点位的变形总是相对于某个基准的，故为了进行变形分析，必须建立统一的基难。变形监测网中不一定具有传统意义上的固定基准，但必须具备以某种附加数学条件定义的共同基准，且必须通过变形监测网中的稳定点集合来实现。可见变形监测网中拟稳点的选定是一个关键问题。

变形观测和变形分析中，基准的选择通常与变形监测网的平差方法相联系，并通过某些实际的或虚拟的点来实现。变形分析的基准就是平差中的参考系问题。采用不同的基准，即定义了不同的参考系，则平差的具体方法也不相同。

自由网平差的三种方法，在平差原则上具有同一性；但用于网点的变形分析时，三者的出发点并不相同。经典平差是假定网中有必要的固定点；秩亏平差是假定所有网点都是变化的，而且这种变化是等概率的；拟稳平差则假定网中的点分为两部分，其中一部分相对于另一部分是稳定的，即变形量相对较小，但并不是固定不变的。

自由网平差的三种方法所采用的基准互不相同。经典平差采用固定基准，即固定参考系，是通过网中实际存在的必要的固定点实现的；秩亏平差采用重心基准，即重心参考系，是通过虚拟的网中并不存在的重心实现的；拟稳平差采用拟稳基准，即拟稳参考系，是通过网中实际存在的拟稳点集合实现的，但就其本质而言，拟稳平差的第一步是在拟稳点集合内进行秩亏平差，故拟稳基准本质上是拟稳点集合内的重心基准。

理论上各网点的实际变形量是唯一的，但采用不同基准求算同一网点的变形量却并不相同。由于观测误差的干扰，无法求得实际形变场，只能寻求与之接近的最佳形变场。这就不仅需要合理地处理误差的干扰，而且要选定合适的基准。如果选择不当，单从平差理论上看是严密的，但并不能反映变形的实际情况，而最后的变形分析结果通常不可能得到理论上或实践上的严密论证。

如果变形监测网中确实存在一些稳定的固定点，则变形分析的基准就由这些固定点确定。从理论上讲，依据固定基准求算网点变形量最为可靠，因为它们具有共同的、坚实的稳定基础。如果变形监测网中不存在固定点，而且各网点的变形是等概率的，则应采用重心基准及相应的秩亏平差法。秩亏平差法的重心基准，本质上是由平差原则中的最小范数条件定义的共同基准。对于沉降监测网，最小范数条件与各网点近似高程的改正数之和等于零这一条件等价，亦即网形重心的高程平差前后保持不变。对于平面位移监测网，最小范数条件与各网点纵、横坐标近似值的改正数之和均等于零这一条件等价，亦即网心重心的坐标和一个重心方位角乎差前后保持不变。

应当指出，不仅重心参考系与监测网的网形大小有关，而且随着网点高程或坐标的近似值的取值不同，重心参考系也不同。也就是说，重心基准是由近似值系统决定的。给定不同的近似值系统，求得的同一网点的高程改正数或坐标改正数也不相同。但是，只要各期观测结果的平差计算采用相同的近似值系统，亦即采用同一重心参考系，则对求算各网点的变形量并无影响。

如果变形监测网中存在相对稳定点，但又不是固定点，亦即网中同时存在稳定点集合和非稳定点集合，且二者的变形不属于等概率，则应采用拟稳基准及相应的拟稳平差法。拟稳平差本质上是稳定点集合内的秩亏平差。因此，对于沉降监测网，拟稳点集合网形重心的高程平差前后保持不变；而对于平面位移监测网，拟稳点集合网形重心的坐标和一个重心方位角平差前后保持不变。此即拟稳基准。

采用拟稳平差的变形监测网，拟稳点几何变形量较小，非稳定点几何变形量较大，同时拟稳点集合的精度高于非稳定点集合。

14.4.2　变形分析的一般过程

变形监测网，无论是参考网还是相对网，在分析查明点位稳定性之前，只能看做是自由网。点位稳定性的无法预知，决定了变形监测网数据处理和变形分析的一般过程为以下几个步骤：

第一步，各期重复观测结果在同一基准（相同的近似值系统所决定）下做秩亏平差，解算各网点的点位（坐标或高程）。

第二步，后续各期的结果与首期比较，计算各网点点位（坐标或高程）的差异量，并据此进行点位稳定性分析，判断网中是否存在固定点或相对稳定点以及网中哪些点是固定点或相对稳定点。

第三步，依据点位稳定性分析的结果，如果网中存在固定点，则依据其所决定的固定基准，对各期观测结果做经典平差，解算全部网点的各期点位。若网中存在相对稳定点，则依据其所决定的拟稳基准，对各期重复观测结果做拟稳平差，亦可解算出全部网点的各期点位。

第四步，后续各期重复观测结果经平差所解算的网点点位与首期比较，即可求得各网点点位（坐标或高程）的变形量以及变形的过程，即网点点位变形的空间状态和时间特性。

从变形分析的一般过程可以看出，变形分析的关键是点位稳定性分析。只有经过点位稳定性分析，才能确定网中的固定点或者相对稳定点，从而为经典平差提供固定基准或者为拟稳平差提供拟稳基准。只有采用合适参考基准进行的变形分析，才能获得较能符合客观实际的变形分析结果，亦即获得实际形变场的最佳描述。

14.4.3 观测成果的整编

变形观测成果的整理和分析是建立在比较多期重复观测结果基础之上的。从历次观测结果的比较中，可以对变形随时间推移的发展情况做出定性的认识和定量的分析。变形观测和变形分析是监测建筑物安全性能的重要手段，其成果是检验工程质量的重要资料，更是验证设计理论的唯一实践途径。

变形观测成果整编的主要工作是检查各项原始记录、平差计算和变形分析的结果，核对各观测点的各期变形值和累积变形值的计算；并在确保正确无误的条件下，编结成各种图表和简要的说明文字，使之成为便于使用的成果。

1. 变形过程线

观测点的点位（坐标、高程等）反映了变形体的空间状态，累积变形值（位移、沉降、倾斜、挠度、裂缝等）与时间的对应关系则反映了变形的时间特性。据此，以时间为横坐标、以累积变形值为纵坐标绘制而成的变形过程线，形象直观地反映了观测点变形的趋势、幅度和规律。

表 14.6 给出了某水库大坝 5# 坝段一年内的水平位移观测结果。据此可绘出该坝段的水平位移变形过程线，如图 14.10 所示。

表 14.6 某水库大坝 5# 坝段一年内的水平位移观测结果（单位：m）

点 号	日 期											
	$\frac{10}{1}$	$\frac{10}{2}$	$\frac{11}{3}$	$\frac{10}{4}$	$\frac{11}{5}$	$\frac{11}{6}$	$\frac{10}{7}$	$\frac{10}{8}$	$\frac{10}{9}$	$\frac{11}{10}$	$\frac{11}{11}$	$\frac{10}{12}$
⋮ 5 ⋮	+4.0	+6.2	+6.5	+4.2	+4.3	+5.0	+2.2	+3.8	+1.5	+2.0	+3.5	+4.0

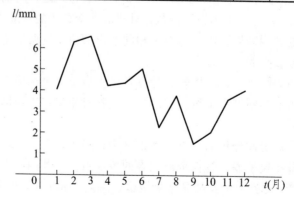

图 14.10 水平位移变形过程线

某高层建筑物上共布置了 12 个沉降观测点，根据施工和建成后的观测结果，绘制 5# 和 6# 观测点的沉降过程线，如图 14.11 所示。该图形象地反映了沉降量 A 与荷载 P、时间 t 之间的关系。

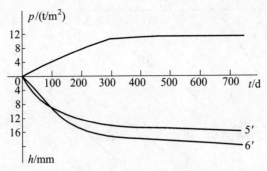

图 14.11　沉降过程线

图 14.12 所示为某水库混凝土大坝 $7^{\#}$ 坝段一年中的水平位移过程线，形象直观地反映了该坝段水平位移量 l 与上游水位 H、坝体温度 t 及时间 T 之间的关系。

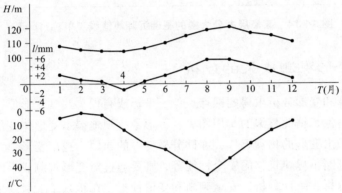

图 14.12　平位移过程线

2. 变形分布图

变形分布图能够形象、直观、全面、综合地反映变形体的整体变形情况。常用的变形分布图有变形值剖面分布图和沉降等值线图。图 14.13 所示为某高耸建筑物在一个方向上的水平位移，它反映了建筑物的挠曲情况。图 14.14 所示为某高层办公大楼的基础沉降等值线。

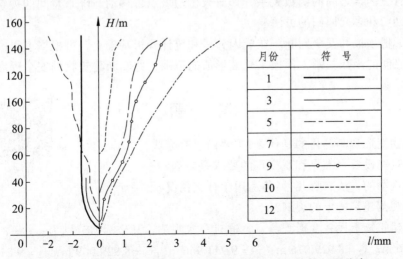

月份	符　号
1	———
3	———
5	—·—·—
7	— — —
9	—○—○—
10	- - - -
12	—··—··—

图 14.13　某高耸建筑物在一个方向上的水平位移值剖面分布

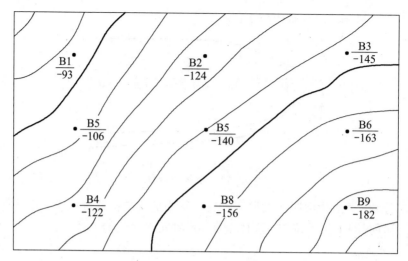

图 14.14 某高层办公大楼的基础沉降等值线（单位：mm）

14.4.4 变形观测成果的分析

通过平差计算和变形分析求得的网点点位（坐标或高程）及其变形值，反映了变形体的空间状态和时间特性。据此整编的实用图表，可形象直观地揭示变形体变形的幅度、规律和趋势。但是，要做出变形的物理解释，亦即分析变形的原因、找出变形值与变形因素之间的函数关系，进而判断工程建筑物的安全性能等，则要通过对变形观测成果的分析来完成。其工作内容有成因分析、统计分析、安全判断和变形预报。在积累了大量变形观测资料后，可进一步确定工程建筑物变形的内在原因、外在原因及规律，从而检验和修正设计理论以及经验公式中的系数和常数。

（1）成因分析（定性分析）。成因分析是对结构本身（内因）与作用在建筑物上荷载（外因）以及测量本身加以分析、考虑，确定变形值变化的原因和规律性。

（2）统计分析。根据成因分析，对实测资料加以统计，从中寻找规律，并导出变形值与引起变形的有关因素之间的函数关系，如露天矿边坡点位移动与降水量间的关系等，此时一般采用一元回归和多元回归的方法。

（3）变形值预报和安全判断。在成因分析和统计分析基础上，可根据求得的变形值与引起变形因素之间的函数关系，预报未来变形值的范围，并判断建筑物的安全程度。

习 题

本章复习重难点
试题及答案

1. 建筑物变形观测的目的是什么?主要内容有哪些?

2. 沉降观测设置水准点和观测点的要求是什么?

3. 倾斜观测的方法有哪几种?各适用于什么情况?

4. 如何观测建筑物上的裂缝?

5. 在一建筑物上设一变形观测点，通过三次观测，其坐标值分别为：$x_1 = 8\,929.089$ m，$y_1 = 9\,211.976$ m；$x_2 = 8\,929.076$ m，$y_2 = 9\,211.966$ m；$x_3 = 8\,929.069$ m，$y_3 = 9\,211.957$ m。求

此变形观测点每次观测的水平位移量及总位移量。

6. 由于地基不均匀沉降，使建筑物发生倾斜，现测得建筑物前后基础的不均匀沉降量为 0.025 m。已知该建筑物的高为 20.12 m，宽为 8.40 m，求偏移量及倾斜率。

7. 如何对变形观测成果进行分析？

参考文献

[1] 张正禄，等. 武汉：武汉大学出版社，2005.

[2] 合肥工业大学，重庆建筑工程学院，天津大学，等. 测量学[M]. 北京：中国建筑工业出版社，1990.

[3] 高俊强、严伟标，等. 工程监测技术及其应用. 国防工业出版社，2005.

[4] 过静珺. 土木工程测量. 武汉理工大学出版社，2005.

[5] 聂让，等. 公路施工测量手册. 北京：人民交通出版社，2008.

[6] 潘正风，杨正尧，等. 数字测图原理与方法. 武汉：武汉大学出版社，2004.

[7] 蒋辉，潘庆林，等. 数字化测图技术与应用. 北京：国防工业出版社，2006.

[8] 李玉宝，曹智翔，等. 大比例尺数字化测图技术. 成都：西南交通大学出版社，2006.

[9] GB/T 7929—1995　1∶500 1∶1000 1∶2000 地形图图式[S]. 北京：中国标准出版社，1995.

[10] GB 12898—1991　国家三、四等水准测量规范[S]. 北京：中国标准出版社，1991.

[11] GB 50026—2007　工程测量规范[S]. 北京：中国计划出版社，2008.

[12] 张坤宜，等. 交通土木工程测量. 武汉大学出版社，1999.